新基建·数据中心系列丛书

数据中心
弱电及消防系统运维

曾晓宏　刘相坤　杨迅◎主编

U0214194

清華大学出版社
北京

内 容 简 介

本书全面系统地论述了数据中心运维工作中运用的新技术，包括导论、数据中心的信息传输网络技术、楼宇设备控制特性及自动化技术、数据中心的安全防范技术、数据中心的消防及联动控制技术、数据中心的综合布线技术和数据中心的监控技术等。

本书可作为高等学校电气工程及其自动化、新基建大数据运维等相关专业的教材，也可作为从事数据中心管理工作人员提升能力的专用工具书，还可作为从事楼宇智能化工作的工程技术人员和管理人员的参考书籍。

图书在版编目（CIP）数据

数据中心弱电及消防系统运维 / 曾晓宏，刘相坤，杨迅主编 . —北京：清华大学出版社，2023.3（2025.1重印）

（新基建·数据中心系列丛书）

ISBN 978-7-302-62874-3

Ⅰ.①数… Ⅱ.①曾… ②刘… ③杨… Ⅲ.①数据处理中心—电气设备—设备管理②数据处理中心—消防设备—设备管理 Ⅳ.① TP308

中国国家版本馆 CIP 数据核字 (2023) 第 037762 号

责任编辑：杨如林
封面设计：杨玉兰
版式设计：方加青
责任校对：徐俊伟
责任印制：刘　菲

出版发行：清华大学出版社
　　　网　　址：https://www.tup.com.cn, https://www.wqxuetang.com
　　　地　　址：北京清华大学学研大厦 A 座　　　　邮　　编：100084
　　　社 总 机：010-83470000　　　　　　　　邮　　购：010-62786544
　　　投稿与读者服务：010-62776969，c-service@tup.tsinghua.edu.cn
　　　质 量 反 馈：010-62772015，zhiliang@tup.tsinghua.edu.cn
印 装 者：三河市人民印务有限公司
经　　销：全国新华书店
开　　本：185mm×260mm　　　印　　张：18.5　　　字　　数：415 千字
版　　次：2023 年 5 月第 1 版　　　印　　次：2025 年 1 月第 2 次印刷
定　　价：69.00 元

产品编号：096116-01

编委会名单

主　　任

汪金涛　郭　渝　兰凡璧

专　　家

叶　夏　高善勃　郑学美

编　　委

赵　怿　刘传鑫　丁兆珩
高欣蔚　迟鹏莹　杨少林
叶　欢　蔡　敏　何　洋

前　言

2019 年 1 月 24 日国务院正式印发的《国家职业教育改革实施方案》中明确指出，把职业教育摆在教育改革创新和经济社会发展中更加突出的位置。随着我国进入新的发展阶段，产业升级和经济结构调整不断加快，各行各业对技术技能人才的需求越来越紧迫，职业教育的重要地位和作用越来越凸显。

在国家"新基建"发展规划下，数据中心被列为 2020 年的重点发展项目。受云服务商和互联网企业业务需求的驱动，数据中心市场保持快速发展，需求将进一步攀升，未来可能供不应求。数据中心机柜增长的关键驱动因素是网络流量和企业外包需求的持续增长。

随着 5G、物联网、大数据、云计算等技术的快速普及，IDC（Internet Data Center，互联网数据中心）行业有望迎来流量指数级增长的红利期。云计算厂商进入新一轮资本扩张期，IDC 行业迎来快速发展阶段。本书的出版正是基于这样的时代大背景。

本书共分 7 章，包括导论、数据中心的信息传输网络技术、楼宇设备控制特性及自动化技术、数据中心的安全防范技术、数据中心的消防及联动控制技术、数据中心的综合布线技术、数据中心的监控技术。

本书内容是实践经验的再现，大部分内容注重理论与实际紧密结合，知识点全面，浅显易懂，具备较强的操作性和实用性。本书内容涵盖数据中心所有弱电和消防控制系统，主要讲解数据中心各子系统的技术指标（参数）、电路组成、工作原理、设备选型以及操作方法和日常维护。通过本书的学习，读者能够全面掌握数据中心弱电设备的选型、安装和维护，满足数据中心对基础运维人员的要求。本书注重理论学习和日常工作内容的有机结合，突出技能培养，着重培养读者的自动化控制系统运维技能，并涉及部分系统设计能力的培养。

在本书的编写过程中，参考了许多相关书籍和文献资料，在此向所有参考文献的原作者致以诚挚的谢意，并感谢北京慧芃科技有限公司、北京军安高科信息安全技术有限公司的专业人员多次对本书内容提出的宝贵意见和建议，还要感谢赵怿、雷小娟为本书进行校对和制图。由于作者水平有限，加之数据中心弱电系统涉及的知识点多、覆盖面广，综合性和实操性较强，书中难免有错漏与不足之处，诚望广大行业专家和工程技术人员批评指正。

作者

2022 年 10 月

教 学 建 议

章号	学习要点	教学要求	参考课时（不包括实验和机动学时）
1	• 智能建筑 • 建筑智能化技术 • 建筑智能化技术内涵	• 掌握智能建筑和建筑智能化技术的概念 • 了解建筑智能化技术这一新学科要解决的问题 • 如何理解智能建筑的发展内涵 • 数据中心基础设施管理与智能化的关系 • 数据中心管理的发展过程和发展趋势	4
2	• 数据中心的信息传输网络技术 • 公用电信网 • 计算机网络技术	• 数据中心的网络基础，具体包括需求、功能、传输对象和特征等 • 公用电信网的组成，公用电话交换网的原理、组成、组网方式、用户接入、开放的业务 • VoIP基本原理、应用形式、控制协议和主要产品设备 • 数据通信网的分类，数字数据网、分组交换网、帧中继、中国公用计算机互联网的原理与组成 • 计算机局域网技术、宽带接入技术的原理和应用 • 网络安全隐患、网络安全应对方法、防火墙技术和网络管理	20
3	• 楼宇机电设备和设施的运行规律及控制特性 • 楼宇自动化系统	• 供配电系统、照明系统、空调与冷热源系统、给排水系统和电梯系统的控制特性、控制规律 • 楼宇自动化系统的对象环境、功能要求、技术基础、系统结构 • 现场总线技术和BACnet协议	40
4	数据中心的安全防范系统的原理、结构组成、系统特点	• 安全防范技术的概述、数据中心安防系统的组成、视频安防监控系统的组成与结构 • 入侵报警系统的结构、分类、功能和常用入侵探测器 • 出入口控制系统的结构、辨识装置、执行设备和安全防范集成管理系统	30

续表

章号	学习要点	教学要求	参考课时（不包括实验和机动学时）
5	数据中心的消防及联动控制技术的概念、分类、组成和原理	• 数据中心对消防系统的要求，消防系统的组成和原理 • 室内火灾的发展特征，火灾探测器的分类、选择、系统组成 • 火灾报警控制器的功能与类型 • 消防联动控制系统 • 灭火系统的分类、原理和组成	40
6	数据中心的综合布线系统的概念、特点、组成	• 综合布线系统的概念、特点、组成 • 综合布线系统设计的原则、缆线种类及其连接器件 • 综合布线系统中双绞线、光纤的连接器件和机柜 • 智能布线子系统的特点、监控的主要内容	15
7	数据中心的监控系统的原理、结构、组成	• 监控系统的架构、功能与集成 • 监控系统的基础构件与技术 • 动力环境监控系统的组成和监控对象	10
总学时			159

目　录

第1章 导 论

本章主要介绍什么是智能建筑和建筑智能化技术，其有何技术内涵，为什么说建筑智能化技术是一个新学科，它主要解决什么问题，如何理解智能建筑定义的发展内涵以及数据中心基础设施管理与智能化的关系，数据中心管理的现状和发展趋势。

1.1 智能建筑与建筑智能化的基本概念

我们现在正处于一个国际化的时代，全世界的科技正在飞速发展，全世界的人们也对建筑物有了新的展望和期待。目前建筑智能化是随着人类需求的提高而不断发展的。因为智能化能够给人类带来便利，能够给人们的工作与学习带来舒适，所以建筑智能化能够满足现在人们的需求，相关智能化技术在建筑建设领域的应用也越来越广泛。除此之外，建筑电气也需要随着智能化建筑的更新而更新，所以现在建筑电气也要逐渐地向智能化靠拢，目前建筑电气技术也逐渐走向国际化。

1.1.1 智能建筑概述

智能建筑的概念是由美国人提出的。智能建筑一词最早出现于1984年，在美国一家公司完成对美国康涅狄格州的哈特福德市的都市大厦改建后的宣传词中使用。该大楼采用计算机技术对楼内的空调设备、照明设备、电梯设备、防火与防盗系统及供配电系统等实施监测、控制及自动化综合管理，并为大楼的用户提供语音、文字和数据等各类信息服务，实现了通信和办公自动化，使大楼的客户在安全、舒适、方便、经济的办公环境中高效工作，从此诞生了世人公认的第一座智能建筑。

我国智能建筑的建设始于1990年建成的北京发展大厦，它被认为是我国智能建筑的雏形。北京发展大厦中装备了建筑设备自动化系统、通信网络系统和办公自动化系统，但这3个子系统未实现系统集成，不能进行统一控制与管理。1993年建成的广东国际大厦除了能提供舒适的办公与居住环境外，更主要的是它具有较完善的建筑智能化系统及高效的国际金融信息网络，通过卫星可直接接收美联社、道琼斯公司的国际经济信息,被认为是我国首座智能化商务大厦。从此之后智能建筑便在全国各大城市陆续建成。

智能建筑主要用于办公建筑、商业建筑、文化建筑、媒体建筑、体育建筑、医院建筑、学校建筑、交通建筑、住宅建筑以及通用工业建筑等。

1.1.2 智能建筑的定义

目前,国内外对于智能建筑有着多种定义,尚无统一标准。之所以如此,重要原因之一是当今科学技术正处于高速发展阶段,很多新的科技成果不断应用于智能建筑,于是智能建筑的含义便随着科学技术的进步而不断完善,其内容与形式都在不断发生变化。

我国《智能建筑设计标准》(GB 50314—2015)中给出的智能建筑的定义是"以建筑物为平台,基于信息设施和对建筑物内外各类信息的综合应用,具有感知、推理、判断和决策的综合智慧能力及形成以人、建筑、环境互为协调的整合体,它以符合人类社会可持续发展的良好生态及节约资源行为,为人们提供高效、安全、便利及延续现代功能的环境"。其明确了智能建筑的内容及含义,规范了智能建筑的概念,符合智能建筑本身动态发展的特性。建筑智能化系统是智能建筑中应用现代通信技术、信息技术、计算机网络技术、监控技术的电子信息系统,包括楼宇自动化系统(Building Automation System,BAS)、通信自动化系统(Communication Automation System,CAS)、办公自动化系统(Office Automation System,OAS)、智能保安系统(Safety Automation System,SAS)、智能防火系统(Fire Automation System,FAS)、建筑耗能采集及能效监管等多个子系统。拥有智能化系统是智能建筑的必要条件,但不是充分条件。智能建筑是一个综合的系统化工程,建筑、结构、给排水、供暖与通风、电气等部分构成有机整体。智能建筑的"智能",也就是要建筑像人一样,能"知冷知热",自动调节空气、水、阳光照射等,创造既节能又安全、健康、舒适的环境。

智能建筑是为适应现代社会信息化与经济国际化的需要而兴起的,随着现代计算机技术、现代通信技术和现代控制技术的发展和相互渗透而发展起来,并将继续发展下去的多学科、多种高新技术巧妙集成的产物。

1.1.3 智能建筑与传统建筑

智能建筑与传统建筑的最大区别在于建筑的"智能化",即它不仅具有传统建筑物的全部功能,最根本的是它具有一定的智能或称智慧。也就是说,它具有某种"拟人智能"的特性及功能,主要表现:一是具有感知、处理、传递所需信号或信息的能力;二是对收集的信息具有综合分析、判断和决策的能力;三是具有发出指令并提供动作响应的能力。

智能建筑建立在行为科学、信息科学、环境科学、社会工程学、系统工程学、人类工程学等多种学科相互渗透的基础上，是建筑技术、计算机技术、信息技术、自动控制技术等多种技术彼此交叉、综合运用的结果。因此，智能建筑具有传统建筑无法比拟的优越性，它不仅可以提供更舒适的工作环境，而且可以节省更多的能源，更及时、更快捷地提供更多、更优质的服务，获取更大的经济效益。

1.1.4　智能建筑和建筑智能化技术

智能建筑和建筑智能化技术是两个相互联系又有区别的概念。智能建筑是指楼宇的整体，它不但是一个建筑物实体，又是建筑的建设目标。建筑智能化技术是指为了建设智能楼宇所涉及的各种工程应用技术，是各种应用的技术综合集成。

智能建筑的概念还需要融合绿色建筑、生态建筑和可持续发展的含义。智能建筑的下一步目标是建设绿色智能建筑。绿色建筑是指在建筑的全生命周期内，最大限度地节约资源（节能、节地、节水、节材）、保护环境和减少污染，为人们提供健康、适用、安全和高效的使用空间，与自然和谐共生的建筑。绿色建筑也称可持续建筑，是一种以生态学的方式和资源有效利用的方式进行设计、建造、维修、操作或再使用的建筑物。

绿色智能建筑也是智慧城市的有机组成部分，它将关键事件信息发给城市指挥中心，并收集来自城市指挥中心的指示，将智能建筑的运维与城市管理有机地融合在一起，利用智能建筑的"智商"来拉高整个城市的服务水准，提升城市的管理水平，更好地为人们服务。

建筑智能化技术是不断发展的概念，其使用的主要技术是计算机（软硬件）技术、自动化技术、通信与网络技术、系统集成技术。建筑智能化技术不是上述技术的简单堆砌，而是在一个目标体系下的有机融合，现在已发展成为一个新型的应用学科。

1.1.5　新学科——建筑智能化技术

经过30多年的发展，建筑智能化技术已成为一个新学科，是一个新的综合应用技术学科，一头面向实际工程需求，另一头面向许多应用基础的研究成果，其有自己的研究问题。建筑智能化具有以下特点。

（1）建筑智能化有明确的行业和市场，是其他的学科所不能替代的。建筑智能化技术是指为了建设智能楼宇所涉及的各种工程应用技术。智能化已扩展到各类楼宇：智能家居、智能住宅小区、智能校园、智能医院、智能体育场馆、智能会议中心、智能办公大厦、智能博物馆等。楼宇智能化技术已经建立了完善的行业标准、从业法规、资质认证体系、产业供应体系，拥有巨大的市场和发展潜力。

（2）系统集成是建筑智能化学科的关键问题。系统集成就是解决各应用子系统的信息互通共享和互操作性，说它是建筑智能化学科的关键技术，是因为只有在建筑智能化工程中才会面对这一复杂问题。不搞集成的系统不是智能化的系统，系统集成的关键是解决互连性和互操作性，根本之道是开放性和标准化。

（3）建筑智能化系统一般包括以下系统：综合布线系统、计算机网络系统、电话系统、有线电视及卫星电视系统、安防监控系统、一卡通系统、广播告示系统、楼宇自控系统、酒店管理系统、物业管理系统、智能楼宇管理系统（集控平台）及数据中心机房建设等。

1.2 智能建筑的体系结构

智能建筑的定义从实现技术和目标两个宏观层面来给出描述。智能建筑的内涵是其功能，而内涵会随着时代的发展而发展，随着实现技术的进步而不断进步。建筑智能化不可能是终极状态，它是一个不断自我完善、自我更新、往复前进的过程。尽管如此，还是有必要建立智能建筑的体系结构，着重从逻辑和功能上描述智能建筑的构成，作为智能建筑理论研究与实际应用的基本框架。

智能建筑首先是一个建筑或建筑群，其次是含有若干功能、高性能、可编程等不同种类设备的建筑。另外，这些设备与建筑以及周边环境的融合将呈现出"智能"的特性，能迅速"响应"和在最大限度上满足业主的各项需求。为此，智能建筑应具有三大方面的功能特征：建筑基本功能、设备自动化功能和服务智能化功能。智能建筑体系结构参考模式如图1-1所示，描述了建筑智能化的逻辑构成。

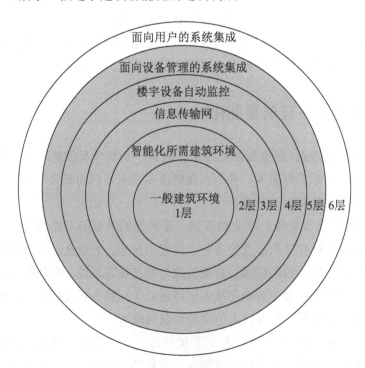

图1-1 智能建筑体系结构参考模式

1～2层属于建筑技术范畴,实现建筑基本功能。3～6层属于信息、控制、人工智能等技术范畴,习惯上统称其为建筑智能化部分,其中2～5层与设备自动化功能关联,5～6层与服务智能化功能关联。与建筑相关的智能建筑体系结构中的各层的功能分述如下。

1. 一般建筑环境

建筑环境是指任何建筑物都不是孤立存在的,它存在于各种自然的、人为的环境之中,人们建造建筑物的目的就在于为人们的社会、经济、政治和文化等活动提供理想的场所。建筑物与周围环境密切相关,周围环境对于建筑物而言既是一种制约条件又是一种促进因数。因此,人们必须认真考虑建筑物周围的环境所能发挥的作用。

一般建筑环境包括:

(1)建筑空间体量组合,即建筑体型组合和立面处理、平面及空间布局、内部及外部装修等。

(2)建筑结构,包括建筑物支撑承重、内外维护结构(基础、柱、梁、板、墙)及材料。

(3)建筑机电设备及设施,它们为建筑物内人们生活和生产提供必须的环境,如动力、照明、采暖空调、给水排水、电话、电梯、煤气、消防和安全防范等设备及设施。

2. 智能化所需建筑环境

建筑与环境应该是互融共生的,建筑的发展不能以牺牲环境为代价。建筑与环境的关系实质上是人与自然的关系,自然环境是人类生存的基础,要想保持人类的可持续发展和社会的不断进步,就必须树立生态观念,以发展的眼光看问题,使建筑在满足人们基本社会活动的需求,在保证人们安全、健康、卫生的同时,也应注意生态环境的保护,减少建筑对环境的破坏和污染。无论科技多么发达,建筑都应向自然环境学习,立足朴素,为人类提供自然、和谐和健康的生活环境。建筑智能化部分所需的特殊空间和环境包括:

(1)提供建筑智能化部分的使用空间、建筑平面、空间布局,这与一般建筑有所不同。

(2)使建筑智能化部分镶嵌到建筑物中所需的特殊结构及材料。

(3)保证建筑智能化部分的运行条件,并为住户提供更方便、更舒适的工作和生活环境。这将使建筑物在声、光、色、热、安全、交通、服务等方面具有某些新特点。

3. 楼宇设备自动监控

楼宇设备自动监控是指将建筑机电设备和设施作为自动控制和管理的对象,实现单机级、分系统级或系统级的自动控制、监视和管理。

4. 面向设备管理的系统集成

系统集成指一个组织机构内的设备和信息的集成,并通过完整的系统来实现对应用的支持。系统集成包括设备系统集成和应用系统集成（千家网最新定义），因此系统集成商也分为设备系统集成商（或称硬件系统集成商、弱电集成商）和应用系统集成商（即常说的行业信息化方案解决商）。设备系统集成商进一步细分为智能建筑系统集成商、计算机网络系统集成商、安防系统集成商（安防工程商）。应用系统集成商包括各类应用系统的集成，使建筑的使用功能达到智能化的程度，例如智能抄表、智能安防系统、智能会议系统和智能消防系统等；还包括各个应用系统之间的相互联动控制、信息共享、综合自动化、管理智能化的集成。

1.3　智能建筑的功能特征

智能建筑并不是特殊的建筑物，而是以最大限度激励人的创造力和提高工作效率为中心，配置了大量智能型设备的建筑。在智能建筑里广泛应用了数字通信技术、控制技术、计算机网络技术、电视技术、光纤技术、传感器技术及数据库技术等高新技术，构成各类智能化系统。就目前的技术发展水平来说，智能建筑具有以下基本功能特征。

1. 智能建筑具有完善的通信功能

人类迈入信息社会，更多的是在从事信息的制造、获取、表达、加工、存储、传输和消费活动。人们提出信息社会的标准是：连接所有村庄、社区、学校、科研机构、图书馆、文化中心、医院以及地方和中央政府，连接是信息生活的基础。智能建筑是信息社会中的一个环节、信息小岛或节点，因此其必须具有完善的通信功能，具体表现为：

（1）能与全球范围内的终端用户进行多种业务通信的功能。支持多种媒体、多种信道、多种速率、多种业务的通信。例如，电话、互联网、传真、计算机专网、VOD、IPTV、VoIP 等。

（2）完善的通信业务管理和服务功能。

（3）新一代基于 IP 的多媒体高速通信网，光通信网是未来新的通信业务支撑平台。

（4）信道有冗余，在应对突发事件、自然灾害时有更加可靠的通信保障能力。

2. 智能建筑具有现代安防、现代消防和城市应急响应的功能

智能建筑是因为具备了现代安防、现代消防和城市应急响应的功能，所以更安全，其具体表现为：

（1）现代安防系统提供了一个从防范、报警、现场录像保留证据的三级防范体系，最大限度地保护建筑内的人身和财产安全。

（2）现代消防系统注重人的生命安全，智能火灾探测器（系统）可以更早地发现火灾并报警，给建筑内人员的安全撤离留有更多的时间。

（3）与其他系统的联动控制功能，使系统更加智能和高效。

（4）应急响应系统对自然灾害、重大安全事故、公共卫生事件和社会安全事件实现就地报警和异地报警。能与上一级应急响应系统互联，直至构建智慧城市的综合应急响应系统。

3. 智能建筑具有自动监控设备运行的功能

楼宇自动化系统也叫建筑设备自动化系统是智能建筑不可缺少的一部分，其任务是对建筑物内的能源使用、环境、交通及安全设施进行监测、控制等，以提供一个既安全可靠又节约能源，而且舒适宜人的工作或居住环境。智能建筑的自动监控功能具体表现为：

（1）所有的机电设备均可在计算机控制下自动运行，无须人工操作，既减轻了劳动强度又减少了操作人员，还消除了人为的操作失误。

（2）将设备运行过程中的数据实时采集下来存入数据库，形成系统的实时信息资源。对这些信息资源的统计、分析，能够对设备运行状况、设备管理等提供必要数据。同时，实时信息资源的功能是系统集成的基础。

（3）具有建筑设备能耗监测的功能，能耗监测的范围包括冷热源、供暖通风空气调节、给水排水、供配电、照明和电梯等建筑设备等，能耗监测数据准确、实时，通过对纳入能效监管系统的分项计量及监测数据统计分析和处理，能控制建筑设备优化协调运行，进一步节能降耗。

4. 智能建筑具有现代管理的功能

现代管理的特征是信息化、计算机化和网络化。智能建筑的现代管理功能通过系统集成产生，是一个人机合一的系统功能，具体表现为：

（1）集中操作管理的功能。即在一个终端上通过网络可以管理到全局。

（2）系统向管理者提供各类信息数据统计、分析、挖掘和整理的功能。

（3）向社会提供信息的功能。顺应物联网、云计算、大数据、智慧城市等信息交互多元化和新应用的发展，源源不断向社会提供各种各样的信息。

1.4 智能建筑管理系统

智能建筑管理系统（Intelligent Building Management System，IBMS）是系统集成技术在每一个建筑智能化工程项目中的具体应用实现，同时也代表一种技术产品，但其本质都是 IBMS 的一类应用系统。IBMS 是智能建筑的核心，是一个一体化的集成监控和管理的实时系统，它综合采集各智能化子系统的信息，强化对各子系统的综合监控，构建跨子系统的一系列综合管理和应急处理功能，在信息共享的基础上实现信息的综合利用。

IBMS 以系统一体化、功能一体化、网络一体化和软件界面一体化等多种集成技术为基础，运用标准化、模块化以及系列化的开放性设计，实现集中监视、控制和管理。

IBMS 分为综合层、信息层和控制层。IBMS 集成层次模型如图 1-2 所示。

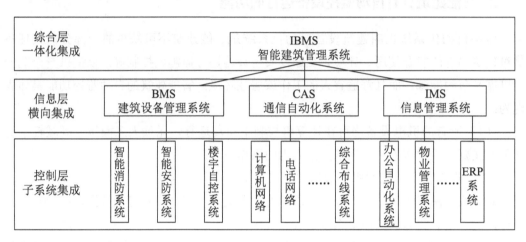

图 1-2　IBMS 集成层次模型

IBMS 的综合层是一体化集成，更突出的是管理方面的功能，即如何全面实现优化控制和管理、节能降耗、高效，其具有内部管理和外部延伸的特性，即在建筑物内部可实现对整个建筑物各个子系统的管理和控制，对外部可提供与其他系统进行扩展的接口。

IBMS 的信息层是各系统的横向集成，在建筑设备管理系统（Building Management System，BMS）、通信自动化系统（Communication Automation System，CAS）、信息管理系统（In-formation Management System，IMS）集成的基础上构建的。

IBMS 的控制层是子系统集成，也是集成的基础。该层由智能消防系统、智能安防系统、楼宇自控系统、计算机网络、电话网络、综合布线系统、办公自动化系统、物业管理系统和 ERP 系统等组成的。

1.5　数据中心基础设施管理与智能化的关系

智能化是数据中心基础设施管理的一个主要手段，数据中心基础设施管理也是智能化主要运用的体现。在数据中心基础设施管理行业的发展中，智能化的建设和运用有助于将人从数据中心烦琐的各类维护工作中解脱出来，使得他们有更多的时间去思考如何把数据中心的技术和业务应用更好地结合起来。数据中心智能化管理系统可以大大降低数据中心的人力成本，同时减少人为故障，提升数据中心的运行可靠性。

随着大数据、5G、物联网、人工智能、云计算等新一代信息技术的应用，信息技术不断推陈出新，建筑智能化、城市数字化正在以前所未有的速度迅速发展。作为信息存储基础设施的数据中心建设的规模在不断扩大，建设数量也越来越多。整个数据中心设备、设施的安全运行和正常使用，已经成为数据中心基础运维的关键。各种智能化的技术运用为数据中心基础设施正常运转提供了必要条件，数据中心基础设施也是建筑智能化运用的典范。数据中心是智能化技术运用门类比较多的场所，通过使用这些技术，进而推动智能化向纵深方向发展和提高。

1.6 数据中心管理的发展过程和发展趋势

随着"宽带中国"战略以及云服务商的快速发展，IDC 产业布局也从原来传统的集中在北、上、广、深转向一二线城市全面发展，包括电信的 S+2+X、联通的 M+1+N 战略规划以及阿里云、腾讯云、华为云的快速布局，促使呼和浩特、贵阳、廊坊、哈尔滨、长春、大连、武汉、西安、郑州、杭州、南京、西宁、克拉玛依等众多城市也都加入了新一轮的数据中心建设行列。数据中心的数量不断增加，规模不断扩大，数据中心基础运维工作也要迎头赶上，这样才能保证基础设施的完好，确保信息资源的可用。

1. 数据中心管理的现状

数据中心的组织结构包括了很多部门和工种，相关人员包括技术人员、管理人员和维护运行的人员等。工作人员作为管理和技术的主体，对于数据中心的正常运行十分重要，直接保障了数据中心的稳定运行。数据中心的运行维护作为技术性较强的工作，需要工作人员具有更高的素质和专业技能，其中也包括责任心和对设备的了解程度，只有工作人员的素质得到保障，才能保证数据的运行效率和运行安全。下面从设备、业务和服务这三个方面分别说明数据中心管理的现状。

1）从设备上来说

数据中心大量数据的存储就需要大容量设备的硬件支持，对设备的有效管理需要从物理上进行分布式部署，在逻辑上进行统一的管理。

2）从业务上来说

数据中心的业务应用使同一个平台的设备融合，从业务的角度进行管理能够有效地优化数据中心的管理，另外还可以从性能和流量的角度进行业务的监控和优化，从而实现数据中心的有序进行。

3）从服务上来说

对于运维方面的服务，要促进管理的规范化和审计化，都需要服务运营中心的转变。总地来说，数据中心的管理方式需要对基本的基础设施和业务流量进行清晰的分析和研究，对各项资源进行科学而详细地整合，其中包括设备、流量、业务、服务和应用等，从而建立一个虚拟的资源环境，为管理打下基础。

2．数据中心管理的发展

随着数据中心的不断发展，除了基础的资源整合之外，资源的虚拟化和自动化也在不断发展，其中主要包括对虚拟资源的管理和对资源自动化的管理，这两种管理形式都是在资源整合之后才能有效实施的。数据中心管理的发展需要从以下4个方面进行加强，才能逐步提高管理的水平和质量。

1）云管理

云管理的发展时间较短，目前仍处于初级阶段。所谓的云管理，其实也是数据中心的管理形式，是对资源的一个虚拟化、自动化整合的过程。数据管理平台不断产生新的变革，目前已经采用了面向服务架构（SOA）的设计思想，对管理资源、业务以及运维进行科学融合，形成能够满足客户需求的解决方案，提高工作效率，为数据中心的各种关键业务系统提供支撑。

2）虚拟资源管理

对于虚拟资源，需要考虑在拓扑、设备等信息中增加相关的技术支持，使管理员能够在拓扑图上同时管理物理资源和虚拟化的资源，加强对各种资源的配置。

3）运维管理与成本管理

运维管理的引入参考ITIL管理模型，结合企业的内部人员、技术、流程和其他条件，通过用户服务平台、资产库、知识库等工具，对常见的故障处理流程、配置变更流程等进行梳理和固化，加强服务响应能力，及时总结相关经验。

4）人员素质的提高

对于人员素质的提高和保障来说，需要通过培训和考核等方式，提高入门门槛，提高人员福利待遇，从而提高工作人员的工作积极性和责任感，做到有奖有罚。设立严格的规章制度，对于数据中心的日常检查需要详细记录，每个接触数据中心的工作人员都要进行记录，对于进入数据中心设备区的人员要有熟悉机房环境的工作人员陪同，避免造成意外事故，从而影响数据中心的数据安全。另外，由于数据中心较为关键，所以对于进出数据中心设备区的工作人员要详细记录，并且设定权限，必须得到有权限人的批准才可进入，对于进入设备区所能携带的设备和物品也要严格检查，避免由于人本身的因素造成数据的丢失或者事故。

第 2 章　数据中心的信息传输网络技术

智能楼宇的信息传输网络是数据中心的基础,本章首先介绍信息传输网络的需求、传输对象及功能特征等;其次介绍通信网的相关知识和 VoIP 系统;最后介绍了当前的计算机网络技术、宽带接入技术、网络管理和网络安全的知识。

2.1　网络需求及传输对象

信息传输网络是数据中心的基础,其目标是能支持建筑物内部各类用户的多种业务通信需求,同时应具备面向未来传输业务的冗余。其中,各类用户的含义是要能适应各类智能建筑物(智能住宅、智能学校/校园、智能医院、智能体育场馆、智能文博场馆、智能媒体建筑)的用户需求。另外,多种业务通信需求的含义是要面对用户以任何方式、在任何地域范围、以任何质量要求、任何业务类型的通信需求。

数据中心信息传输网络的建设应用了多种网络技术成果,是一个通信网络集成系统,目前还是多网并存的格局(电话网、计算机网、电视传输网),相互之间既有竞争又有融合。

现代建筑的业务运行、运营和管理等与信息化管理核心设施的安全密切相关,如运行信息不能及时流通,或者被篡改、增删、破坏或窃用等造成的信息丢失、通信中断、业务瘫痪等,将会带来无法弥补的重大业务危害和巨大的经济损失等。因此,必须加强信息传输网络安全,对此应高度重视及严格管理。由此,在进行建筑智能化系统与建筑物外部城市信息网互联时,必须设置防护屏障,确保信息设施系统安全、稳定和可靠。

2.1.1　网络的功能特征和分类

1. 数据中心网络功能特征

数据中心网络具有如下功能特征。

(1)数据中心的信息传输网络必须具有完善的通信功能,具体包括:能与全球范围内的终端用户进行多种业务的通信功能；支持多种媒体、多种信道、多种速率、多种业务的通信；完善的通信业务管理和服务功能；可以应对通信设备增删、搬迁、更换和升级的综合布线系统，保障通信安全可靠的网管系统等。

（2）信道的冗余功能：在应对突发事件、自然灾害时通信更加可靠。

（3）新一代基于IP的多媒体高速通信网、光通信网是未来新的通信业务支撑平台。

（4）除此之外，数据中心还具有其他功能特征，即自动监控设备运行的功能、现代安防和现代消防的功能以及现代管理的功能，这些将在后面章节详细讲解。

2. 数据中心网络分类

数据中心网络分类根据不同方法有多种分类方式：从网络应用范围的角度看可分为局域网、城域网和广域网；从网络技术的角度看可分为电话（信）网和计算机网两大类；从互联的角度看可分为内部专用网、保密网和公用网；从应用功能的角度看可分为现场控制网、集中管理网、消防网、安防网、公用信息网、保密网、音视频网等；从传输信号的角度看可分为模拟传输网和数字传输网。智能楼宇的信息传输网络分类如图2-1所示。

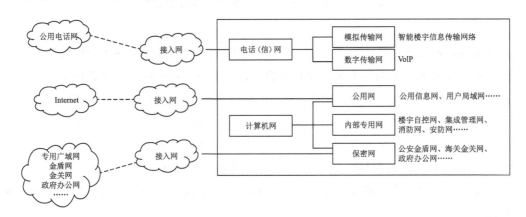

图 2-1　智能楼宇的信息传输网络分类

2.1.2　网络的传输对象与特征

对网络传输对象进行描述，首先确定网络对象，获得与该网络对象相对应的特征描述数据，才能更好地理解传输对象的分类，从而进一步规划和使用网络。

1. 数据中心网络的传输对象

在数据中心中，需要传输的对象是各种模拟和数字数据（信息）。模拟数据有音视频数据、控制系统中的各类传感器输出数据、执行器输入数据等。数字数据主要是各类数字设备终端的输入输出数据、控制指令数据等。根据其不同的应用特征将其分类，数据中心网络传输对象如图2-2所示。

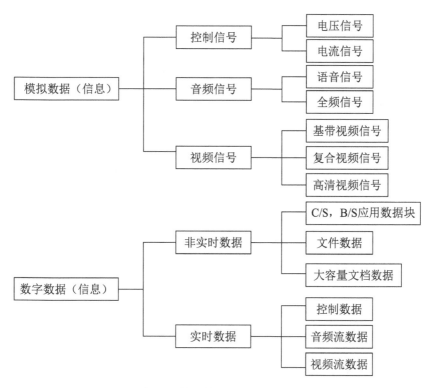

图 2-2　数据中心网络传输对象

2. 数据（信息）传输特征

为了实现数据通信，必须进行数据传输，即从位于一地的数据源发出的数据信息通过传输信道传送到另一地的数据接收设备。数据传输用的信道可以是基带电路，也可以是频分模拟电路或时分数字电路，下面详细介绍数据的传输特征。

1）模拟控制信号传输特征

模拟控制信号在楼宇自动化系统中的种类和点数数量是最多的一类，主要有温度、压力、流量、电压、电流、功率、照度、阀门开度、转速、湿度、烟尘含量、CO 含量等。经过传感器或变送器转变成 $0 \sim 5V$、$0 \sim 10V$ 的电压信号或 $4 \sim 20mA$ 的电流信号。

模拟控制信号频带不高，在直流到几百赫低频范围，既可以模拟传输也可以数字传输。用模拟信号传输时，最大的障碍是干扰。一般只能在短距离范围内采用屏蔽抗干扰传输技术，就近送到控制单元。如果在现场经数字化采样后用数字方式传输，则可以有效解决信号干扰，传输距离仅受数字信道的限制，模拟信号传输特征如图 2-3 所示。现场总线（例如，LonWorks、FF、Profibus、HART、CAN、RS-485 等）就是为模拟控制信号的数字传输而发明的技术，DCS 和 FCS 控制信号传输方式如图 2-4 所示。

2）模拟语音信号传输特征

智能楼宇中的电话通信系统涉及模拟语音信号传输。语音信号的标准频谱在 $300 \sim 3400Hz$ 之间，所以电话通信信道的带宽只要达到 4000Hz 就可以满足其带宽使用。

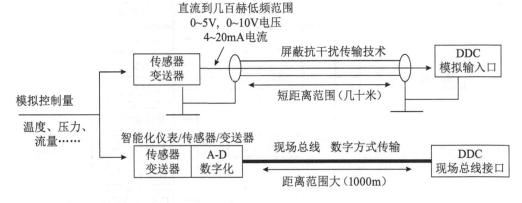

图 2-3 模拟信号传输特征

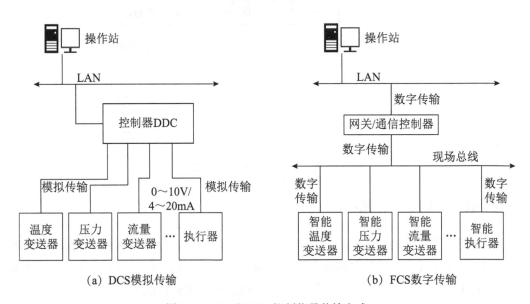

(a) DCS模拟传输   (b) FCS数字传输

图 2-4 DCS 和 FCS 控制信号传输方式

语音信号既可以模拟传输，也可以数字传输，模拟信号传输方式如图 2-5 所示。通常语音信号采用模拟传输方式，在一对 0.4mm 线径的铜质双绞线上，传输 4km 距离时衰减约 7dB。语音信号在采用数字传输方式时，一路电话不经压缩（PCM 编码）时需要 64kbit/s 的传输带宽。若对 PCM 数据进行压缩编码传输（如 G.729 协议），传输带宽可下降到 8kbit/s，则可以大大压缩带宽。

3）模拟音频信号传输特征

楼宇的广播音响系统涉及音频信号传输。音频数据的频率范围在 20 ~ 20kHz 之间，既可以模拟传输，也可以数字传输。

音频数据采用模拟传输方式时，信道的带宽要达到 20kHz，3 类双绞线可以很好地传输音频数据，传输 1km 衰减低于 6dB。

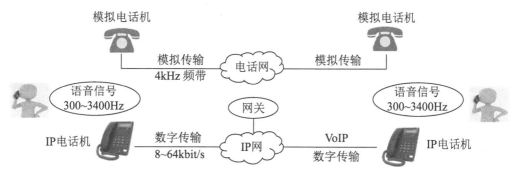

图 2-5 模拟信号传输方式

4）模拟基带视频信号传输特征

楼宇中闭路监视系统涉及基带视频信号传输，一路基带视频信号的带宽为 6MHz，既可以模拟传输，也可以数字传输。

基带视频信号采用模拟传输方式时，信道的带宽要达到 8MHz，用同轴电缆一般可传输 100 ～ 300m，距离再长就需要增加信号放大器。采用调制解调技术用铜质双绞线可传输 0.1 ～ 1km 的距离。如果用光纤传输，则可达 20km。

基带视频信号采用数字传输方式时，一般对视频数据进行压缩编码传输，例如采用 MPEG-4 压缩编码标准则传输带宽可下降到 2Mbit/s。采用 H.264 压缩编码标准传输一路 HD1080P（1920×1080）的视频信号，带宽可下降到 3.5Mbit/s。模拟基带复合视频信号传输方式如图 2-6 所示。

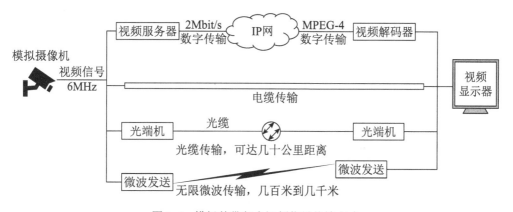

图 2-6 模拟基带复合视频信号传输方式

5）模拟复合视频信号传输特征

楼宇中有线电视网涉及复合视频信号传输。采用频分多路复用技术，将多套电视节目的基带视频信号调制到不同的频带，最终复合成一个宽带的信号在一条信道上传输。通常，复合视频信号的带宽在 300 ～ 860MHz 之间。

复合视频信号通常采用模拟传输方式，信道的带宽要达到 900MHz，用同轴电缆一般可传输 100m，距离再长就需要增加信号放大器。干线通常采用光纤传输，无须信号放大器可达 20km 距离。复合视频信号目前不能直接用数字方式传输，需要将各个频道的视频信号先分离出来之后，再利用单路视频信号数据压缩传输的方法，分时传输。

6）非实时数据传输特征

在智能楼宇中有许多非实时数据传输的需求。以数据库为平台，形成以电子数据流转为核心的、覆盖整个业务的集成信息系统等。

从信息应用方式的角度来分析传输特征，各种主要应用系统可归结为 B/S 和 C/S 两种方式，传输网络模型如图 2-7 所示。数据传输的需求主要是实时性要求不高的块数据和文档数据，每个用户终端对计算机网络的带宽并无明确的要求，有 1Mbit/s 的传输容量即可满足需求。系统的数据传输负担集中在服务器端以及靠近服务器的干线上。理论上，干线传输的带宽最大值是所有下属端线需求之和，服务器干线的传输带宽最大值是所有端线需求之和。在实际运行中，由于各用户的应用是异步和突发的，因此干线的传输带宽远小于所有下属端线需求之和，一般有 15%～20% 的容量即可。对于服务器干线，则应有足够的带宽以满足大量客户的并发需求。

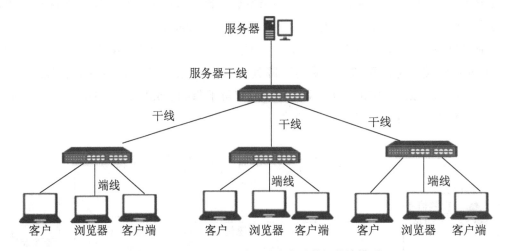

图 2-7　B/S 和 C/S 两种方式非实时数据传输模型

7）实时数据传输特征

在智能楼宇的设备监控系统中，有许多有实时性要求的数据传输需求。这类数据传输的特点是数据传输速率不高，关键是不确定时延要小于一定数值。现场总线和工业以太网技术都能够很好地满足其传输要求。

2.2　通信网络技术

通信网络技术是一种由通信端点、节点和传输链路有机地连接起来，以实现在两个或更多的规定通信端点之间提供连接或非连接传输的通信体系。通信网按功能与用途不同，一般可分为物理网、业务网和支撑管理网等三种。下面详细介绍业务网中的公用电信网和公用交换电话网。

2.2.1　公用电信网

迄今为止，最大的交换网络还是公用电信网。电信网的用户遍及世界各地，各个国家的公用电信网络互联提供国际通信业务。尽管当初建造这些网络是为模拟电话用户和数字电报用户服务的。但在其上已连接了许多 DTE 终端设备并开通数据通信业务，并且这种网络正逐渐变为数字网络。

电信网是由传输、交换、终端设备和信令过程、协议以及相应的运行支撑系统组成的综合系统，它使得网内位于不同地点的用户可以通过它来交换信息，电信网的基本组成如图 2-8 所示。

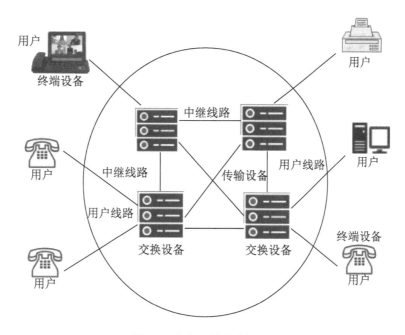

图 2-8　电信网的基本组成

电信网的设备主要有三类：终端设备、传输设备和交换设备。

终端设备一般装在用户处，例如电话机、传真机、计算机等，它们将语音、文字、图像和数据等原始信息转变成电信号发送出去，或者把接收到的电信号还原成可辨认的信息。对终端设备的一个重要要求是必须符合进网的接口规定，否则就不能与网络连接。

传输设备包括通信线路设备在内，是信息传递的通道。它将用户终端与交换系统或交换系统之间连接起来，形成网络。其作用是将电信号以尽可能低的代价，即以最有效的方式来保持尽可能低的失真，从一地传至另一地。

交换设备是为了使网络的传输设备能为全网用户共用而加入的，处于电信网络枢纽位置，是各种信息的集散中心，是实现信息交换的关键环节。它包括各种电话交换机、电报交换机、数据交换机、移动电话交换机、分组交换机、宽带异步转移模式（ATM）交换机等。通过它可根据用户的需要将两地用户间的传输通路接通，或者为用户的信息传送选择一条通路。加入交换设备后，就可以大大提高网络中传输设备和通信线路的利用率。对于交换设备来说，基本要求是处理速度快、可靠，不带来信号的附加失真，同时应使网络内资源得到合理的利用。

除了终端、传输和交换三种主要设备外，在一个大规模的电信网中还须有一些其他设备，如网络监控设备，它担负网络的集中监测与控制任务。

电信网也可按种类分为传输网、业务网、支撑网和用户终端设备，电信网的种类如图 2-9 所示。传输网是由线路设施和传输设施等组成的为传送信息业务提供所需传送承载能力的通道，传输网在电信网的位置如图 2-10 所示，是为各种电信业务网和各类应用信息系统提供高速、可靠的传输平台，是十分重要的基础网。长途传输网、本地传输网和接入网均属于传送网。

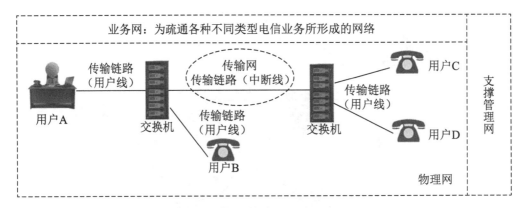

图 2-9　电信网的种类

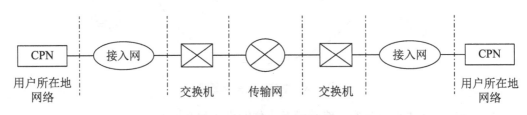

图 2-10　传输网在电信网的位置

业务网是指向用户提供诸如电话、电报、图像、数据等电信业务的网络。电话交换网、移动交换网、智能网、数据通信网均属于业务网。支撑网是指能使电信业务网络正常运行，起支撑作用的网络。时钟同步网、七号信令网、网管网均属于支撑网。用户终端设备是指用户的设备，如电话机、传真机、ISDN 数字电话机和 PC 等。

我国通信网已经实现了数字化和程控化。全国已经建成以光缆为主，以数字微波和卫星通信为辅，多种手段并用的网络。我国建立了 ChinaPAC、ChinaDDN、ChianFRN 等数字通信网络，形成了我国的公用数据通信网。

2.2.2　公用交换电话网

1876 年是人类通信史上具有划时代意义的一年，因为这一年贝尔发明了电话，它是以模拟信号的形式将人类语音进行传输，实现了双方在两地之间的通话。电话由于它的实用性迅速得以普及，随着电话数量的增加，为了使任意两个用户之间都能进行通话，1878 年出现了人工交换机，1892 年发明了自动交换机。随后交换机技术迅速提高，由布控交换机进而发展到今天的程控交换机。

电话网是信息设施系统之一，是公用电信网的延伸。公用电信网是全球最大的网络，在不发达的地区可能没有计算机网络，但是一般会有电话网。因此通过电话网可以与世界各地的人们沟通交流。不仅如此，我们通过调制与解调技术可以在模拟电话网上进行数据传输（计算机通信）。电话网可以支持的通信业务如图 2-11 所示。电话网可以支持多种通信业务，用户终端能通过电话网与公用通信网互通。实现语音、数据、图像、多媒体业务的通信。电话网极高的可靠性是目前的计算机网络尚不能达到的，由此可见楼宇内电话网的重要性。

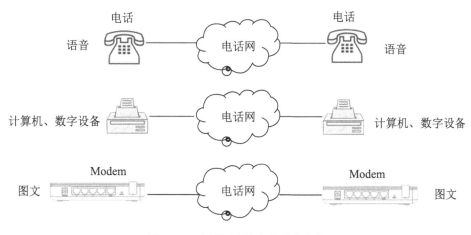

图 2-11　电话网支持多种通信业务

1. 电话交换机的基本原理

电话交换机（PABX）是一种使许多电话用户在需要时能进行及时通话的专门设备，它的功能是用户与用户或用户与另一交换系统之间连接的电话电路。这时，便形成了一个以交换机为中心的简单的电话网。

电话交换机的硬件一般由外围接口电路、信令设备、数字交换网络、控制设备、话务台及维护终端（计算机）组成，PABX 结构如图 2-12 所示。

公用交换电话网（Public Switched Telephone Network，PSTN）是规模最大的通信业务网，而且是各种通信业务的基础。电话网按服务区域划分，可分为国际长途电话网和国内市话网（本地网）。按照网络上传送信息所采用的信号形式又可分为数字网和模拟网。

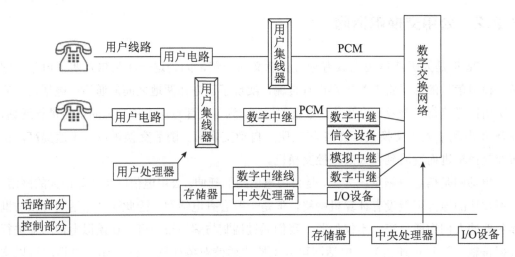

图 2-12　PABX 结构

2. 目前楼宇内电话网的构建方式

电话网构建方式有两种：程控交换机方式和汇线通方式。楼宇内电话网的两种构建方式如图 2-13 所示。

（1）程控交换机。

PABX（Private Automatic Branch eXchange）俗称程控交换机、程控用户交换机、电话交换机或集团电话等。用户自行购置 PABX 构成一个星形网，并负责运行、管理和维护。PABX 的基本功能包括呼出外线、外线呼入、转接外线来话和内部通话等，内部通话不经过市话网，故不发生电话费用。

集团电话的主机实际上是小型自动电话交换机，至于交换原理简单说就是把通信点有效地连接起来。集团电话是企业通信系统中的重要组成部分，主要作用为分机话务处理、中继话务处理、话务控制管理、语音提示处理以及基于网络技术的话务处理、基于光纤数字中继处理和无线的移动终端的内部信息传递等功能整合。

集团电话的功能有以下几个方面：

①分机话务处理：转接电话、代接电话、保留电话、遇忙转接、无人接听转移、无应答转移、免打扰、经理秘书、会议等基本的应用功能。

②中继话务处理：中继呼入的应答模式、振铃分机的设定等。

③话务控制管理：限拨号码、限制呼出等级、呼出记录、呼出的路由选择、记录话单、控制费用等。

④语音提示处理：呼入引导处理直拨分机、分机忙、无人接听等状态提示，甚至留言。

（2）汇线通。

汇线通（Centrex）即集中用户小交换机，又称之为"虚拟用户交换机"。实质上就是在电信局交换机上将若干用户终端划为一个用户群，为其提供用户小交换机的功能，该用户群的用户同时拥有普通市话用户和用户小交换机的功能。

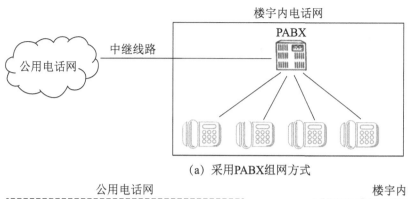

(a) 采用PABX组网方式

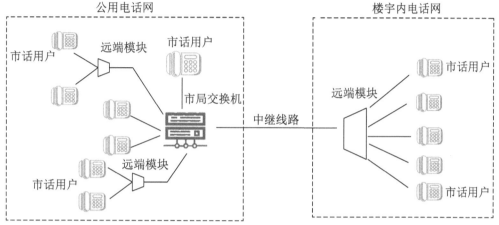

(b) 采用汇线通组网方式

图 2-13 楼宇内电话网的两种构建方式

汇线通用户群拥有一长一短两个电话号码:长号即外线直拨电话号码,短号即群内分机号码。长短号并存分别使用。内部通话经过市话网,但不发生电话费用。楼宇内的电话网由当地的电信部门投资建造,这时的系统结构是以当地市话网的交换机的远端模块或端局级的交换机为核心构成一个星形网,楼宇内的用户是当地市话网的直接用户。由于交换机的产权归电信局,除了基本电话功能外,用户无法根据自身特定需求灵活地对系统进行升级。

采用PABX方式构建智能楼宇内的电话网是常用的方案,电话网的功能具有代表性。建筑内是分机对分机之间的免费通信。它既可以连接模拟电话机,也可以连接计算机、终端、传感器等数字设备和数字电话机,不仅要保证建筑内的语音、数据、图像的传输,而且要方便地与外部的通信。PABX 容量从几百至上万门不等。一些 PABX 产品采用分布式结构,包括一个本体部分和若干远端模块,后者可安装在靠近用户的地方,这样可提高电缆布设的灵活性,也可能减少电缆费用。

3. 国家电话网结构

我国电话网的等级结构分为三级。其网络结构如图 2-14 所示。三级网也包括长途网和本地网两部分,其中长途网由一级长途交换中心 DC1、二级长途交换中心 DC2 组成,本地网由端局 DL 和汇接局 TM 组成。

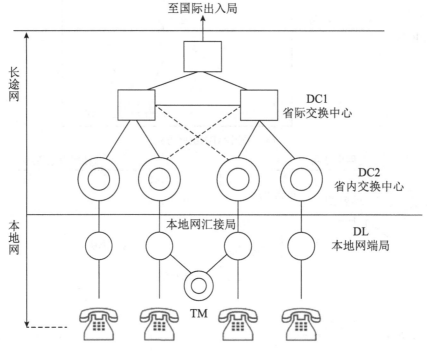

图 2-14　国家三级电话网

1）本地电话网服务范围

一个长途编号区的范围就是一个本地电话网的服务范围。本地电话网络结构由网状网（端局间网状连接）和汇接网（由汇接局和端局组成）组成。本地电话网网络结构如图2-15所示。

2）长途电话网

长途电话网承担疏通本地电话网以外的用户相互之间的长途电话业务，其中一个或几个一级交换中心直接与国际出入口局连接，完成国际往来电话业务的接续。

4．电话网用户的接入

从用户终端到交换局配线架之间的线路一般称为用户线路。电话网用户的接入方式有铜线接入、无线接入和光纤接入等，根据不同的使用场合，用户可以采用不同的接入方法。

1）铜线接入

目前我国绝大多数用户是通过双绞铜线接入交换机的，每个交换局的服务半径通常在 5km 以内，城市密集区则为 2～3km。为了提高用户线的利用率并降低用户线的投资，在本地网的用户线上可以采用一些延伸设备，包括远端模块、用户集线器和用户交换机等。

2）无线用户环路

无线用户环路是一种提供基本电话业务的数字无线接入系统，从交换端局到用户终端可以部分或全部采用无线连接。其网络侧有标准的有线接入二线模拟接口或速率为

2Mbit/s 的数字接口，可直接与本地交换机相连；在用户侧与普通电话机相连，以无线传输技术向用户提供固定终端业务服务。无线用户环路上的用户基本上是固定终端用户或移动性有限的终端用户。无线用户环路适用于平原、丘陵、山区的农村通信（农村用户比较分散、用户的线距长、地形复杂、维护不便，传统有线接入难以解决或费用较高）。因此，近年来无线用户环路在我国得到了广泛应用。

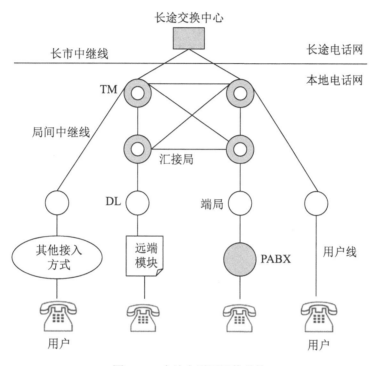

图 2-15　本地电话网网络结构

无线用户环路由三部分组成：控制中心、基站和用户终端设备。无线用户环路一般与电话网相连并作为它的一部分。电话网无线用户环路的典型结构如图 2-16 所示。

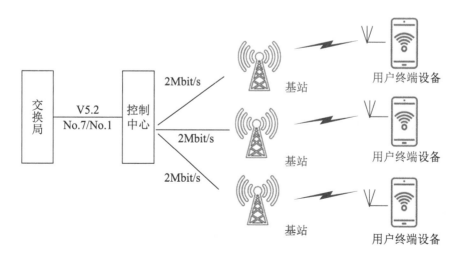

图 2-16　电话网无线用户环路的典型结构

光纤接入会在后面的章节进行详细介绍，本章不进行讲解。

5. 电话网中开放的业务

当前电话网中开放的业务主要有电话、数据、传真、电视电话会议、各类移动通信、遥控遥测报警等，电话网中开放的业务如图 2-17 所示。

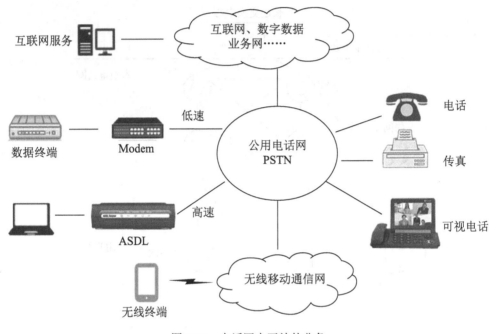

图 2-17　电话网中开放的业务

2.3　VoIP 系统

VoIP（Voice over Internet Protocol）是将模拟声音信号数字化后，以 IP 数据包的形式在计算机网络上进行传输的技术，它不同于一般的数据通信，对传输有实时性的要求，是一种建立在 IP 技术上的分组化、数字化语音传输技术。

2.3.1　VoIP基本原理

VoIP 的基本原理如图 2-18 所示。

第 1 步是将发话端的模拟语音信号进行数字编码，目前主要采用 ITU-T G.711 语音编码标准来进行。

第 2 步是将语音数据包加以压缩，同时添加地址及控制信息。

第 3 步是将数据包在 IP 网络中传输到目的端。到了目的端后，IP 数据包会进行解码还原的作业，最后转换成扬声器、听筒或耳机能播放的模拟语音信号。

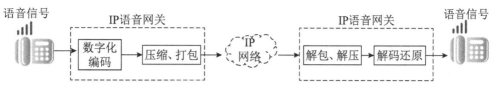

图 2-18 VoIP 的基本原理

2.3.2 VoIP应用形式

VoIP 的应用形式主要有四种，如图 2-19 所示。

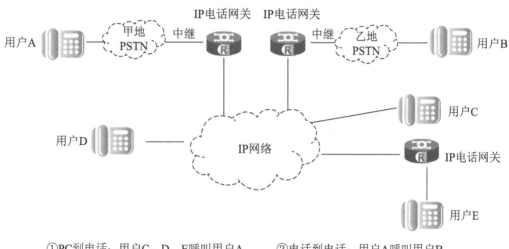

①PC到电话：用户C、D、E呼叫用户A ②电话到电话：用户A呼叫用户B
③PC到PC：用户C呼叫用户D ④电话到PC：用户A呼叫用户C

图 2-19 VoIP 的应用形式

1. PC 到电话

主叫方通过 PC 终端上网，被叫方是 PSTN 电话用户，利用 VoIP 语音软件进行通话，被叫方是普通电话用户，代表软件如 Skype 等。PC 到电话的特点是发话端为互联网用户，受话端是公共交换电话网（Public Switched Telephone Network，PSTN）电话用户，即 Internet+PSTN 形式。

2. 电话到电话

主、被叫方均为 PSTN 电话用户，主叫用户须拨打短号码并进行卡号和密码认证。这种应用形式出现较早，当前各大电信运营商都提供此类服务，如 IP 电话卡等。

电话到电话方式的特点是发、受话端均是 PSTN 电话用户，在主、被叫端之间经 IP 网络（既可是专用 IP 网也可是互联网），即 PSTN+IP 网络 +PSTN 形式。

3. PC 到 PC

主、被叫方均为 PC 终端上网，利用即时通信软件的语音功能进行语音通话。代表软件有 QQ、MSN、ICQ、Skype 等。

4. 电话到 PC

主叫方是普通电话用户，被叫方是 PC 终端或者 IP 电话端上网，即 PSTN+Internet 形式。不同于 PC 到电话，目前的困难是 PC 端没有统一的号码资源，在一个小的专网中可以实现。

2.3.3 VoIP控制协议

目前，可用来实现 VoIP 的协议有 H.323、H.248、SIP、MGCP、P2P 类语音协议。国内产品支持的主要是 H.323 和 SIP 协议。下面讲解 H.323、H.248 和 SIP 三种协议。

目前大多数商用 VoIP 网络都是基于 H.323 协议构建的。H.323 协议是 ITU-T 为包交换网络的多媒体通信系统设计的（目前主要用于 VoIP），主要由网关、网守以及后台认证和计费等支撑系统组成，VoIP 的典型组成结构如图 2-20 所示。网关是完成协议转换和媒体编解码的主要设备，而网守则是完成网关之间的路由交换、用户认证和计费的控制层设备。

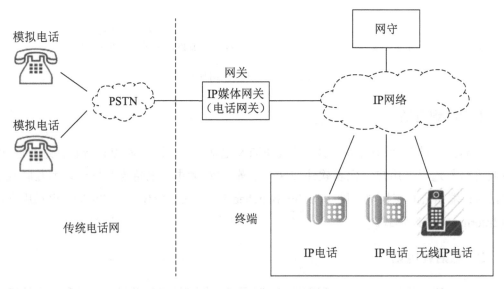

图 2-20　VoIP 的典型组成结构

1. 基于 H.323 协议的 VoIP 系统

VoIP 系统本身就是从电信级网络的角度出发而设计的，有着传统电信网的多种优点，H.323 定义了网络传输系统中的 4 种基本的构成单元：终端、网关、网守和多点控制单元（Multipoint Control Unit，MCU）。

1）终端

终端指 IP 网络上的客户终端，它提供了实时双向传输用以传送声音等。终端必须支持声音传送，可选择支持视频和数据传送。同时，H.323 定义了能传送的声音标准（G.711、G.723 和 G.729 等），它们的互操作也在终端实现。所有的 H.323 终端都必须支持通信控制协议 H.245，同时支持呼叫控制协议 Q.931。另外，和 GateKeeper 进行通信的 RAS（Registration/Admission/Status）协议模块也包含在内；最后，终端支持 RTP/RTCP 用以进行声音和视频的打包传送。

2）网关

网关主要提供了 H.323 会议终端与其余的 ITU-T 系列终端（如 ISDN H.320 终端）间的互联接口。网关的主要功能包括传输格式的转换（如 H.225.0 到 H.221）和通信控制过程的转换（如 H.245 到 H.242），另外还完成音、视频格式的转换和呼叫建立。因此，如果要建立异种网络间的通话（如 PSTN 到 IP），网关是必需的，否则网关可以省略。

3）网守

Gatekeeper 相当于 PSTN 中的电话交换机，完成集中用户管理、计费管理、认证管理、通话管理、号码管理等任务。两台 PC 通话前须连接至 Gatekeeper，经过认证确认后再进行通话，使用者须预先在 Gatekeeper 上登记，使用时就可按照 PSTN 的规则（如人名、电话号码）而不是 IP 地址等进行呼叫通话等。

4）多点控制单元

H.323 提供了多点会议的能力，MCU 即提供了支持三点或多点的功能。MCU 包含一个多点控制器，有时也包含一个多点处理器。如果一个网络不需要进行多点会议，那么可以不含 MCU。

2. H.248 协议

H.248 协议是 2000 年由 ITU-T 第 16 工作组提出的媒体网关控制协议，它是在早期 MGCP 协议（RFC 2705）的基础上结合其他媒体网关控制协议的特点发展而成的一种协议。它提供控制媒体的建立、修改和释放机制，同时也可携带某些随路呼叫信令，支持传统网络终端的呼叫，解决了 H.323 复杂和伸缩性差的问题，是下一代网络的关键媒体网关控制协议。H.248 的另一个特点是消息格式既可以采用文本格式，也可以采用 ASN1 的二进制编码格式。在对媒体流进行描述时，如果消息格式是文本格式，则采用 SDP 描述媒体流；如果消息格式是二进制编码格式，则使用协议规定的编码。因此在协议实现时，若要求各厂商设备互通，就需要实现两种编码方式。这一特点是 IETF 和 ITU-T 合作的结果。H.248 协议中的主要概念有终结点、关联和包。

3. SIP

SIP（Session Initiation Protocol，会话启动协议）是基于文本编码的 IP 电话，多媒体会议应用层控制协议，用于建立、修改并终止多媒体会话。SIP 协议还可用于发起会话或邀请成员加入已用其他方式建立的会话。由于 SIP 的简单易用以及事先考虑到的一些互联网语音应用，所以它有着许多优点，在兼容、可扩展、支持个人移动等方面有显著特点。

2.3.4 VoIP主要产品设备

VoIP 最早是以软件的形态问世的，也就是纯粹 PC 到 PC 功能的产品。对于企业而言，为了追求低成本、语音及网络的整合、多媒体的增值功能、更方便的集中式管理，而陆续出现了 VoIP 网关、IP PBX 或其他整合型的 VoIP 设备等解决方案。

1. VoIP 网络电话

VoIP 网络电话分为有线和无线 VoIP 网络电话以及提供影像输出的 VoIP 视频会议设备等不同类型的产品。由于 VoIP 网络电话机上有 RJ-45 网络端口，所以无须借助计算机主机即可通过 IP 网络进行通话，同时使用习惯上也与传统电话相似，一般人很难分辨出其中的差异。VoIP 网络电话较少用于个人及家庭，常作为企业 VoIP 网络建设中的终端设备。

2. IP 电话网关

IP 电话网关又称为媒体网关，是 PSTN 网络与 IP 网络之间的接口，透过它即可用传统的电话设备乃至 PABX 系统来打网络电话。

用户 A 通过 PSTN 本地环路连接到 IP 电话网关，网关负责把模拟信号转换为数字信号并压缩打包，成为可以在计算机网络上传输的 IP 分组语音信号，然后通过计算机网络传送到被叫用户的网关端，由被叫端的网关 IP 数据包进行解包、解压和解码，还原为可被识别的模拟语音信号，再通过 PSTN 传到被叫方 B 的终端。这样，就完成了一个完整的电话到电话的 IP 电话的通信过程。PSTN 到 PSTN 的 IP 电话通信过程如图 2-21 所示。

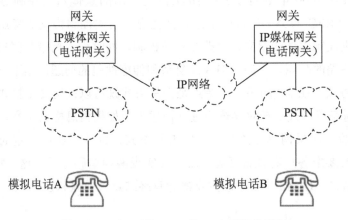

图 2-21　PSTN 到 PSTN 的 IP 电话通信过程

3. IP 语音网关

IP 语音网关是将模拟电话机接入 VoIP 的设备，将模拟语音转化为 IP 网络上传输的数字信号，从而利用 IP 网络传输话音。IP 语音网关一般具备多部话机接入的功能。同时为了提高通话的可靠性，IP 语音网关还提供了 PSTN 的接口路由，可以实现在 IP 网络故障时仍可经 PSTN 网络提供通信保障。FXS（Foreign Exchange Station）端口用于将普通电话连接到 VoIP 网络，FXO（Foreign Exchange Office）端口用于连接 PSTN 线路到 VoIP 网络。IP 语音网关将模拟电话接入 VoIP 的方法如图 2-22 所示。

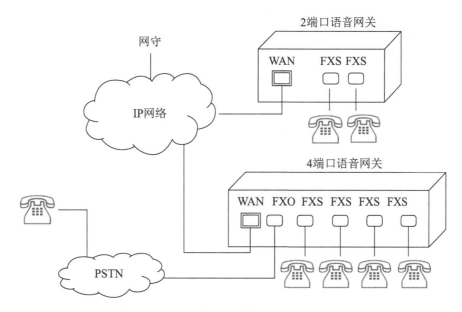

图 2-22　IP 语音网关将模拟电话接入 VoIP

IP 语音网关既不同于 IP 电话机，也不同于 IP 电话网关。IP 语音网关支持语音在 IP 和 PSTN 上的双重保护，可实现自由切换。语音网关 FXS 接电话机，FXO 接 PSTN 用户线，正常情况下拨打市话仍然可以通过 PSTN，当拨打长途时可以根据号码智能地选择 IP 网。如果断电或 IP 网络中断时，网关可以自动切换至 PSTN 或通过配置选择拨打 PSTN。另一方面，每一个电话机都被赋予两个电话号码，即 PSTN 电话号码及 IP 语音电话号码。用户可以从容接听来自 IP 网络及原 PSTN 电话来电，形成一机双号。一机双号本质上是在完全不改变用户习惯的基础上完成 IP 网上电话同 PSTN 传统电话的自由使用，同时让用户真正安全地使用 IP 电话。IP 语音双关和一机双号的工作原理如图 2-23 所示。

4. IP 电话网守

IP 电话网守是 VoIP 的核心设备，它能够为局域网或广域网的 H.323 终端、电话网关或一些多点控制单元提供地址解析、访问控制、身份验证、安全检查、域管理计费等功能。在一个由网守管理的域内，对所有的呼叫来说，网守可以提供呼叫控制功能并且起到了中心控制点的作用，在许多场合还可称之为一个虚拟交换机。

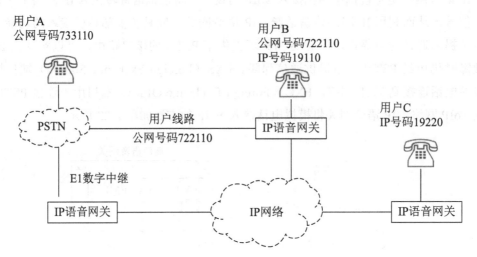

A用户拨打B用户：通过PSTN完成，无需VoIP
A用户拨打C用户：通过PSTN-IP电话中继网关-IP网络-IP语音网关完成
B用户拨打C用户：通过IP语音网关-IP网络-IP语音网关完成，无需PSTN

图2-23　IP语音双关和一机双号的工作原理

5. IP PBX

IP PBX和传统的 PABX 不同，不仅能够解决语音通信问题，而且还能实现文本、数据和图像的传输，是一个将数据和语音完全融合的多媒体 IP 网络系统，IP PBX 组网功能如图 2-24 所示。

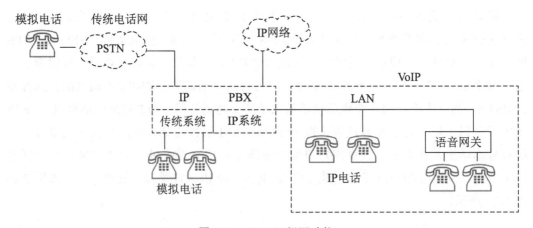

图2-24　IP PBX 组网功能

在 IP 电话网络架构中，IP PBX 是一个可促使语音流量顺利传至所指定终端的设备。IP 电话将语音信号转换为 IP 封包后，由 IP PBX 通过信号控制决定其封包的传输方向。

当终点为一般电话时，IP PBX 便将 IP 封包送至 VoIP 网关，然后由 VoIP 网关转换 IP 封包，再回传到一般 PSTN 电路交换网。

6. IP 语音网络管理系统

IP 语音网络管理系统实现对 VoIP 网络体系中各种组件的管理工作，使网管人员可以方便地控制所有系统组件，包括网关和网守等。IP 语音网络管理系统的功能包括设备的控制及配置、数据配给、拨号方案管理及负载均衡、远程监控等。IP 语音网络管理系统通过 SNMP 协议对全网设备进行端口级管理和控制。网络管理人员通过应用网络拓扑自动生成、通话质量动态监测、批量配置与自动下发、故障监测与告警等特性，能够高效地处理复杂的网络配置与维护工作。

2.4　数据通信网

数据通信网是提供公用数据通信业务（计算机与计算机之间或计算机与终端之间的通信称为数据通信，通信中传送的是数据信号）的通信网。目前向公众提供数据基础业务的通信网有数字数据网、分组交换网、帧中继、中国公用计算机互联网和蜂窝数字式分组数据交换网络等。

2.4.1　数字数据网

数字数据网（DDN）是利用数字信道传输数据的一种数据接入业务网络。DDN 为用户提供全数字、全透明（直接传送不进行任何改动的用户数据）、高质量的网络连接，传递各种数据业务。用户端设备（主要为网关路由器）一般通过基带 Modem 或 DTU（Data Terminal Unit）利用市话双绞线实现网络接入。

DDN 的结构示意图如图 2-25 所示，它由数据用户终端、用户线传输系统、复用及交叉连接系统、局间传输及同步时钟供给系统、网络管理系统组成。

DDN 有许多优点：全数字透明传输、传输质量高、误码率极小、网络可靠性高；通信速率可根据需要在 2.4kbit/s ～ 2.048Mbit/s 任意选择；通信时延小、网络处理速度快。

DDN 的主要作用是向用户提供永久性和半永久性连接的数字数据传输信道，既可用于计算机之间的通信，也可用于传送数字化传真、数字语音、数字图像信号或其他数字化信号。永久性连接的数字数据传输信道是指在用户间建立固定连接且传输速率不变的独占带宽电路。半永久性连接的数字数据传输信道对用户来说是非交换性的，但用户可提出申请，由网络管理人员对其提出的传输速率、传输数据的目的地和传输路由进行修改。

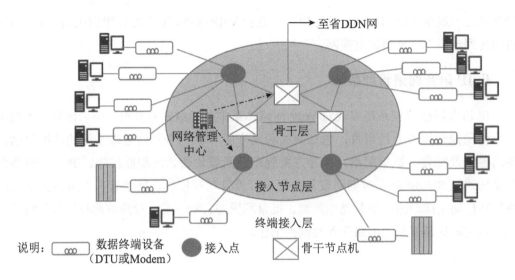

图 2-25 DDN 的结构示意图

中国公用数字数据骨干网（ChinaDDN）于 1994 年正式开通，并已通达全国绝大多数县以上的地方以及部分发达地区的乡镇。它是由中国电信经营的、向社会各界提供服务的公共信息平台，可向各界用户提供灵活方便的数字电路出租业务，供各行业构成自己的专用网。

ChinaDDN 网络结构可分为国家级 DDN、省级 DDN、地市级 DDN。国家级 DDN（各大区骨干核心）在数据中心中的专用广域网（例如政府办公网、公安金盾网等）互联方案中，通常采用租用 DDN 专线的方式；在公用信息网与 Internet 连接的方案中，DDN 经常也是首选的方式。

2.4.2 分组交换网

分组交换网（PSPDN）是以分组交换方式向用户提供数据传输的业务网。分组交换是一种存储转发的交换方式，它将用户的报文划分成一定长度的分组，进行分组存储并转发。因此，它比电路交换的利用率高，比报文交换的时延小，而且具有实时通信的能力。分组交换网由分组交换机、远程集中器、分组拆装设备、网络管理中心和传输设备组成。分组交换网的组成如图 2-26 所示。

1. 分组交换网的特点

分组交换网的特点包括：可实现多方通信，线路利用率高；可满足不同速率、不同类型终端的互通；信息传递安全、可靠；检错、纠错能力强；收费与距离无关，按信息量和使用时间收费，端到端数据传送时延大。适用于速率低于 64kbit/s 的低速应用场合，如 POS 机联网。

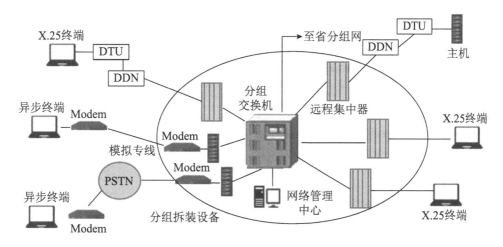

图 2-26 分组交换网的组成

2. 分组交换网提供的业务

PSPDN 提供的基本业务有交换型虚电路和永久型虚电路。

■ 交换型虚电路（SVC）：可同时与不同用户进行通信。

■ 永久型虚电路（PVC）：可建立一个或多个用户间的固定连接。

PSPDN 的可选业务有 VPN（虚拟专网）、闭合用户群等。

中国公用分组交换数据网（ChinaPAC）由国家骨干网和各省内网组成。目前骨干网之间覆盖所有省会城市，省内网覆盖到有业务要求的所有城市和发达乡镇；通过和电话网的互联，ChinaPAC 可以覆盖到电话网通达到的所有地区。ChinaPAC 在北京和上海设有国际出入口，广州设有到港、澳地区的出入口，以完成与国际数据的联网。分组交换和 DDN、帧中继相比较，分组业务资费比较便宜，它是用户构架其内部广域网最经济的选择。

2.4.3 帧中继

帧中继（F.R.）是在分组交换网的基础上，结合数字专线技术而产生的数据业务网络。以帧为单位[①] 在网络上传输，并将流量控制等功能全部交由智能终端设备处理的一种新型高速网络接口技术。

帧中继不采用存储转发技术，时延小、传输速率高、数据吞吐量大；兼容 X.25、TCP/ IP 等多种网络协议，可为各种网络提供快速、稳定的连接。

当用户数据通信的带宽要求为 64kbit/s ～ 2Mbit/s 及更高或当通信距离较长时，尤其是城际或省际电路时，用户可优选帧中继；当数据业务量产生突发性增长时，由于帧

---

① 帧中继的帧信息长度远比 X.25 分组长度要长，最大帧长度可达 1600B/ 帧，适合于封装局域网的数据单元。

中继具有动态分配带宽的功能，选用帧中继可以有效地处理突发性数据；当用户出于经济性的考虑时，帧中继的灵活计费方式和相对低廉的价格是用户的理想选择。

中国公用帧中继网（ChinaFRN）是中国电信经营管理的中国公用帧中继网。目前网络已覆盖到全国所有省会城市和绝大部分地市以及部分县市，是我国的中高速信息国道。

帧中继网络提供的基本业务有：永久虚电路（PVC）和交换虚电路（SVC）。利用ChinaFRN 进行局域网互联是帧中继业务最典型的一种应用。

2.4.4　中国公用计算机互联网

中国公用计算机互联网（ChinaNET）是中国电信经营管理的中国公用 Internet 网，其核心层由北京、上海、广州三地的节点组成，并与国际 Internet 网相连。中国计算机互联网连接示意图如图 2-27 所示。

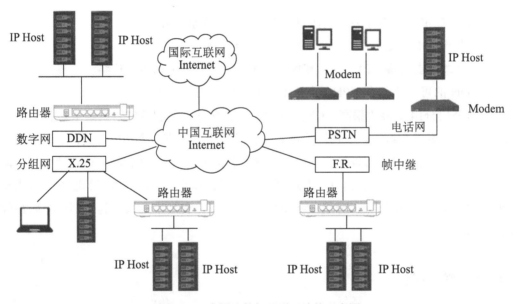

图 2-27　中国计算机互联网连接示意图

ChinaNET 提供的业务功能有：信息浏览（WWW）、电子邮件（E-mail）、文件传输（FTP）、网上商业应用、新闻讨论组（Newsgroup）、实时聊天、网上实时广播、在线游戏、企业主页、虚拟专用网等。用户接入方式：用户可通过电话网、分组网、数字数据网、帧中继网等接入。

2.4.5　蜂窝数字式分组数据交换网络

蜂窝数字式分组数据交换网络（Cellular Digital Packet Data，CDPD），被人们称

作真正的无线互联网。CDPD 是以数字分组数据技术为基础，以蜂窝移动通信为组网方式的移动无线数据通信网。使用 CDPD 只需在便携机上连接一个专用的无线调制解调器，即使坐在时速 100 公里的车厢内，也不影响上网。

CDPD 有一张专用的无线数据网，信号不易受干扰，可以上任何网站。与其他无线上网方式相比，CDPD 网可达 19.2kbit/s，而普通的 GSM 移动网络为 9.6kbit/s。在数据通信安全方面，CDPD 在授权用户登录上配置了多种功能，如设定允许用户登录范围，统计使用者登录次数；对某个安全区域、某个安全用户特别定义，进一步提高特别用户的安全性；采用 40 位密钥的加密算法，正反信道各不相同，自动核对旧密钥更换新密钥，数据即使被人窃得，也无法破解。CDPD 使用中还有诸多特点：安装简便，使用者无须申请电话线或其他线路；通信接通反应快捷，如在商业刷卡中，用 Modem 接通时间要 20 ~ 45 秒，而 CDPD 只要 1 秒；终端系统分移动、固定两种，能实现本地及异地漫游。

CDPD 可以支持移动上网、远程遥测、车辆调度、银行提款、无线炒股、现场服务、商业 POS 系统等。

2.5 数据中心的计算机网络技术

计算机网络技术主要研究计算机网络和网络工程等方面的基础知识、应用和技能，进行网络管理、网络软件部署、系统集成、网络安全与维护和数据库管理等。

2.5.1 数据中心计算机网络应用

计算机网络是信息传输网络系统的核心，是大量的信息传输、交换的主干通道。数据中心内的计算机网络技术是局域网（LAN）技术，传输速率达 10Gbit/s，目前的主流技术可保证到端点的传输速率为 100Mbit/s。因此，数据中心内的计算机网络是一个宽带 IP 网络。结合无线局域网（WLAN）技术，可以提供 300Mbit/s 到端点的移动数据通信业务。计算机网可以实现数字设备之间的高速数据通信，也可以实现多媒体通信。

一个智能楼宇内实际上构建了多个 LAN，每一个 LAN 完成一类通信服务。这样做的结果，网络隔离带来了安全，却降低了网络通信流量。LAN 和 LAN 之间，人们可以有目的地将其互联起来，网络的安全性得到了控制。计算机网络系统为管理与维护提供相应的网络管理系统，并提供高密度的网络端口，可满足用户容量分批增加的需求。

2.5.2 计算机局域网技术

在智能建筑内构建计算机网络，主要是应用局域网以及局域网互联技术。局域网通常由网络接口卡、电缆（光缆）系统、交换机、服务器以及网络操作系统等部分组成。

1. IEEE 802.3 以太网技术

以太网是目前全球使用最广泛的局域网技术，其成功的关键在于，以太网标准一直随着网络需求而不断改进。从 10/100Mbit/s 到 1Gbit/s 以及目前正在走向成熟的 10Gbit/s，以太网的传输速率不断提高。从共享式、半双工，利用 CSMA/CD 机制到交换式，点对点全双工以及流量控制，生成树、VLAN、QoS 等机制的采用，以太网的功能和性能逐步改善；从电接口 UTP 传输到光接口光纤传输，以太网的覆盖范围大大增加；从企业和部门的内部网络，到公用电信网的接入网、城域网，以太网的应用领域不断扩展。以太网标准的最新发展是 100Gbit/s 以太网，目前在实验室已经实现 100Gbit/s 以太网 1000km 的无纠错传输试验。

以太网技术的优势：扩充性能好，灵活的部署距离（支持从 100m 短程局域网应用到 40km 城域网的各种网络应用），低成本，易于使用和管理。智能建筑内构建计算机网络优先采用以太网技术和相应的网络结构方式，常用以太网的性能如表 2-1 所示。

表 2-1 常用以太网性能表

名 称	标 准	传输介质类型	最大网段长度 /m	传输速率 / bit·s⁻¹	使 用 情 况
以太网	10Base-T	2 对 3、4、5 类 UTP 或 FTP	100	10M	不常用
快速以太网	100Base-TX	2 对 5 类 UTP 或 FTP	100	100M	十分常用
	100Base-T4	4 对 3、4、5 类 UTP 或 FTP	100	100M	升级用
	100Base-FX	62.5/125μm 多模光缆	2000	100M	不常用
千兆以太网	100Base-CX	I50DSTP	25	1000M	设备连接
	100Base-T	4 对 5 类 UTP 或 FTP	100	1000M	常用
	100Base-TX	4 对 6 类 UTP 或 FTP	100	1000M	常用
	1000Base-LX	62.5/125μm 多模光缆或 9μm 单模光缆，使用长波长激光	多模光缆：550 单模光缆：5000	1000M	长距离骨干网段常用
	1000Base-SX	62.5/125μm 多模光缆，使用短波长激光	220	1000M	骨干网段十分常用
万兆以太网	10GBase-S	50/62.5μm 多模光缆，使用 850nm 波长激光	300	10G	可用于汇聚层和骨干层网段
	10GBase-L	9μm 单模光缆，使用 1310/1550nm 波长激光	10K	10G	可用于长距离骨干层网段
	10GBase-E	9μm 单模光缆，使用 1550nm 波长激光	40K	10G	可用于长距离骨干层网段和 WAN

1）100Base-T 快速以太网

100Base-T 是十分常用的快速以太网，有三个不同 100Base-T 物理层规范，其相关标准见表 2-1。100Base-TX 物理层支持快速以太网运行在 5 类 2 对 UTP 或 1 类 STP 上。100Base-T4 物理层支持快速以太网运行在 3、4 或 5 类的 4 对 UTP 上。100Base-FX 支持多模或单模光缆布线，这样快速以太网就能在 2km 的距离内传输信息。100Base-T4 为大量正在运行的 10Mbit/s 以太网向 100Mbit/s 快速以太网过渡提供了极大的方便。大部分情况下只需要更换网卡和集线器，而不需要重新敷设电线缆。

2）千兆位以太网的标准

千兆位以太网与快速以太网和标准以太网完全兼容，并且可以利用原以太网标准所规定的全部技术规范，其中包括 CSMA/CD 协议、帧格式、流量控制以及 IEEE 802.3 标准中所定义的管理对象等。为了实现高速传输，千兆位以太网定义了千兆位介质专用接口（GMII），从而将介质子层和物理层分开，使得当物理层的传输介质和编码方式变化时不会影响到介质子层。

千兆位以太网可采用 4 类介质：1000Base-SX（短波长光纤）、1000Base-LX（长波长光纤）、1000Base-CX（短距离铜缆）和 1000Base-T（100m，4 对 6 类 UTP）。其中，1000Base-SX 使用短波长 850nm 激光的多模光纤，1000Base-LX 使用长波长 1300nm 激光的单模和多模光纤。长波长和短波长的主要区别是传输距离和费用。波长传输时信号衰减程度不同，短波长传输衰减大、距离短，但节省费用。长波长可传输更长的距离，但费用昂贵。1000Base-CX 为 150Ω、平衡屏蔽的特殊电缆集合，传输速率为 1.25Gbit/s，使用 8B/10B 编码方式。1000Base-T 是 100Base-T 的自然扩展，与 10Base-T、100Base-T 完全兼容。1000Base-T 规定可以在 5 类 4 对平衡双绞线上传送数据，传输距离最远可达 100m。1000Base-T 的重要性在于，可以直接在 100Base-TX 快速以太网中通过升级交换机和网卡实现千兆到桌面，而不需要重敷电线缆。

千兆以太网的光纤连接方式解决了楼层干线的高速连接，1000Base-T 千兆以太网技术就是用来解决桌面之间的高速连接。千兆位以太网可用于高速服务器之间的连接，建筑物内的高速主干网，内部交换机的高速链路，以及高速工作组网络。

3）万兆以太网的标准

万兆以太网的标准 IEEE 802.3ae 定义了三种物理层标准：10GBase-X、10GBase-R、10GBase-W。

（1）10GBase-X 是并行的 LAN 物理层，采用 8B/10B 编码技术，只包含一个规范，即 10GBase-LX4。为了达到 10Gbit/s 的传输速率，使用稀疏波分复用 CWDM 技术，在 1310 nm 波长附近以 25nm 为间隔，并列配置了 4 对激光发送器/接收器组成的 4 条通道，每条通道的 10B 码的码元速率为 3.125Gbit/s。10GBase-LX4 使用多模光纤和单模光纤的传输距离分别为 300m 和 10km。

（2）10GBase-R 是串行的 LAN 类型的物理层，使用 64B/66B 编码格式，包含三个规范，即 10GBase-SR、10GBase-LR 和 10GBase-ER，分别使用 850nm 短波长、1310nm 长波长和 1550nm 超长波长。10GBase-SR 使用多模光纤，传输距离一般为几十米，10GBase-LR 和 10GBase-ER 使用单模光纤，传输距离分别为 10km 和 40km。

（3）10GBase-W 是串行的 WAN 类型的物理层，采用 64B/66B 编码格式，包含三个规范，即 10GBase-SW、10GBase-LW 和 10GBase-EW，分别使用 850nm 短波长、1310nm 长波长和 1550n 超长波长。10GBase-SW 使用多模光纤，传输距离一般为几十米，10GBase-LW 和 10GBase-EW 使用单模光纤，传输距离分别为 10km 和 40km。

除上述三种物理层标准外，IEEE 还制定了一项使用铜缆的称为 10GBase-CX4 的万兆位以太网标准 IEEE 802.3ak，可以在双芯同轴电缆上实现 10Gbit/s 的信息传输速率，提供数据中心的以太网交换机和服务器群的短距离（15m 之内）10Gbit/s 连接的经济方式。10GBase 是另一种万兆位以太网物理层，通过 6、7 类双绞线提供 100m 内的 10Gbit/s 的以太网传输链路。万兆位以太网的介质接口标准如表 2-2 所示。

表 2-2　万兆位以太网的介质接口标准

接品类型	应用范围	传送距离	波长 /mm	介质类型
10GBase-LX4	局域网	300m	1310	多模光纤
10GBase-LX4	局域网	10km	1310	单模光纤
10GBase-SR	局域网	300m	850	多模光纤
10GBase-LR	局域网	10km	1310	单模光纤
10GBase-ER	局域网	40km	1550	单模光纤
10GBase-SW	广域网	300m	850	多模光纤
10GBase-LW	广域网	10km	1310	单模光纤
10GBase-EW	广域网	40km	1550	单模光纤
10GBase-CX4	局域网	15m	—	
10GBase-T	局域网	25～100m	—	

万兆位以太网仍采用 IEEE 802.3 数据帧格式，维持其最大、最小帧长度。由于万兆位以太网只定义了全双工方式，所以不再支持半双工 CSMA/CD 的介质访问控制方式，也意味着万兆位以太网的传输不受 CSMA/CD 冲突域的限制，从而突破了局域网的概念，进入广域网范畴。

4）40Gbit/s 和 100Gbit/s 以太网标准

40Gbit/s 和 100Gbit/s 以太网标准叫 IEEE 802.3ba，包含这两个速度的规范。每种速度将提供一组物理接口，40Gbit/s 将有 1m 交换机背板链路、10m 铜缆链路和 100m 多模光纤链路标准，100Gbit/s 将有 10m 铜缆链路、100m 多模光纤链路和 10km、40km 单模光纤链路标准。

2. 交换式局域网及三层交换技术

交换式局域网的核心是交换式集线器（Switch，交换机），其主要特点是，所有端口平时都不连通。当站点需要通信时，交换机才同时连通许多对的端口，使每一对相互通信的站点都能像独占通信信道那样，进行无冲突传输数据，即每个站点都能独享信道速率；通信完成后就断开连接。因此，交换式网络技术是提高网络效率，减少拥塞的有效方案之一。交换式局域网的参考模型如图 2-28 所示。

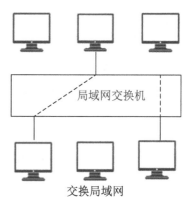

图 2-28　交换式局域网参考模型

1）局域网交换机

交换式以太网的核心是交换机，是工作在 OSI 网络标准模型第二层（数据链路层）的物理设备。目前，交换技术已经延伸到 OSI 第三层的部分功能，有的交换机实现了简单的路由选择功能，即所谓的第三层交换技术。

（1）交换机的分类。

交换机主要分为对称和不对称的交换机。

对称交换机：根据交换机每个端口的带宽来描述 LAN 交换方法，它用相同的带宽在端口之间提供交换连接。例如，全部为 10Mbit/s 端口或全部为 100Mbit/s 端口。交换机的实际吞吐量为端口数与带宽的乘积。

不对称交换机：大多应用于 C/S 网络中，在不同带宽的端口间提供交换连接，例如 10Mbit/s 端口与 100Mbit/s 端口通信。它可以为服务器分配更多的带宽来满足网络需求，防止在服务器端产生流量瓶颈。

C/S 模式：Client 和 Server 常常分别处在相距很远的两台计算机上，Client 程序的任务是将用户的要求提交给 Server 程序，再将 Server 程序返回的结果以特定的形式显示给用户；Server 程序的任务是接收客户程序提出的服务请求，进行相应的处理，再将结果返回给客户程序。

传统的 C/S 体系结构虽然采用的是开放模式，但这只是系统开发一级的开放性，在特定的应用中无论是 Client 端还是 Server 端都需要特定的软件支持。由于没能提供用户真正期望的开放环境，所以 C/S 结构的软件需要针对不同的操作系统开发不同版本的软件，加之产品的更新换代十分快，已经很难适应百台电脑以上局域网用户同时使用，而且代价高，效率低。

（2）交换机的交换方式。

目前交换机有直通式、存储转发式和碎片隔离式三种交换方式。

直通式的交换机可以理解为在各端口间是纵横交叉的线路矩阵电话交换机。当它在输入端口检测到一个数据包时，检查该包的包头，获取包的目的地址，启动内部的动态查找表转换成相应的输出端口，在输入与输出交叉处接通，把数据包直通到相应的端口，实现交换功能。

存储转发式是计算机网络领域应用最为广泛的交换方式，它把输入端口的数据包先存储起来，然后进行 CRC 检查，在对错误包处理后才取出数据包的目的地址，通过查找表转换成输出端口送出包。正因如此，存储转发方式在数据处理时延时大，这是它的不足，但是它可以对进入交换机的数据包进行错误检测，尤其重要的是它可以支持不同速度的输入 / 输出端口间的转换，以保持高速端口与低速端口间的协同工作。

碎片隔离式是介于直通式和存储转发式之间的一种解决方案。它在转发前先检查数据包的长度是否够 64 字节（512 bit），如果小于 64 字节，说明是假包（或称残帧），则丢弃该包；如果大于 64 字节，则发送该包。该方式的数据处理速度比存储转发方式快，却比直通式慢，但由于能够避免残帧的转发，所以被广泛应用于低档交换机中。

使用这类交换技术的交换机一般是采用了一种特殊的缓存。这种缓存是一种先进先出的 FIFO（First In First Out），比特从一端进入然后再以同样的顺序从另一端出来。当帧被接收时，它被保存在 FIFO 中。如果帧以小于 512 比特的长度结束，那么 FIFO 中的内容（残帧）就会被丢弃。因此，不会有普通直通转发交换机存在残帧转发的问题，是一个非常好的解决方案。数据包在转发之前将被缓存保存下来，从而确保碰撞碎片不通过网络传播，能够在很大程度上提高网络传输效率。

2）交换式以太网的优点

交换式以太网与共享介质的传统局域网相比，交换式以太网具有以下优点：

（1）可利用现有以太网的基础设施。只需将共享式 HUB 改为交换机，即可使用大多数或全部的现有基础设施。

（2）交换式以太网提供多个通道，比传统的共享式集线器提供更多的带宽。比如，一个 24 端口的以太网交换机允许 24 个站点在 12 条链路间通信。

（3）可在高速与低速网络间转换，实现不同网络的协同。目前大多数交换式以太网都具有 100Mbit/s 的端口，通过与之相对应的 100Mbit/s 的网卡接入到服务器上，暂时解决了 10Mbit/s 的瓶颈，成为局域网升级的首选方案。

（4）在共享以太网中，网络性能会因为通信量和用户数的增加而降低。交换式以太网进行的是独占通道、无冲突的数据传输，网络性能不会因为通信量和用户数的增加而降低，尤其是光纤以太网，使得交换式以太网非常适合于作主干网。

3）三层交换技术

三层交换技术（也称多层交换技术或 IP 交换技术）是相对于传统交换概念而提出的。传统的交换技术是在 OSI 网络标准模型中的第二层——数据链路层进行操作的，而三层交换技术是在网络模型中的第三层实现了数据包的高速转发。三层交换技术的出现，解决了局域网中网段划分之后，网段中子网必须依赖路由器进行管理的局面，也解决了传统路由器低速、复杂所造成的网络瓶颈问题。

三层交换机并不等于路由器，当然也不可能取代路由器。三层交换机与路由器之间还是存在着非常大的本质区别的。第三层交换机无法适应网络拓扑各异、传输协议不同的广域网络系统。第三层交换机非常适应局域网环境，而路由器在广域网中的优势更加明显。

3. 无线局域网

无线局域网（Wireless LAN，WLAN）是利用无线通信技术在一定的局部范围内
建立的网络，它以无线多址信道作为传输媒介，提供传统有线局域网 LAN 的功能。
WLAN 作为有线局域网络的延伸，为局部范围内提供了高速移动计算的条件。随着应
用的进一步发展，WLAN 正逐渐从传统意义上的局域网技术发展成为"公共无线局域
网"，成为 Internet 宽带接入手段之一。

1）无线局域网标准

无线局域网标准是 IEEE 802.11X 系列（IEEE 802.11、IEEE 802.11a、IEEE 802.11b、
IEEE 802.11g、IEEE 802.11h、IEEE 802.11i）、HIPERLAN、HomeRF、IrDA 和蓝牙等标准。
表 2-3 所示是 IEEE 802.11 无线局域网标准，也是当前常用的 WLAN 标准。

表 2-3　IEEE 802.11 无线局域网标准

标准要求	IEEE 802.11b	IEEE 802.11a	IEEE 802.11g	IEEE 802.11n 标准
每个子频道最大的数据速率	11Mbit/s	54Mbit/s	54Mbit/s	300Mbit/s
调制方式	CCK	OFDM	OFDM 和 CCK	MIMO-OFDM
每个子频道的数据速率	1、2、5.5、11 Mbit/s	6、9、12、18、24、36、48、54 Mbit/s	CCK：1、2、5.5、11 Mbit/s OFDM：6、9、12、18、24、36、48、54 Mbit/s	
工作频段	2.4～2.4835GHz	5.15～5.35GHz 5.725～5.875GHz	2.4～2.4835GHz	2.4/5GHz
可用频宽	83.5MHz		83.5MHz	
不重叠的子频道	3	12	3	13

（1）IEEE 802.11b 工作在 2.4～2.4835GHz，采用 CCK（Comple- mentary Code
Keying，补码键控）技术提供高达 11Mbit/s 的数据通信带宽，最多可提供 3 个互不重
叠的子频道。Wi-Fi 认证保证不同厂家产品之间的兼容。由于 IEEE 802.11b 工作的 2.4GHz
频带是免费的，因此一经推出便得到了用户的认可。

（2）IEEE 802.11a 工作在 5GHz，采用 OFDM（Orthogonal Frequency Divi- sion
Multiplexing，正交频分复用）技术提供 54Mbit/s 的数据通信带宽，最多可提供 12 个互
不重叠的子频道。由于 IEEE 802.11a 标准工作在更高的频段，具有更多不重叠的子频
道和更高的数据通信带宽，因此也得到了较为广泛的应用。

（3）IEEE 802.11g 有两个最为主要的特征，即高传输速率和兼容 IEEE 802.11b。
高传输速率是由于其采用 OFDM 调制技术，可得到 54Mbit/s 的数据通信带宽。兼容
IEEE 802.11b 是由于其仍然工作在 2.4GHz 并且保留了 IEEE 802.11b 所采用的 CCK 技
术，因此可与 IEEE 802.11b 的产品保持兼容。也就是说，基于 IEEE 802.11g 的无线接

入点（Access Point，AP）可与基于 IEEE 802.11b 的无线网卡相连接，而基于 IEEE 802.11g 的无线网卡也可与基于 IEEE 802.11b 的无线接入点相连接。IEEE 802.11g 标准是主流的无线局域网标准，它提供了高速的数据通信带宽，并以较为经济的成本提供对原有主流无线局域网标准的兼容。

（4）IEEE 802.11n 作为下一代的 WLAN 标准，采用智能天线技术，其传播范围更广，且能够以不低于 108Mbit/s 的传输速率保持通信。它可以作为蜂窝移动通信的宽带接入部分，与无线广域网更紧密地结合。一方面，IEEE 802.11n 可以为用户提供高数据率的通信服务（比如视频点播 VOD，在线观看 HDTV）。另一方面，无线广域网为用户提供了更好的移动性。这样 IEEE 802.11n 保证了与以往的 IEEE 802.11a/b/g 标准兼容。

（5）IEEE 802.11ac 是 IEEE 802.11n 的继承者，它采用并扩展了源自 IEEE 802.11n 的空中接口概念，包括更宽的 RF 带宽（提升至 160MHz），更多的 MIMO 空间流（增加到 8），多用户的 MIMO，以及更高阶的调制（达到 256QAM）。理论上，IEEE 802.11ac 可以为多个站点服务提供 1Gbit/s 的带宽，或者为单一连接提供 500Mbit/s 的传输带宽。

2）无线局域网组网方式

根据无线接入点的功用不同，WLAN 可以实现不同的组网方式。目前有基础架构模式、点对点模式、多 AP 模式、无线网桥模式和无线中继器模式 5 种组网方式。无线局域网的主要部件是无线网卡、无线 AP、无线网桥、无线路由器以及天线和功放等。

（1）基础架构模式。这种方式以星形拓扑为基础，以访问点 AP 为中心，所有的无线工作站通信都要通过 AP 接转。AP 主要完成 MAC 控制及信道的分配等功能。AP 通常能够覆盖几十至几百个用户，覆盖半径达百米。覆盖的区域称基本服务区 BSS（Basic Service Set）。

由于 AP 有以太网接口，这样，既能以 AP 为中心独立建一个无线局域网，当然也能将 AP 作为一个有线网的扩展部分，用于在无线工作站和有线网络之间接收、缓存和转发数据。由于对信道资源分配、MAC 控制采用了集中控制的方式，使得信道利用率大大提高，网络的吞吐性能优于分布式对等方式。基础架构模式的组网如图 2-29 所示。

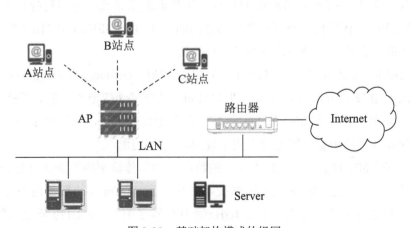

图 2-29　基础架构模式的组网

（2）点对点模式。Ad hoc（Peer-to-Peer）网络是一种特殊的无线移动网络。网络中所有节点的地位平等，无须设置任何的中心控制节点。网络中的节点不仅具有普通移动终端所需的功能，而且具有报文转发能力。点对点模式用于一台无线工作站和另一台或多台其他无线工作站的直接通信，但该网络无法接入到有线网络中，安全由各个客户端自行维护。点对点模式的组网如图 2-30 所示。

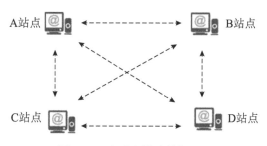

图 2-30　点对点模式的组网

（3）多 AP 模式。它是指由多个 AP 以及连接它们的有线骨干 LAN 组成的基础架构模式网络，也称为扩展服务区 ESS（Extend Service Set）。扩展服务区内的每个 AP 都是一个独立的无线网络基本服务区（BSS），所有 AP 共享同一个扩展服务区标示符（ESSID）。相同 ESSID 的无线网络间可以进行漫游，不同 ESSID 的无线网络形成逻辑子网。多 AP 模式的组网如图 2-31 所示。

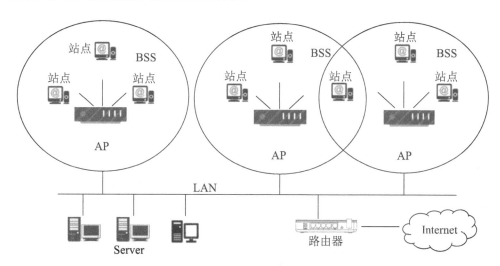

图 2-31　多 AP 模式的组网

（4）无线网桥模式。它是利用一对 AP 连接两个有线或者无线局域网网段。无线网桥模式的组网如图 2-32 所示。

（5）无线中继器模式。无线中继器用来在通信路径的中间转发数据，从而延伸系统的覆盖范围。无线中继器模式的组网如图 2-33 所示。应用 5 种不同的工作模式，可以灵活方便地组建各种无线网络结构以满足各种需求。

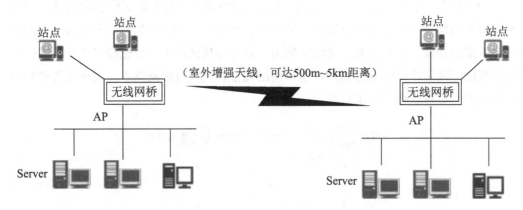

图 2-32　无线网桥模式的组网

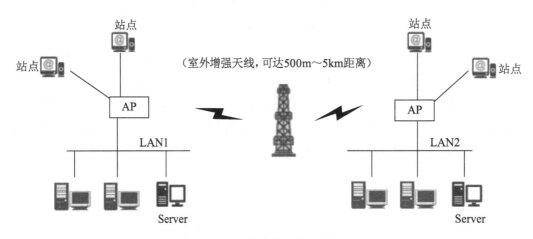

图 2-33　无线中继器模式的组网

3）IrDA 技术

IrDA 是红外数据标准协会（Infrared Data Association）的简称。IrDA 是一种利用红外线进行点对点通信的技术，主要优点是体积小、功率低，适合移动设备的需要；传输速率高，可达 16Mbit/s；成本低，应用普遍。但是 IrDA 技术也有局限性。首先，它是一种视线传输技术，两个具有 IrDA 端口的设备在传输数据时，中间不能有阻挡物。其次，IrDA 设备使用红外线 LED 器件作为核心部件，不是十分耐用。

4）HomeRF

HomeRF 是专门为家庭用户设计的一种无线局域网技术标准，利用跳频扩频方式，既可以通过时分复用支持语音通信，又能通过 CSMA/CA 协议提供数据通信服务。HomeRF 还提供了与 TCP/IP 协议良好的集成，支持广播、组播和 IP 地址。目前，HomeRF 标准工作在 2.4GHz 的频段上，跳频带宽为 1MHz，最大传输速率为 2Mbit/s，传输范围超过 100m。

5）蓝牙技术

蓝牙（Bluetooth）技术是一种近距离无线通信连接技术，用于各种固定与移动的数字化硬件设备之间通信。蓝牙同样采用了跳频技术,但与其他工作在 2.4GHz 频段上的系统相比,蓝牙跳频更快,数据包更短,这使蓝牙比其他系统更加稳定。蓝牙技术理想的连接范围为 0.1 ～ 10m,但是通过增大发射功率可以将距离延长至 100m。

蓝牙可以支持异步数据通道,多达 3 个设备可同时进行同步语音信道,还可以用一个信道同时传送异步数据和同步语音。异步信道可以支持一端最大速率为 721Kbit/s,而另一端速率为 57.6Kbit/s 的不对称连接,也可以支持 43.2Kbit/s 的对称连接。

蓝牙技术面向的是移动设备间的小范围连接,本质上说,它是一种代替电缆的技术,应用于任何可以用无线方式替代线缆的场合,适合在手机、掌上型计算机上进行简易数据传输。

6)Zigbee 技术

Zigbee 是 IEEE 802.15.4 协议的代名词,是一种新兴的近距离、低复杂度、低功耗、低数据传输速率、低成本的无线网络技术。在蓝牙技术的使用过程中,人们发现蓝牙技术尽管有许多优点,但也存在许多缺陷。对工业自动化、家庭自动化和遥测遥控领域而言,蓝牙技术显得太复杂、功耗大、距离近、组网规模太小等不足。而工业自动化对无线数据通信的需求越来越强烈,而且,对于工业现场,这种无线数据传输必须是高可靠的,并能抵抗工业现场的各种电磁干扰。

Zigbee 是一种经济、高效、低数据速率(小于 250Kbit/s)、工作在 2.4GHz 和 868/928MHz 的无线技术。用于个人区域网和对等网络,主要是近距离无线连接。它依据 IEEE 802.15.4 标准,在数千个微小的传感器之间相互协调实现通信。这些传感器只需要很少的能量,以接力的方式通过无线电波将数据从一个传感器传到另一个传感器,所以它们之间的通信效率非常高。

4. 常用以太网组网结构

以太网的组网结构是进行楼宇内计算机网络规划设计的基础,其拓扑结构通常是树形拓扑(分层星形拓扑),复杂的拓扑结构是带有网络的树形拓扑。以太网的组网拓扑结构如图 2-34 所示。

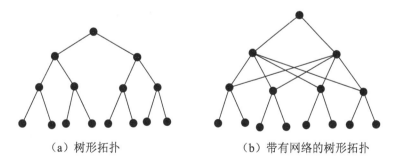

(a)树形拓扑　　　　　　　(b)带有网络的树形拓扑

图 2-34　以太网的组网拓扑结构

1）以太网的二层网络结构

对于大部分的楼宇内计算机网络系统，采用二层结构的以太网就能满足应用需求，常用二层结构的以太网如图2-35所示，主要由核心层和接入层组成。接入层通过带三层路由功能的核心交换机实现互联。网络系统以1Gbit/s或10Gbit/s以太网作为主干网络，用户终端速率100Mbit/s，采用多AP模式构建Wi-Fi网。核心层的主要目的是进行高速的数据交换、安全策略的实施以及网络服务器的接入。接入层用于用户终端的接入。对于稳定性和安全性要求特别高的场合，核心层交换机宜冗余配置，接入层和核心层交换机之间宜采用冗余链路连接，即采用图2-36所示的以太网双冗余二层结构。

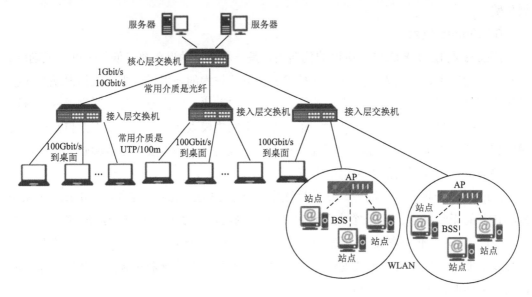

图2-35　常用二层结构的以太网

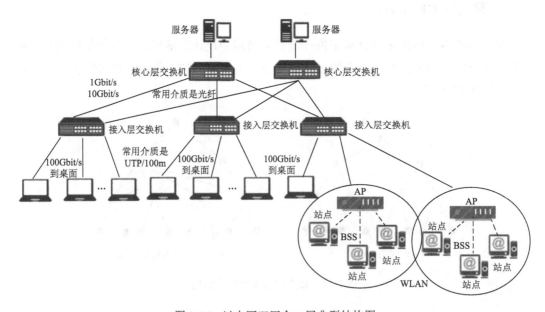

图2-36　以太网双冗余二层典型结构图

2）以太网三层网络结构

适用于特大型的楼内计算机网络系统的应用需求，主要由核心层、汇聚层和接入层组成。核心层和汇聚层通过带三层路由功能的交换机实现互联。网络主干以 10Gbit/s 以太网为主，用户终端速率 100Mbit/s，采用多 AP 模式构建 Wi-Fi 网。对于稳定性和安全性要求特别高的大型楼内计算机网络，可以采用如图 2-37 所示的以太网三层冗余结构。汇聚层和核心层交换机冗余配置，接入层、汇聚层和核心层交换机之间采用冗余链路连接。

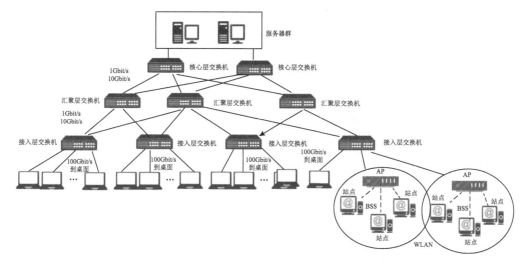

图 2-37　以太网三层冗余网络结构图

3）以太网的全连接拓扑网络结构

数据中心（IDC 或云数据中心）容纳了数千至数十万台服务器主机，支持多种云计算应用，是当今信息社会的基础设施。主机一般采用所谓刀片式结构（包括 CPU、内存和磁盘存储的主机）堆叠在机架上，每个机架一般堆放 20 ～ 40 台刀片。在机架顶部有一台交换机，又称机架顶部交换机 TOR（Top of Rack），它们与机架上的主机互联，并与数据中心的其他交换机互联。

数据中心网络需要支持外部客户与内部主机之间的高速数据流量，也要支持内部主机之间互联的高速数据流量。因此，对数据中心网络结构需要进行全新的思考。传统的分层结构体系存在不同机架内主机到主机流量受限的问题，一种解决方案是采用全连接拓扑网络结构。以太网全连接拓扑结构图如图 2-38 所示。在这种方案中，每台第一层交换机都与所有第二层交换机相连，因此主机到主机的流量不会超过第一层交换机层次。网络结构可以支持内部任意主机之间互联的 1Gbit/s 数据流量，网络主干 10Gbit/s 以太网，机架交换机到主机终端的速率为 1Gbit/s。

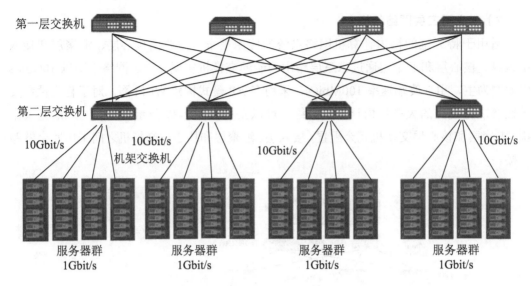

第一层交换机

第二层交换机

10Gbit/s　　10Gbit/s

机架交换机

10Gbit/s

10Gbit/s

服务器群　　　服务器群　　　服务器群　　　服务器群

1Gbit/s　　　1Gbit/s　　　1Gbit/s　　　1Gbit/s

图 2-38　以太网全连接拓扑结构图

2.5.3　宽带接入技术

国际电联（ITU-T）定义接入网（公用数据传输网）为本地交换机与用户端设备之间的实施系统。接入网可使用各种传输媒体（如金属双绞线、光纤、同轴电缆、无线系统等），可支持不同的接入类型和业务。所谓的接入技术就是指各种接入网的构建技术。

接入网是用来将本地的用户端数据设备（通常就是计算机）连接到公用电信网（PSTN、DDN、PSPDN、帧中继等）的传输线路。类似于传统电话网的用户线路，典型的电话用户接入网结构如图 2-39 所示。从应用的角度理解，接入网是将用户主机连接到 ISP/ICP 的通信链路。

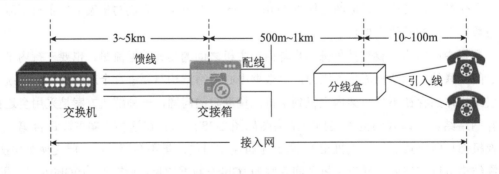

3~5km　　　　　500m~1km　　　　10~100m

馈线　　　　　配线　　　　　　　　　引入线

交换机　　　交接箱　　　　　分线盒

接入网

图 2-39　典型的电话用户接入网结构

用户端数据设备只有接入公用电信网才能够与全球的用户进行信息传输交换，就好像一部电话机只有接入 PSTN 才可能与全球的电话用户通信，否则只能是局部范围的内部通话。

从计算机网络技术的角度看，接入网要解决的是网络间互联的一段传输介质（信道）问题，即接入网是网络间互联的传输介质，如图 2-40 所示。这里的互联是指全球范围的互联，必须要借用公用数据传输网，而不是自行构建的专线。

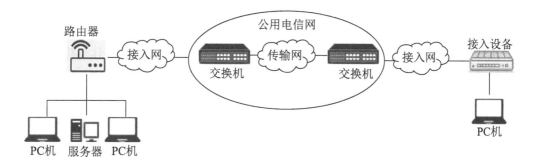

图 2-40　接入网是网络间互联的传输介质

从应用的角度看，接入网广义是指将 LAN 或单台计算机连接到各种广域网的传输线路，狭义是指将 LAN 或单台计算机连接到 Internet 的传输线路。

1．宽带接入技术分类

当前的网络技术飞速发展，电信公用数据传输网已经是光纤的高速网，核心网通道带已达到 100Gbit/s，节点交换机（或路由器）吞吐量达几十 Gbit/s。LAN 的带宽主干达到几十 Gbit/s，到端点 100 /1000Mbit/s。但是，接入网的带宽相比之下就过低了。比如，计算机用 Modem 上网速率只有 56Kbit/s。从业务需求来看，单一业务越来越少，语音、数据、图像等综合的多媒体业务需求在增长，因此，接入网已成为网络的瓶颈。宽带接入的目标就是为了克服这个瓶颈，实现用户接入网的数字化、宽带化，提高用户上网速度。宽带接入网按传输介质不同可分为铜线接入技术（xDSL）、光纤接入网技术（FTx）、以太网接入技术、无线接入技术。

1）铜线接入技术

铜线接入，即数字用户线技术。它以普通电话线和 3、5 类线等铜质双绞线作为传输介质。由于它采用了全新的数字调制解调技术，所以传输速率比采用音频调制技术电话拨号的方式快得多。DSL 技术有一个庞大的家族，统称 xDSL，主要有 HDSL、SDSL、ADSL 等。这些方案都是通过一对调制解调器来实现，其中一个调制解调器放置在电信局，另一个调制解调器放置在用户侧。它们主要的区别体现在信号传输速度和距离的不同以及上行速率和下行速率对称性这两个方面。

2）光纤接入网技术

光纤接入网是指在接入网中用光纤作为主要传输介质来实现信息传输的接入网。它具有可用带宽宽、传输质量高、传输距离远、抗干扰能力强、网络可靠性高、节约管道资源等优点。光纤接入网从技术上可分为两大类，即有源光网络（Active Optical Network，AON）和无源光网络（Passive Optical Network，PON）。FTTx 技术是光纤到 x 的简称，可以是光纤到大楼（Fiber To The Building，FTTB）、光纤到户（Fiber To The Home，FTTH）、光纤到配线盒 / 路边（Fiber To The Curb，FTTC）等。除了 FTTH 外，其他方式都需通过铜芯线作转换，组成混合接入网络。

（1）有源光网络。

有源光网络比无源光网络容易实现，有源光网络传输距离和容量均大于无源光网络，传输带宽易于扩展。图 2-41 所示就是用有源光网络实现智能建筑计算机网高速接入的原理图。有源光网络的缺点是需要进行光电、电光转换，要使用专门的场地和机房，远端供电问题不易解决，日常维护工作量较大。有源光网络包括基于 ATM、SDH、PDH 和 LAN 的有源光网络，目前 AON 主要采用 SDH 环形网络结构和 ATM 技术，因而具有环形网络结构的自愈功能。ATM 信元在 SDH 环形网络中传输，其带宽由环形网络上所有节点所共享。针对接入网中用户数量多、带宽需求不确定等情况，有源光网络能够根据环形网络上各节点所需的业务质量级别（QoS）和需要传输的实际业务量，动态地按需分配带宽到各节点和各用户，所以 AON 既能够适应高 QoS 业务的传输，也能够适应突发性业务的传输。

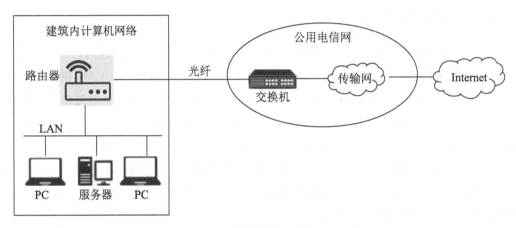

图 2-41　FTTB 智能建筑计算机网高速接入

（2）无源光网络。

无源光网络不需要在外部站点安装有源电子设备，无源光网络的组成结构如图 2-42 所示。无源光网络是由局端的光线路终端（Optical Line Terminal，OLT）、用户端的光网络终端 / 光网络单元、连接前两种设备的光纤和无源分光器组成的光分配网络（Optical Distribution Network，ODN）以及网管系统组成。无源光网络"无源"是指 ODN 全部由光分路器等无源器件组成，不含有任何电子器件及电源。无源光网络包括 ATM-PON（APON，即基于 ATM 的无源光网络）和 Ethernet-POI（EPON，即基于以太网的无源光网络）两种。

① APON 以太网无源光网络。

APON 系统的网络拓扑结构为星形结构，作为点到多点的典型应用来说，更适合于面对将来进行系统的升级和扩容，加上光分配网的灵活性，使得系统能够支持更多的拓扑结构，如树形、总线形等。凭借这一点，在实际中，针对用户的分散和业务阶段性实施的需求，运营商可以通过 APON 系统一步到位，既满足大用户对网络服务的要求，又避免了重复投资和重复施工。APON 系统灵活的拓扑结构体现了设备在扩容和升级方面的灵活性。

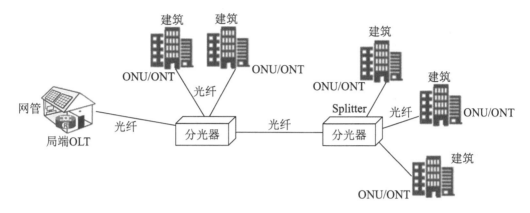

图 2-42 无源光网络的组成结构

APON 的工作原理：OLT（光线路终端）将到达各个 ONU（光网络单元）的下行业务组装成帧，以广播的方式发送到下行信道上，各个 ONU 收到所有的下行信元后，根据信元头信息从中取出属于自己的信元；在上行方向上，由 OLT 轮询各个 ONU，得到 ONU 的上行带宽要求，OLT 合理分配带宽后，以上行授权的形式允许 ONU 发送上行信元，即只有收到有效上行授权的 ONU 才有权利在上行帧中占有指定的时隙。

实现 APON 的关键技术有多址和接入控制技术（在使用 TDMA 上行接入时包括测距、带宽分配等）、突发信号的发送和接收技术、快速比特同步技术以及安全保密等方面的技术。

② EPON 以太网无源光网络。

EPON 以太网无源光网络结构如图 2-43 所示。局端 OLT 与用户 ONU/ONT 之间仅有光纤、光分路器等光无源器件，无须租用机房，无须配备电源，无须有源设备维护人员，因此可有效节省建设和运营维护成本。

EPON 采用单纤波分复用技术（下行 1490nm，上行 1310nm），仅需一根主干光纤和一个 OLT，传输距离可达 20km。在 ONU 侧通过光分路器分送给最多 32 个用户，因此可大大降低成本。每个节点可提供 1 ～ 1000Mbit/s 的接入带宽，真正实现"千兆到桌面"的带宽接入。

TDM 数据（语音业务）和 IP 数据采用 IEEE 802.3 以太网的格式进行传输，辅以电信级的网管系统，足以保证传输质量。通过扩展第三个波长（通常为 1550nm）即可实现视频业务广播传输。

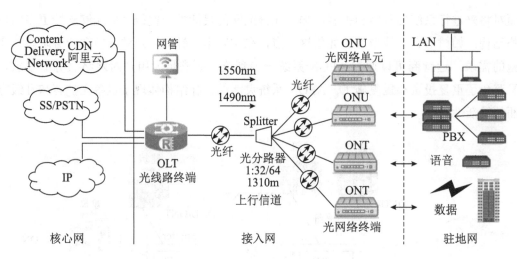

图 2-43　EPON 以太网无源光网络结构

3）以太网接入技术

以太网接入是指将以太网技术与综合布线相结合，作为公用电信网的接入网，直接向用户提供基于 IP 的多种业务的传送通道。以太网技术的实质是一种两层的媒质访问控制技术，可以在五类线上传送，也可以与其他接入媒质相结合，形成多种宽带接入技术。以太网与电话铜缆上的 VDSL 相结合，形成 EoVDSL 技术；与无源光网络相结合，产生 EPON 技术；在无线环境中，可发展为 WLAN 技术。

4）无线接入技术

只要在交换节点到用户终端部分或全部采用无线传输方式，就称为无线接入。它有两种应用方式：固定无线接入和移动无线接入。

固定无线接入：固定用户以无线方式接入固定电信网的交换机，又称为无线本地环路 WLL。移动无线接入：移动用户以无线方式接入固定电信网的交换机。

无线接入可以理解为公用数据网应用 WLAN 技术，将服务区覆盖到本地固定用户，无线接入不是在现有的移动通信网平台上，而是应用 WLAN 技术，构建一个高速无线数据传输网，传输速率达到 54Mbit/s，将来会达到 300Mbit/s。无线网高速接入如图 2-44 所示。

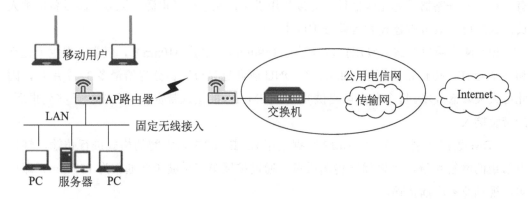

图 2-44　无线网高速接入

2.5.4 网络的安全技术

一个安全的计算机网络应该具有可靠性、可用性、完整性、保密性和真实性等特点。计算机网络不仅要保护网络内的设备安全和网络系统安全，还要保护数据安全等。因此针对计算机网络本身可能存在的安全问题，必须实施网络安全保护方案以确保计算机网络自身的安全。

1．网络安全隐患

计算机网络面临的安全威胁大体可分为两种：一是对网络本身的威胁，包括对网络设备和网络软件系统平台的威胁；二是对网络中信息的威胁，除了对网络中数据的威胁外，还包括对处理这些数据的信息系统及应用软件的威胁。对网络安全的威胁主要来自人为的管理失误、恶意攻击、网络软件系统的漏洞和"后门"。

1）技术性缺陷导致的安全隐患

计算机网络中总会存在一些安全缺陷，如路由器配置错误、保留匿名 FTP 服务、开放 Telnet 访问及口令文件缺乏安全保护等。技术性的网络安全隐患主要表现在三个方面：一是以传统宏病毒、蠕虫等为代表的入侵性病毒传播；二是以间谍软件（Spyware）、广告软件（Adware）、网络钓鱼软件（Phishing）、木马程序（Trojan）为代表的恶意代码威胁；三是以黑客为首的有目标的专门攻击或无目标的随意攻击为代表的网络侵害。

2）安全管理漏洞导致的安全隐患

除技术性缺陷外，发生最频繁的网络安全威胁实际上来自安全管理漏洞，只有把安全管理制度与安全管理技术手段相结合，整个网络系统的安全才有保障。网络攻击经常能够得逞主要有以下几个方面的原因：

（1）现有的网络系统具有内在的安全脆弱性。

（2）管理者思想麻痹，对网络入侵造成的严重后果重视不够，舍不得投入必要的人力、财力、物力来加强网络安全。

（3）没有采取正确的安全策略和安全机制。

2．网络安全应对方法

网络的安全策略，应是能全方位地针对各种不同的威胁和脆弱性提出的解决方案，这样才能确保网络和信息的机密性、完整性、可用性、可控性和不可否认性。计算机网络的安全策略可以分为物理安全策略、攻击防范策略、访问控制策略、加密认证策略和安全管理策略等。

1）物理安全策略

物理安全策略的目的是保护计算机网络通信系统和网络服务器等硬件基础设施免受自然灾害、人为破坏和搭线攻击，确保网络系统有一个良好的工作环境。抑制和防止电磁泄漏是物理安全策略要解决的一个主要问题。

2）攻击防范策略

攻击防范策略是为了对来自外部网络的攻击进行积极的防御。积极防御有两种情况：一是及时发现外部对网络的攻击并且进行抵御，二是努力寻找网络自身的安全漏洞并进行弥补。

3）访问控制策略

访问控制策略是网络安全防范和保护的核心策略之一，其任务是保证网络资源不被非法使用和非法访问。访问控制策略包括入网访问控制策略、操作权限控制策略、目录安全控制策略、属性安全控制策略、网络服务器安全控制策略、网络监测和锁定控制策略以及防火墙控制策略。

4）加密认证策略

信息加密是网络安全的有效策略之一。一个加密的网络，不但可以防止非授权用户的搭线窃听和入网，也是对付恶意软件的有效方法之一。网络加密常用的方法有链路加密、节点加密和端到端加密三种。链路加密的目的是保护链路两端网络设备间的通信安全，节点加密的目的是对源节点计算机到目的节点计算机之间的信息传输提供保护，端到端加密的目的是对源端用户到目的端用户的应用系统通信提供保护。用户可以根据需求酌情选择上述加密方式。

5）安全管理策略

在网络安全中，除了诸如访问控制、攻击防范、加密认证等技术措施之外，加强网络的安全管理，制定有关规章制度，对于确保网络安全、可靠地运行，将起到十分有效的作用。从安全技术保障手段上来讲，应当采用先进的网络安全技术、工具、手段和产品，同时采取先进的备份手段。这样，一旦防护手段失效，可以迅速进行系统和数据的恢复。

3. 防火墙技术

防火墙技术是建立在现代通信网络技术和信息安全技术基础之上的一种安全技术，用于抵御黑客对计算机网络的侵扰，常用于专用网络与公用网络的互联环境之中。防火墙技术已被证明是一种较有效地防止外部入侵的措施。

防火墙就是一个或一组网络设备（计算机或路由器等），用来在两个或多个网络间加强相互间的访问控制，以达到保护内部网络防备访问外部网络的目的。防火墙的职责就是根据本单元的安全策略，对外部网络与内部网络交流的数据进行检查，符合的通过，不符合的拒绝。拒绝未授权的用户访问，同时允许合法用户不受妨碍地访问网络资源。

从防火墙工作原理来划分，目前的防火墙主要有三种类型：包过滤防火墙、代理防火墙和双穴主机防火墙。根据防火墙的物理特性，防火墙分为硬件防火墙和软件防火墙两大类。软件防火墙是一种安装在负责内外网络转换的网关服务器或者独立的个人计算机上的特殊程序；而硬件防火墙是一种以物理形式存在的专用设备，通常架设于两个网络的驳接处，直接从网络设备上检查过滤有害的数据报文。

4. 网络管理

网络管理就是对网络进行规划、配置、监视及控制，以便更好地利用网络资源，确保网络高效、可靠和安全地运行。实现的管理功能为故障管理、性能管理、配置管理、安全管理和计费管理。网络管理的通俗理解，就是对网络的设备运行情况进行监控。但是，网络设备能否被网管还要看它是否提供管理接口，是否内嵌有符合国际标准的代理（ACENT）程序。目前，主要有两个网络管理协议——SNMP 和 CMIP。SNMP 是基于TCP/IP 的，几乎所有路由器和交换机厂商都提供了基于 SNMP 的网络管理功能。

1）远程网络监控

远程网络监控（Remote Monitor，RMON）的目标是为了扩展 SNMP 的 MIB-II（管理信息库），使 SNMP 更为有效、积极主动地监控远程设备。RMON MIB 由一组统计数据、分析数据和诊断数据构成，是对 SNMP 框架的重要补充，利用许多供应商生产的标准工具都可以显示出这些数据，因而它具有独立于供应商的远程网络分析功能。RMON探测器和 RMON 客户机软件结合在一起在网络环境中实施 RMON。RMON 的监控功能是否有效，关键在于探测器要具有存储统计历史数据的能力，这样就不需要不停地轮询才能生成一个有关网络运行状况趋势的视图。当一个探测器发现某个网段处于一种不正常状态时，它会主动与网络管理控制台的 RMON 客户应用程序联系，并将描述不正常状况的捕获信息转发。RMON 的强大之处在于它完全与 SNMP 框架兼容。

2）面向业务的网络管理

新一代的网络管理系统已开始从面向网络设备的管理向面向网络业务的管理过渡。这种网管思想把网络服务、业务作为网管对象，通过实时监测与网络业务相关的设备、应用，模拟客户实时测量网络业务的服务质量，收集网络业务的业务数据，实现全方位、多视角监测网络业务运行情况，从而实现网络业务的故障管理、性能管理和配置管理。

3）基于 Web 的网络管理技术

基于 Web 的网络管理模式（Web-Based Management，WBM）就是通过 Web 浏览器进行网络管理。有两种实现方式：一种是代理方式，即在一个内部工作站上运行 Web服务器（代理）。这个工作站轮流与端点设备通信，浏览器用户与代理通信，同时代理与端点设备之间通信。在这种方式下，网络管理软件成为操作系统上的一个应用，它介于浏览器和网络设备之间。在管理过程中，网络管理软件负责将收集到的网络信息传送到浏览器（Web 服务器代理），并将传统管理协议（如 SNMP）转换成 Web 协议（如HTTP）；另一种是嵌入式，它将 Web 功能嵌入网络设备中。每个设备有自己的 Web 地址，管理员可通过浏览器直接访问并管理该设备。在这种方式下，网络管理软件与网络设备集成在一起，网络管理软件无须完成协议转换，所有的管理信息都是通过 HTTP 协议传送的。

第3章　楼宇设备控制特性及自动化技术

楼宇自动化是楼宇智能化的基础。智能化建筑中的机电设备和设施就是楼宇自动化系统的对象和环境，其难点在于设备多（种类多，测控点数多）且分散（布置分散在整栋建筑的各个角落）。因此，只有我们认识和掌握了这些机电设备和设施的运行规律和控制特性，才能想方设法通过设计、建设、改造，实现全局的优化控制和管理。

楼宇自动化系统主要用于针对建筑物的变配电设备、应急备用电源设备、蓄电池、不停电设备等的监视，对测量和照明设备的监控，对给排水系统的给排水设备、饮水设备及污水处理设备等的运行、工况的监视、测量与控制，对空调系统的次热源设备、空调设备、通风设备及环境监测设备等运行工况的监视、测量与控制，对热力系统的热源设备等运行工况的监视，以及对电梯、自动扶梯设备运行工况的监视。通过 BAS 实现对建筑物内上述机电设备的监控与管理，可以节约能源和人力资源，向用户创造更舒适安全的环境。

3.1　供配电系统

供配电系统是数据中心最主要的能源来源，一旦供电中断，建筑内的大部分电气化和信息化系统将立即瘫痪。因此，可靠和连续地供电是数据中心得以正常运转的前提。智能化的供配电系统应用计算机网络测控技术，对所有变配电设备的运行状态和参数集中进行监控，以达到对变配电系统的遥测、遥调、遥控和遥信，实现变配电所无人值守。同时还具有故障的自动应急处理能力，更加可靠地保障供电。

利用监控系统不但能提高供电的安全可靠性，改善供电质量，同时还能极大地提高管理效率和服务水准，提高用电效率，节约能源，减少日常管理人员数量及费用支出。

3.1.1　典型供配电系统方案

数据中心对供电的可靠性要求较高，一般要求有两路 10kV 电源供电。对于负荷等级高的建筑物，虽然目前我国城市电网的供电状态较稳定，但是为了确保数据中心供电的可靠、安全和稳定，自备发电机也是十分必要的。

1. 供电系统的主接线

电力的输送与分配必须由母线、开关、配电线路、变压器等组成一定的供电电路，这个电路就是供电系统的一次接线，即主接线。数据中心由于功能上的需要，一般都采用双电进线，即要求有两个独立电源，常用的高压供电方案如图 3-1 所示。

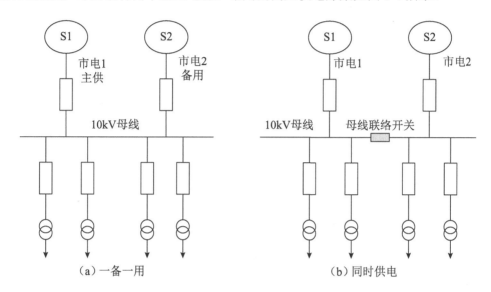

（a）一备一用　　　　　　　（b）同时供电

图 3-1　常用的高压供电方案

图 3-1（a）方案为两路高压电源，正常时一备一用，即当正常工作电源事故停电时，另一路备用电源自动投入。此方案可以减少中间母线联络柜和一个电压互感器柜，对节省投资和减小高压配电室建筑面积均有利。这种接线要求两路都能保证 100% 的负荷用电。当清扫母线或处理母线故障时，将会造成全部停电。因此，这种接线方式常用在大楼负荷较小、供电可靠性要求相对较低的建筑中。

图 3-1（b）方案为两路电源同时工作，当其中一路故障时，由母线联络开关对故障回路供电。该方案由于增加了母线联络柜和电压互感器柜，变电所的面积也就要增大。当大楼的安装容量大，变压器台数较多时，尤其适宜采用这种方案，因为它能保证较高的供电可靠性。

目前数据中心最常用的双电源主接线方案如图 3-2 所示。采用两路 10kV 独立电源，再加上自备发电机供电，变压器低压侧采取单母线分段的方案。图 3-3 所示是某单位供电系统方案。变电所内两台变压器各给电源Ⅰ 220/380V 母线供电，两段母线间设有联络断路器，其中电源Ⅰ母线失电后母联开关投入。在 220/380V 电源Ⅱ末端设一应急母线段，给一级负荷供电，此应急段平时由电源Ⅱ供电，当电源Ⅱ失电时，母联开关自动投入，由电源Ⅰ供电；当两路市电电源均失电时，由应急发电机供电，市电与发电机之间的切换设自动连锁控制，由自动转换开关 ATS 完成。

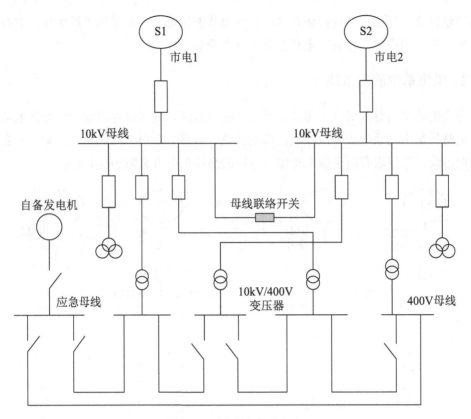

图 3-2　双电源主接线方案

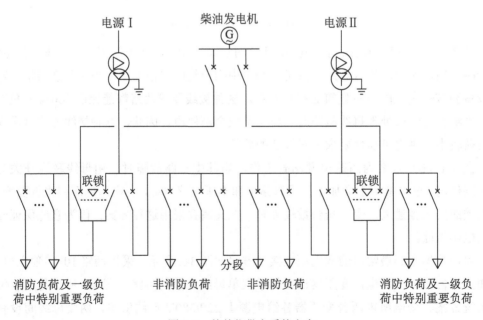

图 3-3　某单位供电系统方案

2. 低压配电方式

低压配电方式是指低压干线的配线方式。低压配电的接线方式可分为放射式和树干式两大类。放射式配电是一独立负荷或一集中负荷均由一单独的配电线路供电。树干式配电是一独立负荷或一集中负荷按它所处的位置依次连接到某一条配电干线上。混合式即放射式与树干式的组合方式，有时也称混合式为分区树干式。放射式、树干式、混合式配电方式如图 3-4 所示。

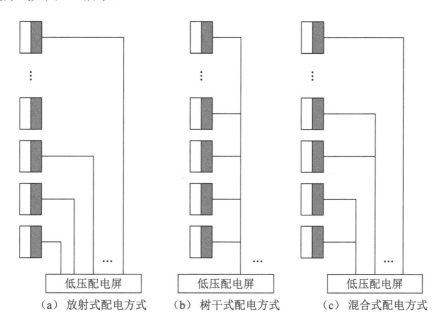

（a）放射式配电方式　　　（b）树干式配电方式　　　（c）混合式配电方式

图 3-4　放射式、树干式、混合式配电方式

3.1.2　应急电源系统

根据电气设计的规范，一级负荷要求有两路电源供电，二级负荷当条件许可时也宜由两路电源供电，特别是消防用的二级负荷，按规定也要有两路电源供电。因此，为了确保数据中心供电可靠、安全，设置自备发电机作为应急电源系统是十分必要的。

1. 自备发电机组容量的选择

自备发电机组容量的选择，目前尚无统一的计算公式，因此在实际工作中采用的方法也各不相同。有的简单地按照变压器容量的百分比确定，有的根据消防设备容量相加，也有的根据业主的意愿确定。自备发电机的容量选得太大，会造成一次投资的浪费；选得太小，发生事故时一则满足不了使用要求，二则大功率电动机启动困难。初步设计时，自备发电机容量可以取变压器总装机容量的 10% ～ 20%。

2. 自备发电机组的机组选择

自备发电机组的机组选择主要考虑机械与电气性能、机组的用途、负荷的容量与变化范围、自动化功能等方面。下面从起动装置、外形尺寸、自起动方式、冷却方式和发电机这几个方面来分析自备发电机组的机组选择。

1）起动装置

自备发电机组均为应急所用，因此首先要选有自起动装置的机组，一旦城市电网中断，应在15秒内起动且供电。机组在市电停电后延时3秒后开始起动发电机，起动时间约10秒（总计不大于15秒，若第一次起动失败，第二次再起动，共有三次自起动功能，总计不大于30秒），发电机输出主开关合闸供电。

当市电恢复后，机组延时2～15分钟（可调）不卸载运行。5分钟后，主开关自动跳闸，机组再空载冷却运行约10分钟后自动停车。图3-5为发电机组的运行流程图。

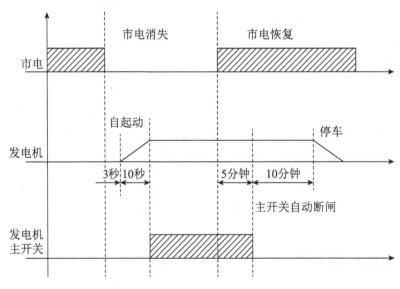

图3-5 发电机组的运行流程图

2）外形尺寸

机组的外形尺寸要小，结构要紧凑，重量要轻，辅助设备也要尽量减少，以缩小机房的面积和层高。

3）自起动方式

自起动方式尽量用电起动，起动电压为直流24V。若用压缩空气起动，要一套压缩空气装置，比发电机烦琐，尽量避免采用。

4）冷却方式

在有足够的进风、排风通道的情况下，尽量采用闭式水循环及风冷的整体机组。这样耗水量很少，只要每年更换几次水并加少量防锈剂就可以了。

在没有足够的进风、排风通道的情况下，可将排风机、散热管与柴油机主体分开，单独放在室外，用水管将室外的散热管与室内地下层的柴油主机相连接。

5）发电机

发电机宜选用无刷型自动励磁方式的。

3.1.3 供配电设备监控

供配电监控系统采用现场总线技术实现数据采集和处理。对供配电设备的运行状况进行监控，实现变配电所无人值守。对测量所得的数据进行统计、分析，以查找供电异常情况，并进行用电负荷控制及电能计费管理。对供电网的供电状况实时监测，一旦发生电网有断电情况，控制系统就做出相应的停电控制措施，应急发电机将自动投入，确保重要负荷继续供电。

供配电监控系统应具有以下功能：

- 供配电系统的中压开关与主要低压开关的状态监视及故障报警。
- 中压与低压主母排的电压监测。
- 电流及功率因数测量。
- 变压器温度监测及超温报警。
- 备用及应急电源的手动 / 自动状态、电压、电流及频率监测。
- 电力系统计算机辅助监控系统应留有通信接口。
- 电能计量。

1. 供配电监控系统的构成

供配电监控系统一般采用集散系统结构，可分为三层：现场 I/O、控制层和管理层，供配电监控系统结构如图 3-6 所示。现场 I/O 用于现场设备状态信号和运行参数的采集，对现场设备进行操作控制；控制层监测和控制供电系统的运行；管理层用于人−机对话的界面、数据处理和存储管理，以及与楼宇计算机管理系统通信。对于中小规模的系统，可省略控制层，将其功能分散到管理层和现场 L/O 层。此时的控制层设备就是通信控制器或者网关一类的设备，小型供配电监控系统结构如图 3-7 所示。

现场 L/O 与控制层之间应用现场总线技术（常用的是 MODBUS-RTU 现场总线协议）构建通信网。控制层与管理层之间可采用 BACnet 楼宇自控网络协议中的以太网技术实现高速数据传输。

2. 供配电监控系统设备

供配电监控系统设备包括现场 I/O 设备、控制层和管理层、监控系统应用软件。

1）现场 I/O 设备

现场 I/O 设备可以是远程数据采集模块、综合电力测控仪、智能型断路器等，如图 3-8 所示。

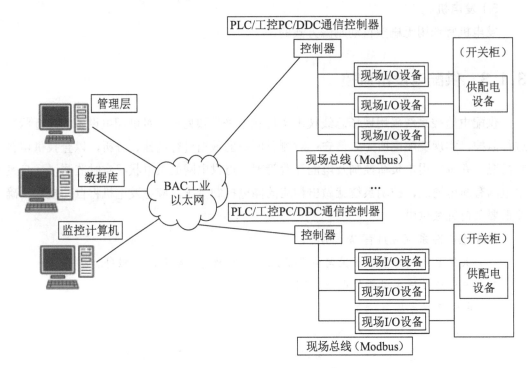

图 3-6　供配电监控系统结构

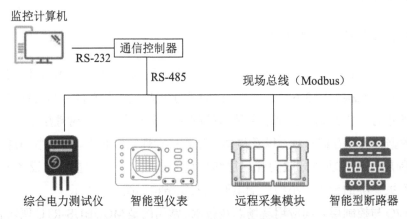

图 3-7　小型供配电监控系统结构

远程数据采集模块

综合电力测试仪

智能型断路器

图 3-8　现场 I/O 设备

（1）远程数据采集模块。

远程数据采集模块是一种智能仪表，用于对各类电力参数和开关状态的实时检测，并通过 RS-485 通信接口将数据上传给上位机。与综合电力测控仪相比较，它没有显示功能，也不能在现场进行参数设置等。远程数据采集模块有多个种类，有单独对某一参数进行测量的采集模块（如电压测量模块、电流测量模块等），也有交流电量综合采集模块，可测量电压、电流、热电阻温度、热电偶温度等参数。

（2）综合电力测控仪。

综合电力测控仪用于电力系统的监测和控制。它能高精度地测量所有常用的电力参数，采用大屏幕光 LCD 显示，可同时显示多个测量参数和电网系统的运行信息。

综合电力测控仪提供 RS-485 通信接口以实现网络通信功能，通常采用 Modbus 协议。在一条线路上可以同时连接多达 32 个综合电力测控仪，每个综合电力测控仪均可设置其通信地址。

综合电力测控仪一般还提供数量不等的可程控的开关量输入 / 输出接口、模拟输出接口、脉冲输出接口等。综合电力测控仪可安装在智能型配电盘、开关柜和测控柜中，现场可编程设置参数，能够与 PLC、工业控制计算机等上位机组网。

（3）智能型断路器。

智能型断路器适用于低压配电网络，用来分配电能和保护线路及电源设备免受过载、欠电压、短路、单相接地等故障的危害。断路器具有智能化保护功能，选择性保护精确，能提高供电可靠性，避免不必要的停电。它带有开放式通信接口，可进行遥测、遥调、遥控和遥信，以满足控制中心和自动化系统的要求。

2）控制层和管理层

控制层是现场总线系统中的主机，监测和控制下位机（现场 I/O）的运行，是整个系统的控制核心。控制层一般用可编程序控制器 PLC 或工控 PC 来担当。

管理层按照需要，变电站可以设监控计算机本地监控，也可以由中央控制室远程监控。由于大型供配电设备监控系统的规模大、功能多，可靠性要求高，通常由多个变电站组成，要求联网监控。大型供配电设备监控系统中的每一个变电站距离较远、信息量较大时，宜采用光纤作为网络的通信介质。为进一步提高网络的可靠性，网络采用冗余设置。

3）监控系统应用软件

供配电设备监控系统的应用软件一般用组态软件工具来开发，其功能强大，结构复杂，后台需要强大的实时数据库支撑。

3.2 照明系统

照明系统由照明装置及其电气控制部分组成。照明装置主要是电光源和灯具，照明装置的电气部分包括照明电源、开关及调光控制、照明配电、智能照明控制系统。

3.2.1 楼宇照明

照明设计的原则是在满足照明质量要求的基础上，正确选择光源和灯具。要求节约电能，安装和使用安全可靠，配合建筑的装饰，经济合理及预留照明条件等。

1. 常用的光度量

常用的光度量有光通量、发光强度、照度、发光效率、色温和显色性指数等。

1）光通量

光源在单位时间内向周围空间辐射出去的并能使人眼产生光感的能量，称为光通量。光通量用符号 $\varnothing$ 表示，单位为流明（lm）。光通量是说明光源发光能力的基本量。简单地说，光源光通量越大，人们对周围环境的感觉越亮。例如，220V/40W 普通白炽灯的光通量为 350lm，而 220V/40W 荧光灯的光通量大于 2000lm，是白炽灯的几倍。

2）发光强度

光源在空间某一方向上单位立方体角内发射的光通量称为光源在这一方向上的发光强度，简称为光强，用符号 I 表示，单位为坎德拉，符号为 cd。

3）照度

照度用来表示被照面上被光源照射的强弱程度，以被照面上单位面积所接收的光通量来表示。照度以 E 表示，单位是勒克斯，符号为 lx。1lm 光通量均匀分布在 $1m^2$ 面积上所产生的照度为 1lx。

4）发光效率

发光效率反映了光源在消耗单位功率的同时辐射出光通量的多少，单位是流明每瓦（lm/W）。例如，一般白炽灯的发光效率为 7～17lm/W，荧光灯的发光效率为 25～67lm/W，荧光灯的发光效率比白炽灯高。而 LED 白光灯的发光效率可以达到 200lm/W。所以，同功率的 LED 灯的亮度是白炽灯的近 10 倍。

5）色温

发光物质不同，光谱能量分布也不相同。一定的光谱能量分布表现为一定的光色。人们用色温来描述光源的光色变化。所以色温可以定义为：某一种光源的色度与某一温度下的绝对黑体的色度相同时绝对黑体的温度。因此，色温以温度的数值来表示光源颜色的特征。例如，温度为 2000K 的光源发出的光呈橙色，300K 左右呈橙白色，4500～7000K 近似白色。天然光源和常见人工光源的色温如表 3-1 所示。

表 3-1　天然光源和常见人工光源色温表

光　源	色温 / （K）
日出时	2000
日出后或日落前 20 分钟	2100
日出后或日落前 30 分钟	2400
日出后或日落前 40 分钟	2900
日出后或日落前 1 小时	4500
日出后或日落 3 小时	5400
平均中午日光	5400
阴天	6500 ～ 8000
荧光灯	7000
电子闪光灯	5500
蓝色闪光灯泡	5400
白色闪光灯泡	3800
照相用泛光灯	3400
照相用污丝灯	3200
家庭用 500W 灯泡	3000
家庭用 100W 灯泡	2900

6）显色性指数

人们发现，同一个颜色样品在不同的光源下可能使人眼产生不同的色彩感觉，或在某些光源下观察到的颜色与日光下看到的颜色是不同的，这就涉及光源的显色性问题。为了检验物体在待测光源下所显现的颜色与在日光下所显现的颜色相符的程度，采用一般显色性指数作为定量评价指标，用符号 Ra 表示。显色性指数最高为100。表 3-2 是部分电光源的色温及显色指数。可以看出，灯光颜色与日光很相似的光源（如荧光灯、汞灯等），由于其光谱能量分布与日光有很大的差别，相应地显色性略差。在这种灯光下辨别颜色会出现失真现象，原因是这些光源的光谱中缺少某些波长的单色光成分。

表 3-2　部分电光源的色温及显色指数表

光 源 种 类	光效（1m/W）	显色指数（Ra）	色温（K）
白炽灯	15	100	2800
卤钨灯	25	100	3000
普通荧光灯	70	70	全系列
三基色荧光灯	93	80 ～ 98	全系列
紧凑型荧光灯	60	85	全系列
高压汞灯	50	45	2200 ～ 4300
金属卤化物灯	75 ～ 95	65 ～ 92	3000，4500，5600
高压钠灯	100 ～ 120	23，60，85	1950，2200，2500
低压钠灯	200	85	1750
高频无极灯	50 ～ 70	85	3000 ～ 4000
固体白灯	20	75	5000 ～ 10000

2. 照明方式和种类

照明的方式和种类有很多种，具体如下所述。

1）照明方式

照明方式可分成下列三种：

（1）一般照明：在整个场所或场所的某部分照度基本上均匀地照明。对于工作位置密度很大而对光照方向又无特殊要求，或工艺上不适宜装设局部照明装置的场所，宜单独使用一般照明。

（2）局部照明：局限于工作部位的固定的或移动的照明。对于局部地点需要高照度并对照射方向有要求时，宜采用局部照明。但在整个场所不应只设计局部照明而无一般照明。

（3）混合照明：一般照明与局部照明共同组成的照明。对于工作面需要较高照度并对照射方向有特殊要求的场所，宜采用混合照明。此时，一般照明照度宜按不低于混合照明总照度的 5%～10% 选取，且最低不低于 20lx。

2）照明种类

照明通常可分成下面 6 类：

（1）工作照明：正常工作时使用的室内外照明。一般可单独使用，也可与事故应急照明、值班照明同时使用，但控制线路必须分开。

（2）事故应急照明：正常照明因故障熄灭后，供事故情况下人员疏散、继续工作或保障安全通行的照明。对于工作中断或误操作容易引起爆炸、火灾以及人身事故，造成严重政治后果和经济损失的场所，应设置应急照明。应急照明宜布置在可能引起事故的设备、材料周围以及主要通道和出入口，并在灯的明显部位涂上红色，以示区别。应急照明必须采用能快速点亮的可靠光源，一般采用白炽灯或卤钨灯。事故应急照明若兼作为工作照明的一部分，则需经常点亮。

（3）值班照明：在非生产时间内供值班人员使用的照明。例如，对于三班制生产的重要车间、有重要设备的车间及重要仓库，通常宜设置值班照明。可利用常用照明中能单独控制的一部分，或利用事故应急照明的一部分或全部作为值班照明。

（4）警卫照明：用于警卫地区周边的照明。

（5）障碍照明：装设在建筑物上作为障碍标志用的照明。在飞机场周围较高的建筑上，或有船舶通行的航道两侧的建筑上，应按民航和交通部门的有关规定装设障碍照明。

（6）广告艺术照明：广告照明以商品品牌或商标为主，通过内照式广告牌、霓虹灯广告牌、电视墙等灯光形式渲染广告的主题思想，也给夜幕下的街景增添了情趣。

3. 照度标准

目前我国的照明设计标准是《建筑照明设计标准》（GB 50034—2019），此标准规定了各种工业和民用建筑中各类场所的照度设计标准。照度设计指标应尽量提高一些，对于重要的场所还应留有充足的设计余量，照明系统的节能可以通过智能化的控制方法来解决。

3.2.2　建筑照明设备

从整体来说，照明设备主要包括照明光源和照明灯具。

1. 照明光源

凡是可以将其他形式的能量转换成光能，从而提供光通量的设备、器具统称为光源。其中可以将电能转换为光能，从而提供光通量的设备、器具则称为电光源。常用的电光源有：

（1）热辐射发光光源（如白炽灯、卤钨灯等）。

（2）气体放电发光电光源（如荧光灯、汞灯、钠灯、金属卤化物灯等）。

（3）固体发光电光源（如 LED 和场致发光器件等），电光源分类如图 3-9 所示。

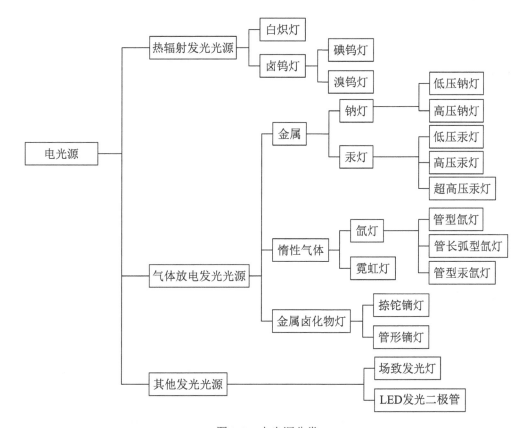

图 3-9　电光源分类

2. 照明灯具

照明灯具是透光、分配和改变光源光分布的器具，包括除光源外所有用于固定和保护光源的全部零部件以及与电源连接所必需的线路附件。照明灯具对节约能源、保护环境和提高照明质量具有重要的作用。照明灯具的作用包括以下几点。

1）控光作用

利用灯具（如反射罩、透光棱镜、格栅或散光罩等）将光源所发出的光重新分配，照射到被照面上，满足各种照明场所的光分布，达到照明的控光作用。

2）保护光源的作用

保护光源免受机械损伤和外界污染。将灯具中光源产生的热量尽快散发出去，避免因灯具内部温度过高，使光源和导线过早老化和损坏。

3）安全作用

灯具具有电气和机械安全性。电气方面，采用符合使用环境条件（如能够防尘、防水，确保适当的绝缘和耐压性）的电气零件和材料，避免造成触电与短路；在灯具的构造上，要有足够的机械强度，有抗风、雨、雪的性能。

4）美化环境作用

灯具分功能性照明器具和装饰性照明器具。功能性照具主要考虑保护光源，提高光效，降低眩光，而装饰性照具应达到美化环境和装饰的效果，选择灯具时要考虑灯具的造型和光线的色泽。

3.2.3 照明控制

传统照明控制采用手动开关，只有开和关两种状态，最多能做到双控，而智能楼宇照明控制系统采用弱电控制强电，弱电作为通信，进而实现多种控制方式，所以能够很轻松地实现三控、四控，而且可以拓展到平板、手机端控制。各种控制方式互不冲突，没有控制优先级，只取决于最后一个信号的状态。由于智能照明控制方式多，功能强，控制范围广，所以应用越来越广泛。

1. 电光源控制的特性

电光源根据热辐射、气体放电发光、LED 光源分为三种控制特性。

1）热辐射光源控制

热辐射光源的特性类似于一个热电阻，交 / 直流电源均可工作，瞬间点亮。在交流电路中，由于没有电抗，所以可以硬关断 / 开启。在改变电流大小时即可实现调光，常用脉宽调制法无级调光。热辐射光源的控制简单，可手动或程控进行开 / 关控制或调光控制。手动开 / 关控制常用跷板开关，程控开 / 关可以是电子开关（晶闸管、固态继电器），也可以是断路器（空气开关、交流接触器等）控制一组灯具的控制方式。

2）气体放电发光光源控制

气体放电发光光源的工作电路较复杂，V-I 特性具有负电阻特性，必须和有限流作用的镇流器串联使用。同时，气体放电发光光源一般需要一个"点火"起动过程，因此工作电路还应具有产生瞬间高电压"触发"电弧点亮的功能。工作在 220V/50Hz 交流市电下的电感式镇流器荧光灯有许多缺陷，主要是功率因数低、有频闪效应、镇流器损耗大且有低频噪声、不宜调光。高频交流电子型镇流器效率高、性能好、调光范围宽、智能化程度高，正在全面代替电感式镇流器。

高频交流电子型镇流器实际上是一种交—交逆变电源，将荧光灯的交流工作电源从 50Hz 变换到 20 ～ 50kHz。频率提高后，电感元件容量大大减小（从 Hz 降低到 mHz 的水平），体积和重量都可以做得很小。

目前对荧光灯调光的方法有：占空比调光法、调频调光法、调节高频逆变器供电电压调光法和脉冲调相调光法四种方式。常用的是调节高频逆变器供电电压调光法和脉冲调相调光法，其调光范围大（3% ～ 100%），可以在任意设定调光值下起动，近似线性的调节特性等。

3）LED 光源控制

单个发光二极管的驱动原理是 LED 光源的基础。LED 灯内部等同于有多个发光二极管的组合。LED 灯如图 3-10 所示。V 表示 LED 正向工作电压，取值为 2 ～ 4V。V_F 表示 LED 的工作电流，其范围在 20 ～ 2000mA。LED 是单向导通的，反向电压会损坏 LED。V_m 表示 LED 所允许的最大反向电压，超过此值，LED 可能被击穿损坏，V_m 的取值为 3 ～ 5V。多个 LED 灯珠的组合方式有串联、并联和混联三种。电源驱动方式有定压、恒流、恒功率和调光等多种。LED 的调光控制可通过调节工作电流值来实现，需要注意的是，亮度值与工作电流值并非呈线性关系。

图 3-10　LED 灯

通常，LED 可以认为是"冷"光源，因为它的光谱中不像白炽灯那样有大量的红外辐射，因此它的发光不会产生很多热量。但 LED 在其 PN 结上还是会产生相当的热量，这些热量必须通过对流和传导的方式进行散射。对 LED 采用散热基片进行散热和工作在低的环境温度下，可以提高光输出和延长寿命。

2. 照明控制方式

正确的控制方式是实现舒适照明的有效手段，也是节能的有效措施。常用的控制方式有翘板开关、断路器、定时控制、光电感应开关、智能控制等。

1）翘板开关

翘板开关作为一种家用电路开关五金产品，这种开关往往配合饮水机、跑步机、电瓶车或者摩托车使用，涉及的都是一些常用的家用电器。除此之外，合适的翘板开关的设计方案还很多，可分为手动和自动两种。照明控制可以根据静态控制或者动态控制进行划分。

2）断路器

断路器控制方式是以断路器（空气开关、交流接触器等）控制一组灯具的控制方式。此方式控制简单，投资小，线路简单，但由于控制的灯具较多，造成大量灯具同时开关，在节能方面效果很差，又很难满足特定环境的照明要求，因此在智能化楼宇中应谨慎采用该方式，尽可能避免使用。

3）定时控制

定时控制方式就是以定时器控制灯具的控制方式。该方式可利用 BAS 的接口，通过控制中心来实现，但该方式太机械，遇到天气变化或临时更改作息时间，就比较难以适应，一定要通过改变设定值才能实现，显得非常麻烦。

还有一类延时开关，特别适合用在一些短暂使用照明或人们容易忘记关灯的场所，照明点燃后经过预定的延时时间后自动熄灭。

4）光电感应开关

光电感应开关通过测定工作面的照度并与设定值比较来控制照明开关，这样可以最大限度地利用自然光，达到节能的目的。也可提供一个不受季节与外部气候影响的相对稳定的视觉环境。特别适合一些采光条件好的场所，当检测到照度低于设定值的极限值时开灯，高于极限值时关灯。

5）智能控制

智能控制方式是将计算机网络控制技术应用到照明工程中的控制方式，能实现场景预设、亮度调节、软起动软关断等复杂的照明控制功能。智能控制方式不仅能营造室内舒适的视觉环境，更能节约大量能源。LED 光源和智能照明控制方式的结合是照明技术的发展方向。

智能照明系统具有以下优势：

（1）智能照明使照明系统运行在全自动状态下，可预先设置若干基本工作状态，例如"白天""晚上""安全""休假"等场景，根据预设定的时间自动地在各种工作状态之间转换。例如，上班时间来临时，系统自动将灯打开，而且光照度会自动调节到工作人员最合适的水平。在靠窗的房间，系统能智能地利用室外自然光。天气晴朗，室内灯光会自动调暗；天气阴暗，室内灯光会自动调亮，始终保持室内恒定的亮度（按预设定要求的亮度）。

（2）照明设备的联动功能：当建筑内有紧急事件发生时，需要照明系统做出相应的联动配合。例如，当有火警时，联动正常照明系统关闭，事故照明打开；当发生安防报警时，联动相应区域的照明灯开启。

（3）可观的节能效果：智能照明控制系统使用了先进的电力电子技术，能对大多数灯具（包括白炽灯、荧光灯。配以特殊镇流器的钠灯、水银灯、霓虹灯等）进行智能调光。当室外光较强时，室内照度自动调暗；当室外光较弱时，室内照度则自动调亮，使室内的照度始终保持在恒定值附近，从而能够充分利用自然光实现节能的目的。除此之外，智能照明的管理系统采用设置照明工作状态等方式，通过智能化管理实现节能。

（4）延长灯具寿命：灯具损坏的致命原因是电网过电压。灯具的工作电压越高，其寿命则会成倍降低。反之，灯具工作电压降低其寿命则会成倍增长。因此，适当降低灯具工作电压是延长灯具寿命的有效途径。智能照明控制系统能成功地抑制电网的冲击电压和浪涌电压，使灯具不会因上述原因而过早损坏。控制系统采用软起动和软关断技术，避免了灯丝的热冲击，使灯具寿命进一步得到延长。

（5）智能照明系统不但提高了管理水平，还可以减少维护费用。

3.3 空调与冷热源系统

最近十几年，国外的空调技术有了飞速的发展，新技术、新系统、新设备不断涌现，其节能性、环保性、经济性、舒适性令人耳目一新。地源热泵系统、冰蓄冷低温送风系统、空调大温差系统、电蓄热系统、无风道诱导通风空调系统、VRV 系统、变风量系统、建筑围护结构蓄热系统、变水量系统相继进入市场，使得原来形式简单、能耗居高不下的空调系统和空调设备面貌焕然一新。最近几年，这些新技术、新设备也陆续在国内得到开发和应用，取得了令人刮目相看的成果，其突出的经济性、节能性和对环境的保护，使得愈来愈多的国内项目采用了这些新技术和新设备。

3.3.1 湿空气的物理性质

下面介绍湿空气的状态参数及其相互间的关系。

1. 湿空气的状态参数

湿空气可以看作干空气和水蒸气的混合物。在大气层中，距地面高度 10km 以内的范围内都含有一定量的水蒸气。因此，湿空气是我们生活中的真实空气环境，而空调主要是调节空气的温度和湿度，所以空调是以湿空气为对象的。另外，空气中还含有不同比例的灰尘、微生物以及其他气体等杂质。湿空气的状态可以用一些称为状态参数的物理量来表示。空气调节常用的湿空气状态参数有压力、温度、含湿量、相对湿度、露点温度、焓等。

1）压力

湿空气的总压力 p 等于干空气分压力 p_g 和水蒸气分压力 p_c 之和，即 $p=p_g+p_c$。公式中，p 为湿空气的总压力，一般即大气压力；p_g 为干空气的分压力；P_c 为水蒸气的分压力，单位均为 kPa。

水蒸气分压力的大小反映了水蒸气的多少,是空气湿度的一个指标。在饱和状态时,湿空气中水蒸气分压力 p_c 等于该空气温度下纯水的饱和蒸气压力 p_s,它是温度和压力的函数。在压力不变时,是温度 t 的单值函数,有如下近似公式

$$p_c=6.11e^{\frac{17.27t}{237.7+t}}$$

2)温度

温度(干球温度)是表示空气冷热程度的指标。一般用 t 表示摄氏温度(单位为℃),用 T 表示热力学温度(单位为 K),二者的数值关系是 $T=273+t$。

空气温度的高低,将直接影响人体的舒适感,甚至是健康状况。环境温度对科研和生产环节的影响也是很大的。因此,在空气调节中,温度是衡量环境空气对人体和生产是否合适的一个重要参数。

3)含湿量、相对湿度

人体感觉的冷热程度,不仅与空气温度的高低有关,而且还与空气中水蒸气的多少有关,即与湿度有关。空气中的湿度有以下几种表示方法。

(1)含湿量。

在空气调节领域一般都用 1kg 干空气中含有的水蒸气量(由于数量不大,一般用 g 来衡量)来代表空气湿度,这样就可以排除空气温度和水蒸气量变化时对湿度造成的影响。这种湿度习惯上称为含湿量,用符号 d 表示。常温下,湿空气可视为理想气体,则可推导出

$$d=\frac{湿空气中水蒸气的质量}{湿空气中干空气的质量}=0.622\frac{p_c}{p-p_c}$$

在饱和状态时,湿空气中水蒸气分压力 p_c 等于该空气温度下纯水的饱和蒸气压力 p_s 饱和含湿量 d_s,则有

$$d_s=0.622\frac{p_c}{p-p_c}$$

(2)相对湿度。

在一定温度及总压力下,湿空气的水蒸气分压力 p_c 与同温度下水的饱和蒸气压力 p_s 之比的百分数,称为相对湿度,用符号 Φ 表示,即

$$\Phi=\frac{p_c}{p_s}\times100\%$$

相对湿度表示空气湿度接近饱和绝对湿度的程度,用百分数表示。当 $p_c=0$ 时,$\Phi=0$,表示湿空气不含水分,即为绝对干空气。当 $p_c=p_s$ 时,$\Phi=100\%$,表示湿空气为饱和空气。所谓饱和是指空气中的水蒸气超过了最大限度,多余的水蒸气开始发生凝结的水蒸气量。在一定的温度下,相对湿度越大,这时空气就越潮湿,反之,空气就越干燥。在空调中,相对湿度是衡量空气环境的潮湿程度对人体和生产是否合适的一项重要指标。空气的相对湿度大,人体不能充分发挥出汗的散热作用,便会感到闷热;相对湿

度小，水分便会蒸发得过多过快，人体会觉得口干舌燥。在生产过程中，为了保证产品质量，也应对相对湿度提出一定的要求。

（3）Φ 与 d 的关系。

Φ 可以说明湿空气偏离饱和空气的程度，可用于判定该湿空气能否作为干燥介质，Φ 值越小，则吸湿能力越大。d 是湿空气含水量的绝对值，不能用于分辨湿空气的吸湿能力。在一定总压力和温度下，两者之间的关系为

$$d=0.622\frac{\Phi p_{\mathrm{g}}}{p-\Phi p_{\mathrm{g}}}$$

4）露点温度

空气在某一温度下，其相对湿度小于 100%，如使其温度降至另一适当温度，其相对湿度便达到了 100%。此时，空气中的水蒸气便凝结成水——结露，这个降低后的温度称为露点温度 t_{d}。湿度越大，露点与实际温度之差就越小。

如果已知空气的含湿量 d，根据空气性质表查出饱和含湿量等于这个 d 时对应的温度，它就是这时空气的露点温度 t_{d}。这说明，根据空气的含湿量，便可确定露点温度。

在 t、Φ 已知时，求 t_{d} 的近似公式如下

$$t_{\mathrm{d}}=\frac{b\left[\ln\left(\Phi/100\right)+\dfrac{at}{b+t}\right]}{a\left[\ln\left(\Phi/100\right)+\dfrac{at}{b+t}\right]}\qquad a=17.27,\ b=237.7$$

在一些冷表面上会发生结露现象，能否产生结露，视冷表面的温度 t 与露点温度 t_{d} 相比较而决定，当 $t\geqslant t_{\mathrm{d}}$ 时不会结露，反之会结露。

在空调系统中，常利用结露现象来减湿。让热湿空气流经低于露点温度的表冷器，使其在表面结露而析出水分。

5）焓

空气中的焓值是指空气中含有的总热量。湿空气中 1kg 绝干空气的焓与相应水蒸气的焓之和，称为湿空气的焓，用符号 h 表示，单位是 kJ/kg 干空气。空气的焓是根据干空气及液态水在 0℃时焓为零作基准而计算的，因此，对于温度为 t 及湿度为 d 的湿空气，其焓包括由 0℃的水变为 0℃的水蒸气所需的潜热及湿空气由 0℃升温至 t℃所需的显热之和，即

$$h=1.01t+d\left(2500+1.84t\right)=\left(1.01+1.84d\right)+2500d$$

空气的焓值变化反映了外界与之有能量的交换。空气的比焓增加表示空气中得到热量，空气的比焓减小表示空气中失去了热量。

2. 空气状态参数之间的关系

空气的状态参数相互之间有关联，其中独立的状态参数是温度 t、含湿量 d、压力 p 三个，其余的参数都可以从这三个参数计算出来。如图 3-11 所示，在一定的大气压力下，在选定的坐标比例尺和坐标网格的基础上，绘制出等温线、等相对湿度线、等焓线、

等含湿量线、水蒸气分压力标尺及热湿比等即形成焓湿图，图上任一点都代表一定温度 t 和含湿量 d 的湿空气状态。

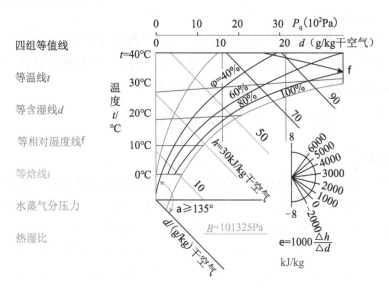

图 3-11　湿空气的焓湿图

从图 3-12 的 t、Φ、p_c 湿度图中可以看出，当空气的水蒸气分压力 p_c 不变时，空气温度 t 越低，相对湿度 Φ 就越大；t 越高，则 Φ 越小。当空气的相对湿度 Φ 不变时，空气温度 t 越低，水蒸气分压力 p_c 就越小；t 越高，则 P_c 越大。当空气温度 t 不变时，则水蒸气分压力 p_c 越大，相对湿度 Φ 越大；p_c 越小，则 Φ 也小。

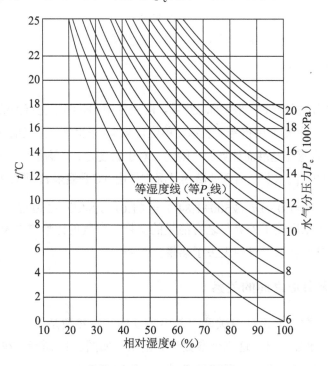

图 3-12　t、Φ、p_c 湿度图

上述两种湿度图都表示了湿空气的各种参数之间的关系及其变化规律，是理解空气调节的理论基础。

3.3.2　空气调节原理

空气调节的过程实际上就是空气从一个状态变化到另一个状态的过程，当被调节的空气状态（t、Φ）偏离了设定值时，就需要进行空气调节。

空气调节的原理就是应用空气状态参数之间的关系，通过合理的加热、加湿、冷却、去湿步骤，使空气的状态发生人为的改变，达到设定状态。

1. 冬季新空气加热加湿处理

冬季新空气的气温低，如果将新空气加热至室内气温的标准，这时新空气中的水蒸气总量未发生变化，即水蒸气分压力 p_c 未变，因此加热后的空气相对湿度会大大降低。为了使加热后的空气的相对湿度也能达到室内空气湿度的标准，在调节过程中必须进行加湿处理。图 3-13 所示是对冬季新空气加热加湿处理的一种调节方法，其中的加湿是采用定温饱和加湿方式。这种调节方式可以不用测量 p_c 或相对湿度，只需要测量温度即可。新风首先不管它是 3℃ 还是 5℃ 加热至 12℃，然后加湿（喷水）至饱和，再加热至 20℃，这时的相对湿度即为 60%。

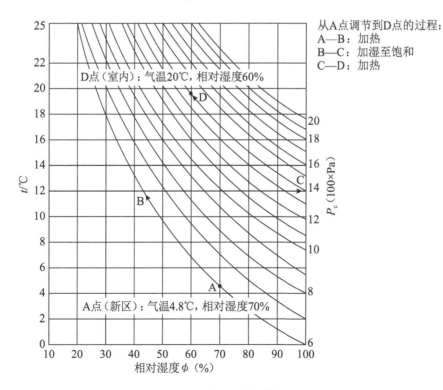

图 3-13　冬季新空气加热加湿处理

2. 夏季新空气减温去湿处理

夏季新空气的调节与冬季相反，新空气的气温高于室内空气，需要对夏季新空气进行减温去湿处理。如果对新空气只进行降温至室内气温的标准，这时新空气中的水蒸气总量未发生变化，即水蒸气分压力 p_c 未变，因此降温后的空气相对湿度会大大增加。为了使降温后的空气的相对湿度也能达到室内空气湿度的标准，在调节过程中必须进行去湿处理。

图 3-14 所示是对夏季新空气减温去湿处理的一种调节方法，其中的去湿是采用定露点去湿方式。这种调节方式可以不用测量 p_c 或相对湿度，只需要测量温度即可。新风首先不管它是 23℃ 还是 25℃ 降温至 12℃ 的露点，然后使表冷器的表面温度稳定在露点温度，让空气中的一部分水蒸气充分凝结出来，至空气饱和，再加热至 20℃，这时的相对湿度即为 60%。

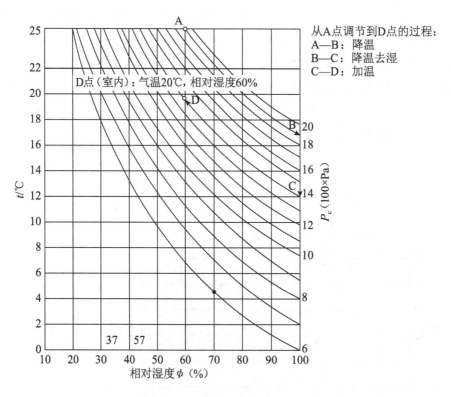

图 3-14　夏季新空气减温去湿处理

3. 去湿处理

在南方地区，有时空气非常潮湿，相对湿度超过 85%，这时需要对室内空气进行去湿处理，图 3-15 即为抽湿机的运行工况。A 状态的潮湿空气经过 A—B 等 p_c 冷却降温过程、B—C 降温结露析出水蒸气过程、C—D 等 p_c 加热升温过程，最终被调节到 D 状态的干燥空气。

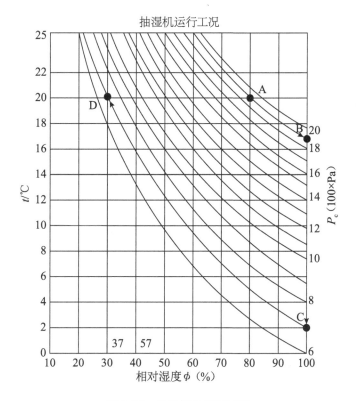

图 3-15　抽湿机的运行工况

3.3.3　空气处理的方法和设备

1．空气处理的方法

空气处理的方法主要有空气加热、空气降温、空气加湿、空气减湿处理等。

1）空气加热

空调系统中所用的加热器一般是以热水或蒸气为热媒的表面式空气加热器和电热丝发热加热器，其温度增高而含湿量不变。表面式空气加热器以热水或蒸气为热媒，分为光管式和肋管式两大类。图 3-16 所示为肋管式空气加热器原理，这是空调工程中最常见的一种加热器。热媒在肋管内流过，空气则在肋管外侧流过，同时与热媒进行热量交换。如果肋管内流过冷媒，则称为表面式空气冷却器。表面式空气冷却器与表面式空气加热器没有本质区别，只是管内流过的媒体不同，二者统称为表面式换热器。

电加热器是通过电阻丝将电能转化为热能来加热空气的设备。它具有加热均匀、加热量稳定、效率高、结构紧凑和易于控制等优点，常用于各类小型空调机组内。在恒温恒湿精度较高的大型集中式系统中，常采用电加热器作为末端加热设备（或称为微调加热器，放在被调房间风道入口处）来控制局部加热。

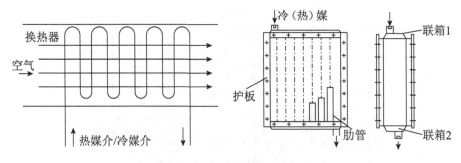

图 3-16　肋管式空气加热器原理

2）空气降温

空气降温可以通过表冷器来实现。在表冷器表面温度等于或大于湿空气的露点温度时，空气中的水蒸气不会凝结，因此其含湿量不变而温度降低。表冷器与空气加热器结构类似，也是肋片管式换热器，它的肋片一般采用套片和绕片，基管的管径也较小。表冷器内流动的冷媒有制冷剂和冷水（深井水、冷冻水、盐水等）两种。以制冷剂为冷媒的表冷器称为直接蒸发式表冷器（又称蒸发器），多用于局部的分体空调中。以冷水作为冷媒的表冷器称为水冷表冷器，多用于集中式空调系统和半集中式空调系统的末端设备中。

表冷器与加热器的工作原理类似，当空气沿表冷器的肋片间流过时与冷媒进行热量交换，空气放出热量温度降低，冷媒得到热量温度升高。当表冷器的表面温度低于空气的露点温度时，空气中的一部分水蒸气将凝结出来（此时称表冷器处于湿工况），从而达到对空气进行降温减湿处理的目的。

表冷器的安装与以热水为媒的空气加热器的安装方式基本相同，但表冷器下部应设积水盘，用来收集空气被表冷器冷却后产生的冷凝水。

表冷器的调节方法有两种：一种是水量调节，另一种是水温调节。水量调节是改变进入表冷器的冷水流量，水温不变，使表冷器的传热效果发生变化。水量减少，表冷器传热量降低，空气温降小，除湿量也少；反之，增大冷水量，空气经过表冷器后的温降大，除湿量也多。水温调节是在水量不变的条件下，通过改变表冷器进水温度，以改变其传热效果。进水温度越低，空气温降越大，除湿量也增加；反之进水温度提高，空气温降减小，除湿量降低。该方式调节性能好，但设备复杂，运行也不太经济。水温调节一般用于温度控制精度较高的场合。

3）空气加湿

在空调系统中一般均采用向空气中喷蒸汽的办法进行加湿。常用的喷蒸汽加湿方法有干蒸汽加湿和电加湿两种。干蒸汽加湿是将由锅炉房送来的具有一定压力的蒸汽由蒸汽加湿器均匀地喷入空气中，而电加湿则用于加湿量较小的机组或系统中。

4）空气减湿

空调系统中所用空气减湿方法包括加热通风减湿和冷却减湿。

（1）加热通风减湿。如果室外空气的含湿量低于室内空气的含湿量，则可以将空气加热。使其相对含湿量降低后再送入室内，同时从室内排出同样数量的潮湿空气，以达到减湿的目的。

（2）冷却减湿。这是空调系统中常用的方法，使表冷器的温度低于空气的露点温度运行，空气中的一部分水蒸气将凝结出来，此时表冷器处于湿工况，从而达到对空气进行降温减湿处理的目的。

2. 空气净化处理设备

空气过滤器、喷水室都是空气净化处理的主要设备，也是在空气处理中应用较多的设备。

1）空气过滤器

空气过滤器是空气净化的主要设备，按作用原理可分为金属网格浸油过滤器、干式纤维过滤器和静电过滤器三类。

2）喷水室

喷水室是一种多功能的空气调节设备，图3-17所示为喷水室结构图。它可对空气进行加热、冷却、加湿、减湿等多种处理。当空气与不同温度的水饱和接触时，空气与水表面间发生热湿交换，调节喷水的温度将会得到不同的处理效果。

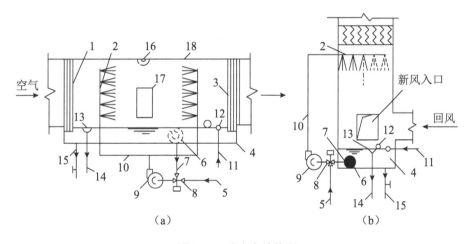

图3-17 喷水室结构图

3.3.4 冷热源系统

空气调节的过程是一个热湿交换过程，对空气升温或降温调节均离不开冷热源。常用的冷热源是冷冻水和热水。冷冻水是夏季中央空调制冷的常用冷源，通常采用冷水机组来集中制备冷冻水，通过循环管网供冷给空调机组。冷冻水一般的温度是供水7℃，回水12℃，通过表冷器与被调空气进行热量交换。数据中心常见的冷水机组有水冷螺杆冷水机、风冷螺杆冷水机、水冷离心冷水机、溴化锂冷水机组等，如图3-18所示。

水冷螺杆冷水机

风冷螺杆冷水机

水冷离心冷水机

溴化锂冷水机

图 3-18　数据中心常见冷水机组

热水是冬季中央空调制热的常用热源，也是采用集中制备 / 循环管网供热水的方式。热水的制备有多种方式，传统的热水锅炉存在环境污染、燃料运输及存放困难等缺点。电热水锅炉无污染，使用方便可靠，但综合效率比不上燃气锅炉。

1. 冷源热泵技术

常用的冷源制冷方式主要有两类：压缩式制冷方式和溴化锂吸收式制冷方式。它们都是"热泵"的工作方式。所谓"热泵"是一种通过消耗一定量的高品位能量（电能），能从自然界的空气、水或土壤中获取低品位热能，并提高其品位，提供可被人们所用的高品位热能的热力学装置。采用热泵可以把热量从低温抽吸到高温，所以热泵实质上是一种热量提升装置，热泵的作用是从周围环境中吸取热量，并把它传递给被加热的对象（温度较高的物体）。

热泵的工作原理是通过流动媒介（以前一般为氟利昂，现用氟利昂替代物）在蒸发器、压缩机、冷凝器和膨胀阀等部件中的气相变化（沸腾和凝结）的循环来将低温物体的热量传递到高温物体中去。

制冷机可以理解为热泵的反向运行：从被冷却的对象（温度较低的冷冻水）中吸取热量，并把它传递给周围环境（温度较高的空气、水或土壤）。

1）压缩式制冷方式

在压缩式制冷方式中，载冷剂一般是水，制冷剂一般是采用 R12 或 R22 含氟利昂或氟的制剂。水冷压缩式制冷机的原理如图 3-19 所示。

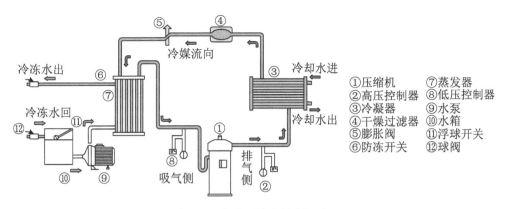

冷冻水出　⑥
　　　　　⑦
冷冻水回
⑫　⑪
　　⑩　⑨
冷媒流向　　　④　⑤
冷却水进　③
冷却水出
吸气侧　　排气侧　①②　⑧

①压缩机　　⑦蒸发器
②高压控制器　⑧低压控制器
③冷凝器　　⑨水泵
④干燥过滤器　⑩水箱
⑤膨胀阀　　⑪浮球开关
⑥防冻开关　⑫球阀

图 3-19　水冷压缩式制冷机原理

压缩式制冷系统主要由制冷压缩机、冷凝器、膨胀阀和蒸发器 4 个主要设备组成，并用管道相连接，构成一个封闭的循环系统。系统工作时，制冷剂在蒸发器内蒸发吸收载冷剂水的热量进行制冷，蒸发吸热后的制冷剂变成低温低压湿蒸气，被压缩机吸入压缩成高温高压气体后，排入冷凝器。在冷凝器中，高温高压的制冷剂蒸气经水冷冷凝器冷凝后变成高压液体，然后经膨胀阀节流降压后变成低温低压液体进入蒸发器。在蒸发器中，低压制冷剂液体吸取冷冻水的热量，蒸发成低温低压蒸气再进入压缩机，开始下一个循环。冷冻水失去热量后，温度下降，输入空调系统作冷源使用。

压缩式制冷机根据压缩机的不同，分为离心式冷水机、螺杆式冷水机、活塞式冷水机；根据冷凝器的冷却介质不同，分为水冷式和风冷式两类。

2）溴化锂吸收式制冷方式

溴化锂吸收式制冷机是以溴化锂溶液为吸收剂，以水为制冷剂，溴化锂制冷机利用水在高真空状态下沸点变低（只有 4℃）的特点来制冷（利用水沸腾的潜热）。溴化锂的沸点为 1265℃，故在一般的高温下对溴化锂水溶液加热时，可以认为仅产生水蒸气。溴化锂浓溶液具有强的吸水性，故用作吸收式制冷机的吸收剂。

溴化锂吸收式制冷机主要由吸收器、发生器、冷凝器和蒸发器 4 部分组成，溴化锂吸收式制冷机的原理如图 3-20 所示。溴化锂吸收式制冷是利用水在低压（高真空）下相态的变化（由液态变为气态），吸收汽化潜热来达到制冷的目的。这一步骤是在蒸发器中进行的，水被送到高真空下的蒸发器内喷淋至冷水管壁，吸收管内冷水的热量后低温沸腾，产生大量水蒸气，同时制取低温冷冻水。蒸发后的冷剂水蒸气在吸收器中被溴化锂溶液所吸收，溶液变稀，然后以热能将稀溶液加热至 160℃ 左右，其中的水分蒸发分离出来，而溴化锂沸点远高于水的沸点不会蒸发，溴化锂溶液变浓，这一过程是在发生器中进行的。发生器中得到的水蒸气在冷凝器中凝结成水，经节流后再送至低压下的蒸发器中蒸发。如此循环达到连续制冷的目的。

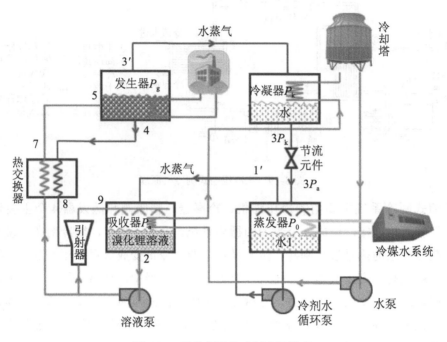

图 3-20　溴化锂吸收式制冷机原理

吸收式溴化锂制冷机需要热源来驱动，主要消耗天然气、煤气、柴油等各种燃料以及地热及废热资源等，因此在电力供应不足的地区有较大的应用优势。直燃吸收式溴化锂冷热水机组的原理如图 3-21 所示。由于直燃机不以电为能源（只需极少的电作辅助循环动力），可以大幅度削减电力投资。也可以利用太阳能，阳光追踪系统驱动集热板跟踪太阳，将阳光聚焦到集热管上，将管内热源水温度加热到 180℃，输送到发生器作为加热能源，驱动溴化锂冷热水机组实现制冷 / 制热。

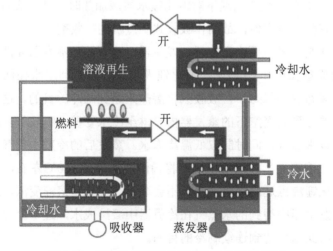

图 3-21　直燃吸收式溴化锂冷热水机组原理图

2. 热源

凡是采暖的地区，均离不开热源，供热大体有两种方式：一种是市政管网集中供热，其热源来自热电厂、集中供热锅炉厂等；另一种是由分散设在一个单位或一座建筑物内的锅炉房或热水机组供热。这里的供热指的是热水和热蒸气，一般用于生活热水和空调。

1）锅炉供热

一般采用全自动燃气/燃油锅炉，作为空调、采暖、生活热水供应，以及厨房、卫生等供热的热力站，热源常用的锅炉实物如图 3-22 所示。能自动起动、程序控制、自动点火、燃烧检查连锁保护。

图 3-22　热源常用的锅炉实物图

2）燃气发动机驱动热泵系统

燃气热泵的工作原理：把燃气（包括天然气、液化石油气、煤制气或沼气等）送入内燃机，由内燃机把燃气燃烧后释放的热能转化成动力来驱动热泵系统的压缩机，从而实现热泵系统的逆向热力学循环，以达到制热/供冷的目的。

3. 冷热源系统的监控

当前的现代化大厦就空调系统而言，是一栋大楼耗能大户，也是节能潜力最大的设备。大楼装有楼宇自控系统以后，可节省能耗，节约人力，出现故障能够及时知道何时何地出现何种故障，使事故消除在萌芽状态。

下面分别对冷源系统的监控和热源系统的监控进行讲解。

1）冷源系统监控

冷源系统如图 3-23 所示，由冷却水系统、制冷机和冷冻水系统三大部分组成。

冷源系统监控的内容如下：

（1）冷水机组控制：冷水机组起/停台数控制的基本原则是让设备尽可能处于高效运行，让相同型号的设备的运行时间尽量接近以保持其同样的运行寿命，满足用户侧低负荷运行的需求。

（2）冷冻水系统监控：目前绝大多数空调水系统控制是建立在变流量系统的基础上，将冷热源的供、回水温差及压差控制在一个合理的范围内是确保空调系统正常运行的前提，当供、回水温差过小或压差过大时，会造成能源浪费，甚至系统不能正常工作。

回水温度的高低与空调系统的热负荷有关，要对其进行监测。冷冻水供水温度通常由冷水机组自身所带的控制系统进行控制。

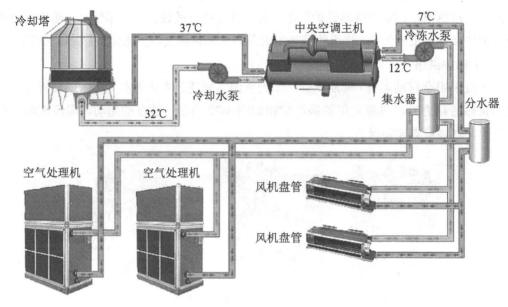

图 3-23　冷源系统

（3）冷却水系统监控：在冷却水系统中，冷却水的供水温度对制冷机组的运行效率影响很大，同时也会影响机组的正常运行，故必须加以控制。机组冷却水总供水温度可以采用控制冷却塔风机的运行台数，或者控制冷却塔风机转速，或者通过在冷却水供、回水总管设置旁通电动阀等方式进行控制。

在冷水机组停止运行期间，当采用冷却塔供应空调冷水时，为了保证空调末端所必需的冷水供水温度，应对冷却塔出水温度进行控制。

（4）设备运行状态的监测及故障报警：设备运行状态的监测及故障报警是冷、热源系统监控的一个基本内容。

（5）当楼宇自动控制系统与冷冻机控制系统可实施集成时，可以根据室外空气的状态，在一定范围内对冷水机组的出水温度进行再设定优化控制。

2）热源系统监控

热源系统如图3-24所示。采用市政热力网供热的热源系统由一次侧热源、热交换器、热水系统组成。

（1）热交换器控制。

热交换器起/停台数控制的基本原则是让设备尽可能处于高效运行，让相同型号的设备的运行时间尽量接近以保持其同样的运行寿命（通常优先起动累计运行小时数最少的设备），满足用户侧低负荷运行的需求。

（2）热水系统监控。

对热水系统来说，当采用换热器供热时，应自动调节一次侧供热流量，从而保证供水温度稳定在回水管供水管设定值；如果采用其他热源装置供热，则要求该装置应自带供水温度控制系统。

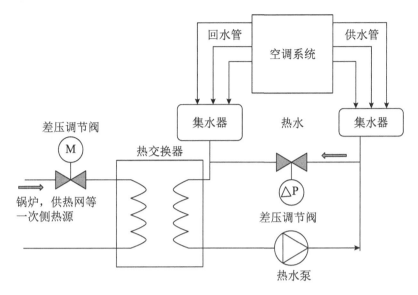

图 3-24　热源系统图

3.3.5　空气调节系统

实现对某一房间或空间内的温度、湿度、洁净度和空气流速等进行调节和控制，并提供足够量的新鲜空气的方法叫作空气调节，简称空调。

空调系统由空调空间、空气输送和分配部分、空气的热湿处理部分、冷热源部分等组成。空调系统的组成如图 3-25 所示。

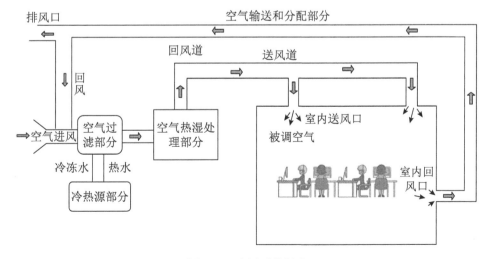

图 3-25　空调系统组成

1. 空调系统的分类

空调系统的分类：按空气处理设备的设置分类，有集中空调系统、半集中空调系统、全分散空调系统；按负担室内热湿负荷的所用介质不同分类，有全空气系统、全水系统、空气—水系统、制冷剂系统。集中空调系统按处理的空气来源不同又分为封闭式系统、直流式系统、混合式系统三类。集中空调系统三种不同的空气来源如图 3-26 所示。

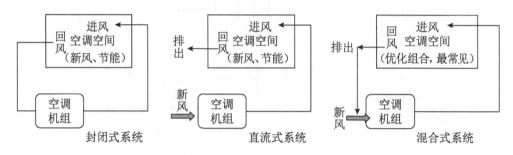

图 3-26　集中空调系统三种不同的空气来源

下面对集中空调系统、半集中空调系统、全分散空调系统进行详细介绍。

1）集中空调系统

集中空调系统的所有空气处理设备（包括风机、冷却器、加热器、加湿器、过滤器等）都设在一个集中的空调机房内，集中空调系统如图 3-27 所示。其特点是经集中设备处理后的空气，用风道分别送到各空调房间。空气处理的质量可以达到较高水平。

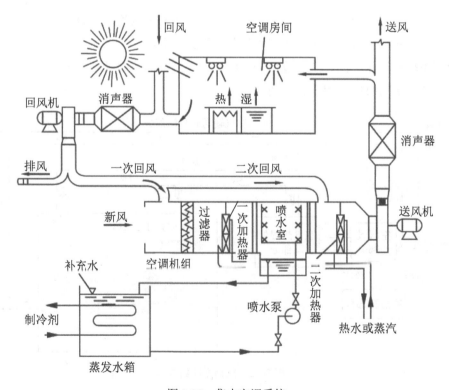

图 3-27　集中空调系统

2）半集中空调系统

在半集中空调系统中，除了集中空调机房外，还设有分散在被调节房间的二次设备（又称末端装置），空调机房处理风（空气），然后送到各房间，由分散在各房间的二次设备（如风机盘管）再进行二次处理。图3-28所示为变风量、末端加热半集中空调系统，新风+FCU半集中空调系统如图3-29所示。变风量系统、诱导器系统以及风机盘管系统均属于半集中空调系统，它也是智能建筑应用最广泛的空调系统。

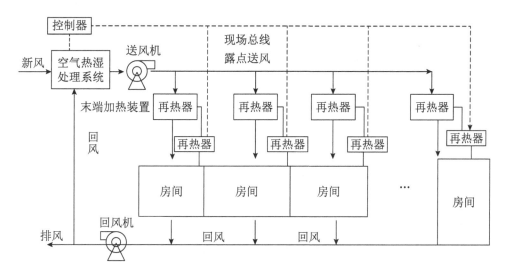

图 3-28　变风量、末端加热半集中空调系统

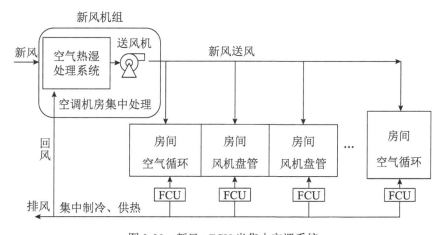

图 3-29　新风+FCU 半集中空调系统

半集中空调系统末端装置所需的冷热源也是集中供给的，因此，集中空调系统和半集中空调系统又统称为中央空调系统。

3）全分散空调系统

全分散空调系统也称局部空调机组。这种机组通常把冷、热源和空气处理、输送设备（风机）集中设置在一个箱体内，形成一个紧凑的空调系统。通常的窗式空调器及柜式、壁挂式分体空调器均属于此类机组。它不需要集中的机房，使用灵活，直接将机组设置在要求空调的房间内。

还有一类全分散空调系统,如图3-30所示,它是集中供冷/热、分散控制式空调系统,在大型建筑群的空调系统中多有应用。

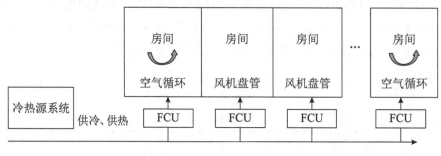

图 3-30　全分散空调系统

2. 空调冷热水系统

无论是集中空调系统还是半集中空调系统,都需要由集中的冷热源系统来供冷和供热。根据供给的不同管道组织方式,冷热水系统可分为两管制和4管制。

1)两管制冷热水系统

系统给末端空调机组/FCU输送冷、热水的管路只有供水和回水管路,系统不能同时给末端空调机组/FCU既输送冷水又输送热水,在某个时段只能单独供冷或供热,通过总管的阀门手动或自动切换。两管制系统投资小,在工程中大量使用。由于不能同时向末端空调机组/FCU提供冷、热源,因此在对空调要求很高的场合,两管制冷热水系统就不能采用。

2)4管制冷热水系统

系统给末端空调机组/FCU输送冷、热水的管路由4条总管,分别是供冷水管、回冷水管、供热水管、回热水管,系统能同时给末端空调机组/FCU既输送冷水又输送热水。末端空调机组/FCU的冷、热盘管分别设置,因此可以实现高精度的空气状态调节。4管制系统投资大,在工程中使用较少。

3. 空调运行控制方式

空调运行控制分为定风量和变风量两种方式。

1)定风量控制

定风量(Constant Air Volume,CAV)控制系统送风量不变,通过调节送风的温湿度来满足室内负荷的变化,以维持室内空气状态在人们需求的范围。一次回风CAV控制系统是根据新风和回风的温湿度来调节表冷器以及加热器的温度、新风和回风阀门比例。集中式空调系统的定风量控制通常采用定露点送风加末端加热的方法,可以很好地适应不同空间的空调需求,一次回风CAV控制系统如图3-31所示。集中空调系统的末端加热定风量控制如图 3-32 所示。

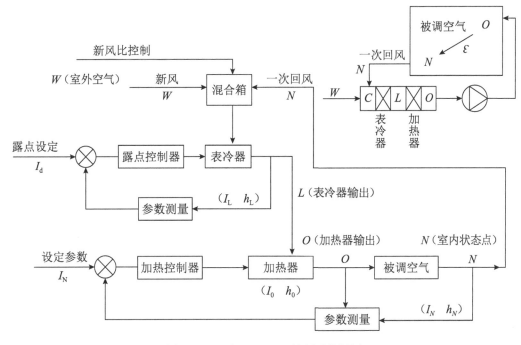

图 3-31 一次回风 CAV 控制系统框图

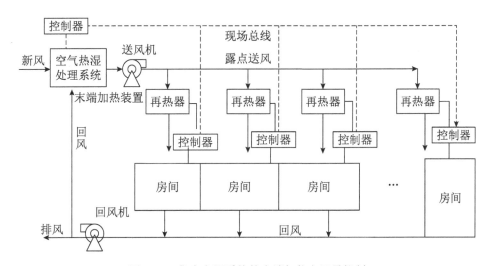

图 3-32 集中空调系统的末端加热定风量控制

2）变风量控制

变风量（Variable Air Volume，VAV）控制方法是通过调节送风量的多寡来满足室内负荷的变化，使室内空气状态维持在人们需求的范围。如果要同时满足温湿度指标，则可以采用变风量控温与变露点控湿或者变风量控湿与再热器控温的方法。

应用现代测控技术，对空间的热湿负荷进行在线检测，在此基础上实现空调的自适应控制，VAV 末端加热控制如图 3-33 所示。

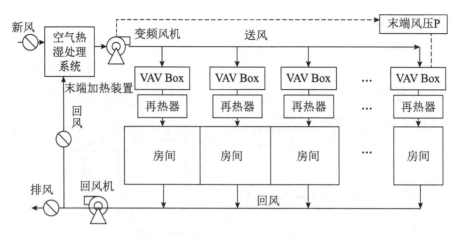

图 3-33　VAV 末端加热控制

变风量可以用变频调速风机和电动风门来实现，根据新风和回风的温度来调节风机转速或风门的开度、新风和回风阀门的比例。

VAV 系统在智能化楼宇空调中，尤其是内区空调中占了主导地位。采用"末端调节变风量系统"，根据末端风量的变化实时控制送风机，末端装置（VAV Box）随室内负荷的变化自动调节风量维持室温，末端调节变风量系统如图 3-34 所示。VAV 系统比 CAV 系统节能效果好。

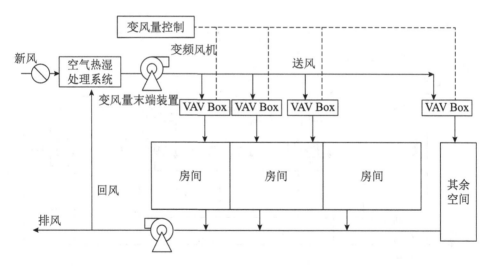

图 3-34　末端调节变风量系统

4. 半集中空调运行控制

半集中空调中的新风机组一般采用定风量控制方法，末端风机盘管可采用 CAV、VAV 控制方法，半集中空调运行控制方式如图 3-35 所示。

FCU 定风量控制系统由温度传感器、双位控制器、温度设定机构、手动三速开关和冷热切换装置组成。其控制原理是，控制器根据温度传感器测得的室温与设定值的比较结果发出双位控制信号，控制冷/热水循环管路电动水阀（两通阀或三通阀）的开关，即用切断和打开盘管内水流循环的方式，调节送风温度（供冷量），把室内温度控制在设定值上下某个波动范围之内。

末端风机盘管可采用 VAV 控制方法，保持送风温度不变。当实际负荷减小时，通过改变送风量维持室温。一般采用变频调速技术实现风机的变风量运行，也可通过多台风机的并联运行控制来调节风量，这是一种有级差的调节方法。

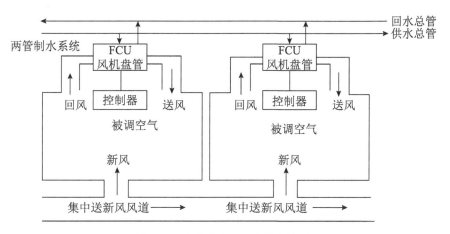

图 3-35　半集中空调运行控制方式

3.4　给排水系统

给排水系统是对为人们的生活、生产和消防提供用水和排除废水的设施的总称。为了满足城市和工业企业的各种用水需求，城市供水系统需要具备充足的水资源、取水设施、水质处理设施和输水及配水管道网络系统，这些系统共同组成了给水系统。各种用途的水在被用户使用后，水质受到了不同程度的污染，成为废水。这类废水携带有不同来源的污染物质，会对人体健康、生活环境和自然生态环境带来严重危害，需要及时地收集和处理，然后才能排放到自然水体或者重复利用，为此而建设的废水收集、输送、处理和排放工程设施，称为排水工程系统。

3.4.1　供水系统

城市管网中的水压力一般不能满足整幢建筑的供水压力要求，除了低楼层可由城市管网供水外，建筑的其余上部各层均须提升水压供水。由于供水的高度增大，如果采用统一供水系统，显然下部低层的水压将过大，过高的水压对使用设备、维修管理均不利。因此必须进行合理竖向分区供水。在进行竖向分区时，应考虑低处卫生器具及给水配件处的静水压力，在住宅、旅馆、医院等居住性建筑中，供水压力一般为300～350kPa；办公楼等公共建筑可以稍高些，可用350～450kPa的压力为宜，最大静水压力不得大于600kPa，对管道材料的选用、施工、使用、维护均较适宜。

根据建筑给水要求、高度、分区压力等情况，进行合理分区，然后布置给水系统。给水系统的形式有多种，各有优缺点，但基本上可划分为两大类，即重力给水系统和恒压力给水系统。

1. 重力给水系统

重力给水系统的特点是以水泵将水提升到楼层最高处的水箱中，以重力向给水管网配水，如图3-36所示。根据水池（箱）的高/低水位控制水泵的起/停，对水池水位进行监测，当高/低水位超限时报警。监测水泵的工作状态和故障，当主水泵出现故障时，备用水泵会自动投入工作，循环使用和启用备用泵。重力给水系供水压力比较稳定，且有水箱储水，供水较为安全。但重力供水也有缺点，水箱重量很大，增加了建筑的负荷，占用楼层的建筑面积，且会产生噪声振动。另外，因水箱的滞水作用可能会使水质下降。有些水箱封闭不严，从而导致水污染的事件时有发生。因此，用水箱重力供水的系统需要定时清洗储水箱。

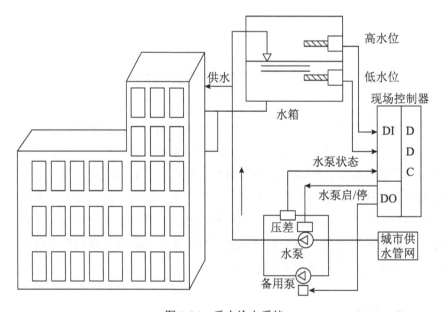

图3-36　重力给水系统

2. 恒压力给水系统

恒压力供水系统不需设置水箱，仅在地下室或某些空余之处设置水泵机组、气压水箱等设备，采用压力给水来满足建筑物的供水需要。恒压力给水可用并联气压水箱给水系统，也可采用无水箱的几台水泵直接给水系统。

1）并联气压给水系统

并联气压给水系统是以气压水箱代替高位水箱，而气压水箱可以集中于地下室水泵房内，这样可以避免楼顶设置水箱的缺点，如图3-37所示。气压水箱需用金属制造，投资较大，还需设置空气压缩机为水箱补气，因此耗费动力较多。近年出现采用密封式弹性隔膜气压水箱，可以不用空气压缩机充气，既可节省电能又防止空气污染水质，有利于环境卫生。

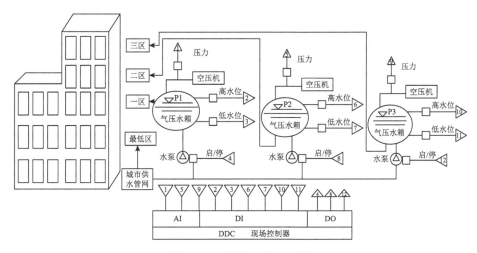

图3-37　并联气压给水系统

2）无水箱的水泵直接给水系统

水泵直接供水，最简便的方法是采用调速水泵供水系统，即根据水泵的出水量与转速成正比关系的特性，调整水泵的转速而满足用水量的变化。水泵调速有下列几种方法：

（1）采用水泵电动机可调速的联轴器（力矩耦合器）：电动机的转速不可调，在用水量变化时，通过调节可调速的水泵电动机的联轴器，从而改变水泵的转速以达到调节水量的目的；联轴器类似汽车的变速箱。

（2）采用变频调速电动机：由用水量的变化而控制电动机的转速，从而使水泵的水量得到调节。这种方法设备简单，运行方便，节省动力，国内已有使用，效果很好，如图3-38所示。

（3）控制水泵叶片角度：随着水量的变化控制水泵叶片角度来调节水泵的出水量，以满足用水量的需要。这种供水系统设备简单，使用方便，是一种有前途的新型水泵给水系统。

无水箱的水泵直接给水系统，最好是用于水量变化不太大的建筑物中，因为水泵必须长时间不停地运行。

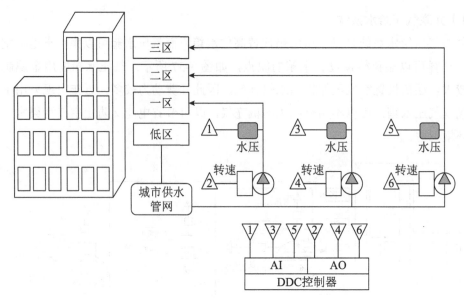

图 3-38　调速水泵给水系统

3.4.2　排水系统

智能楼宇的卫生条件要求较高，其排水系统必须通畅，以保证水封不受破坏。有的建筑采用粪便污水与生活废水分流，避免水流干扰，改善卫生条件。

智能楼宇一般都建有地下室，有的深入地面下 2～3 层或更深些，地下室的污水常不能以重力排出。在此情况下，污水集中于污水集水井，然后以排水泵将污水提升至室外排水管中。污水泵应为自动控制，保证排水安全。

污水排放监控系统配有一些传感器、液位控制器，采集信息后传输给 BAS，通过现场控制器启动排污泵，排水原理如图 3-39 所示。

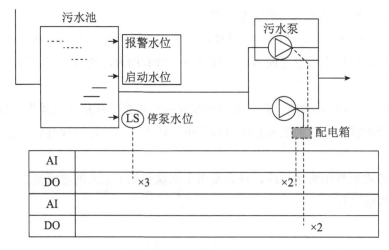

图 3-39　排水原理

3.5 电梯系统

电梯系统是一种以电动机为动力的垂直升降机，装有箱状吊舱，用于多层建筑乘人或载运货物。也有台阶式电梯，踏步板装在履带上连续运行，俗称自动电梯，是服务于规定楼层的固定式升降设备。电梯具有一个轿厢，运行在至少两列垂直的或倾斜角小于15度的刚性导轨之间。轿厢尺寸与结构形式便于乘客出入或装卸货物。不论其驱动方式如何，人们习惯上将电梯作为建筑物内垂直交通运输工具的总称。

在井道内设有轿厢、安全窗、对重、安全钳、感应器、平层、楼层隔磁板、端站打板及各种动作开关；轿厢底部设有超载、满载开关；井道外每层设有楼层显示、呼梯按钮及指示；一层设基站电锁；井道顶部有机房，内设机房检修按钮、慢上/慢下开关、曳引机、导向轮和限速器；井道底部设有底坑、缓冲器、限速器绳轮；轿厢内设有厅门、轿门、门机机构、门刀机构、门锁机构、门机供电电路、安全触板、轿顶急停、检修、慢上/慢下开关及轿顶照明、轿顶接线厢；轿门和厅门上方设有楼层显示，轿门右侧设有内选按钮及指示、开关门按钮、警铃按钮、超载/满载指示。电梯组成如图3-40所示。

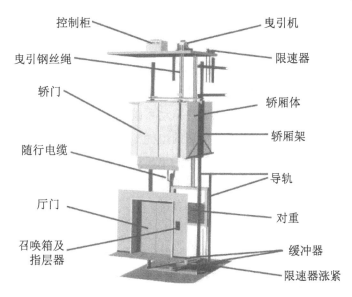

图 3-40　电梯组成

电梯系统组成包括电梯机械系统、电梯电气系统、电梯安全保护系统三大类。

电梯机械系统由曳引系统、轿厢与门系统、重量平衡与导向系统、机械安全保护系统等部分组成。电梯电气系统由电力拖动系统与运行控制系统两部分组成。同时，电梯还设置了多种机械保护、电气保护和安全防护装置。

3.5.1　电梯分类

电梯系统的分类方式有多种。

1）按照驱动方式分类

电梯系统按照驱动方式分类如下：

（1）液压驱动式：以电机驱动，将高压油灌入油缸，驱动活动以电梯控制器驱动轿厢。速度慢，通常用于20米以下的建筑物。

（2）电机减速齿轮驱动式：以交、直流电机经减速齿轮及牵引机牵引钢索以驱动轿厢，多用于中低速电梯。

（3）电机直接驱动式：又称Gearless型，以较大型多极电机直接带动牵引机，使用于高速电梯，电控系统较为复杂。

（4）线性电机驱动式：以感应式或同步式线性电机驱动，电机置于升降道壁，动部置于轿厢外壳，不必使用钢索，直接驱动轿厢。不受建筑高低限制，但耗电量高，尚在开发试用阶段。

（5）无机房驱动式：将牵引电机直接装置于轿厢顶部或底部，牵引环绕钢索以驱动轿厢，使用于小型轿厢，用于个人电梯，可省去传统型的机房。

2）按照拖动方式分类

电梯系统按照拖动方式分类如下：

（1）交流单数感应电动机开环直接起动的电梯拖动系统。

（2）交流双速电机变极调速电梯的开环拖动系统。

（3）交流双速电机、半闭环调压调速拖动系统。

（4）交流双速电机、全闭环调压调速的电梯拖动系统（简称ACVV）。

（5）交流单速电机、全闭环调压调速的电梯拖动系统（简称VVVF）。

（6）交流永磁同步电动机全闭环调压调速的电梯拖动系统（简称VVVF）。

（7）直流电动机全闭环调压调速拖动系统。

3）按照控制方式分类

电梯系统按照控制方式分为轿内按钮开关控制的电梯电气控制系统、轿外按钮开关控制的电梯电气控制系统、集选控制的电梯电气控制系统、两台并联控制的电梯电气控制系统、群控电梯电气控制系统。

4）按照装置分类

电梯系统按照装置分为继电器控制、PLC控制、微机控制。

5）按照用途分类

电梯系统按照用途分为载货电梯的电气控制系统、杂物电梯的电气控制系统、乘客电梯、住宅电梯、病床电梯的电气控制系统。

6）按照管理方式分类

电梯系统按照管理方式分为有专职司机控制的电梯电气控制系统、无专职司机控制的电梯电气控制系统。

3.5.2 电梯及扶梯监控功能

电梯是智能建筑必备的垂直交通工具。智能建筑的电梯包括普通客梯、消防梯、观光梯、货梯及自动扶梯等。对电梯控制系统的要求是，安全可靠，起动、制动平稳，感觉舒适，平层准确，候梯时间短，节约能源。在智能建筑中，对电梯的起动加速、制动减速、正反向运行、调速精度、调速范围和动态响应等都提出了更高的要求。因此，电梯通常都自带计算机控制系统以完成对电梯自身的全部控制，并且留有与 BAS 的相应通信接口，用于与 BAS 交换需监测的状态、数据信息。

1. 电梯系统监控的内容

随着经济的发展和城市规模的不断扩大，宾馆、酒店、写字楼等高层住宅不断增加，电梯的安装和使用数量也越来越大。电梯在给人们出入高层建筑带来便利的同时，由于电梯故障所造成的人员伤亡和经济损失也越来越大。因此，如何对电梯的安全运行实施有效的监控，及时排除各种电梯故障隐患，已成为各级劳动安全监察部门急需解决的重要课题。

1）单台电梯管理

单台电梯监控主要是监控电梯的起 / 停、运行方式、运行状态、故障及紧急状况检测与报警等。

（1）运行方式监测：包括自动、司机、检修、消防等方式检测。

（2）运行状态监测：包括起动 / 停止状态、运行方向、所处楼层位置、安全、门锁、急停、开门、关门、关门到位、超载等。通过自动检测并将各状态信息通过 DDC 送监控系统主机，动态地显示出各台电梯的实时状态。

（3）故障检测：包括电动机、电磁制动器等各种装置出现故障后，自动报警，并显示故障电梯的地点、发生故障时间、故障状态等。

（4）紧急状况检测：通常包括火灾、地震状况检测、发生故障时是否关人等，一经发现立即报警。

2）多台电梯群控管理

以装有多部电梯的办公大楼为例，在上下班和午餐时间的客流十分集中，而其他时间比较空闲。如何在不同客流时期自动进行调度控制，使之既能减少候梯时间、最大限度地利用现有交通能力，又能避免数台电梯同时响应同一召唤造成空载运行、浪费电力，这就需要设置自动控制系统，自动选择最适合于客流情况的输送方式。群控系统能对运行区域进行自动分配，自动调配电梯在运行区域的各个不同服务区段。服务区域可以随时变化，它的位置与范围均由各台电梯通报的实际工作情况确定，并随时监视，以便随时满足大楼各处不同厅站的召唤。

（1）在客流量很小的"空闲状态"，空闲轿厢中有一台在基站待命，其他所有轿厢被分散到整个运行行程上。为使各层站的候梯时间最短，将从所有分布在整体服务区中的最近一站调度发车，不需要运行的轿厢自动关闭，避免空载运行。

（2）上班时，几乎没有下行乘客，客流基本上都上行，可转入"上行客流方式"，各区电梯都全力输送上行乘客，乘客走出轿厢后，立即反向运行。

（3）下班时，则可转入"下行客流方式"。

（4）午餐时，上下行客流量都相当大，可转入"午餐服务方式"，不断地监视各区域的客流、随时向客流量大的区域分派轿厢以缓解载客高峰。

（5）群控管理可大大缩短候梯时间，改善电梯交通的服务质量。最大限度地发挥电梯作用，使之具有理想的适应性和交通应变能力，这是单靠增加台数和梯速所不易做到的。通过控制电梯组的起/停台数，还可节省能源。

3）配合消防系统协同工作

发生火灾或地震灾害时，普通电梯直驶首层、放客，切断电梯电源；消防电梯由应急电源供电，在首层待命。

4）配合安全防范系统协同工作

接到防盗信号时，根据保安要求自动行驶至规定楼层，并对轿厢门实行监控。

2. 电梯监控系统的构成

专用电梯监控系统是以计算机为核心的智能化监控系统，电梯监控系统结构如图3-41所示。电梯监控系统由主控计算机、显示装置、打印机、远程操作台、通信网络、现场控制器DDC等部分组成。主控计算机负责各种数据的采集和处理，显示器采用大屏幕高分辨率彩色显示器，用于显示监视的各种状态、数据等画面，以及作为实现操作控制的人机界面。电梯的运行状态可由管理人员在监控系统上进行强行干预，以便根据需要随时起动或停止任何一台电梯。当发生火灾等紧急情况时，消防监控系统及时向电梯监控系统发出报警和控制信息，电梯监控系统主机再向相应的电梯现场控制器DDC装置发出相应的控制信号，使它们进入预定的工作状态。

电梯监控平台的人机界面由以下部分组成。

1）智能建筑中显示电梯的画面

可以看到电梯在智能楼宇中的运动过程和开关门动作，并在每一层都设置三个图形标志，分别表示本层内选、上行外呼和下行外呼。它们的显示和更新与实际电梯的内选、外呼是同步的。

2）轿厢内部的面对呼梯盒显示的画面

呼梯盒上部动态显示的是以箭头形式表示的电梯运行方向，电梯所到达的楼层（数字），它们的显示和实际轿厢中的显示是同步的，完全相同。显示轻载、满载、超载、司机、检修、消防、急停、门锁等几个指示灯，实时显示电梯所处的状态，以及实时显示电梯运行的速度、运行次数。

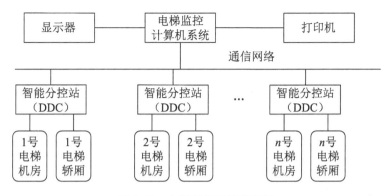

图 3-41　电梯监控系统结构图

监控人员可以方便地在屏幕上通过以上画面观察到整个电梯的运行状态和几乎全部动静态信息。

3. BAS 对电梯系统的监测

采用 BAS 作为终端的电梯监控系统，可以对管辖内电梯的运行状态和故障信息进行全年不间断监控，可以全面地保障电梯乘客的人身和生命安全。

中心监控室设置一台计算机，作为监控系统的主机，时刻监视辖内电梯的运行状态及故障报警等信息。BAS 监控终端安装在控制柜内，一个终端监控一台电梯。监控中心通过敷设专用线路与各个终端连接。一旦电梯有故障产生，监控该梯的 BAS 终端会立即向监控中心进行故障发报，中心监控管理人员收到报警，可在第一时间赶到现场解救困梯乘客，同时还可通知维保人员赶到现场排除故障。

BAS 对电梯系统的监测原理如图 3-42 所示。监测信号为硬接点方式取得的 DI 信号，主要监测内容如下：

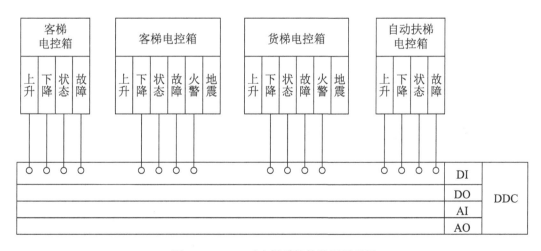

图 3-42　BAS 对电梯系统的监测原理图

（1）状态检测：电梯的上升、下降以及运行状态。

（2）报警：故障、地震以及火灾报警。

3.6 楼宇自动化系统

楼宇自动化系统（Building Automation System，BAS）是楼宇智能化的基础。在现代建筑内有大量的建筑机电设备，它们为建筑内人群的生活和生产提供必需的环境条件。简单地说，BAS 就是对建筑机电设备进行监测、控制及管理的系统。

BAS 是针对建筑机电设备，检测、显示其运行参数，监视、控制其运行状态，根据外界条件、环境因素、负载变化等情况自动调节相关设备，使其始终运行于最佳状态，从而保障工作或居住环境既安全可靠，又节约能源，而且舒适宜人。

3.6.1 BAS的对象环境

机电设备和设施就是楼宇自动化系统的对象和环境，通常可将建筑机电设备和设施按功能划分为 7 个子系统：电力供应系统（高压配电、变电、低压配电、应急发电）、照明系统（工作照明、事故照明、艺术照明、障碍灯等）、环境控制系统（空调及冷热源、通风环境监测与控制、给水、排水、污水处理）、安防系统（防盗报警、视频监控、出入口控制、电子巡更）、消防系统（火灾自动检测与报警、自动灭火、排烟、联动控制、紧急广播）、交通运输系统（电梯、电动扶梯、停车场）、广播系统（背景音乐、事故广播、紧急广播）。

这些设备多而散。多，即数量多，被控制、监视、测量的对象多，有上千点到上万点；散，即这些设备分散在各楼层和角落。在楼宇中设置 BAS 的目的就是优化生活和工作环境，确保这些设备安全、正常、高效运行。

安防工程和消防工程通常都是单独招标建设的，其后期的运行管理分别隶属不同的政府职能部门（安防系统归公安治安管理，消防系统归应急管理部管理）。因此，BAS 有广义 BAS 和狭义 BAS 之分，广义 BAS 包括安防与消防系统，狭义 BAS 是除了安防与消防系统之外的建筑设备监控系统。广义 BAS 和狭义 BAS 如图 3-43 所示。

3.6.2 BAS的功能要求

BAS（楼宇自动化系统）是通过将整栋楼宇的公用机电设备进行统一检测和调控，以此来提升楼宇的管理水平以及效率，同时能够降低设备故障率，减轻运营和维护所需要的成本，具体包含楼宇的中央空调系统、供排水系统、电路输送系统、照明系统以及电梯系统。由于是对各类机电设备采用最优的统一控制管理，可以让所有子系统高效地运行，不仅能够降低整栋楼宇的造价，也能制造出一个高效、舒适以及安全的工作或生活环境。BAS 的功能应符合下列要求：

（1）具有对建筑机电设备测量、监视和控制的功能，确保各类设备系统运行稳定、安全和可靠，并达到节能和环保的要求。

（2）采用集散式控制系统。随着现场总线技术的不断发展，逐渐成熟的现场总线控制系统正在楼宇自动化领域得到越来越多的应用。

（3）具有监测建筑物环境参数的功能。环境参数主要包括温度、湿度、光照度、风速、空气质量、噪声、振动、辐射和放射性污染等。

（4）满足对建筑物的物业管理需要，实现数据共享，以生成节能及优化管理所需的各种相关信息分析和统计报表。

（5）具有良好的人机交互界面，采用中文操作界面。

（6）共享公共安全所需的相关系统的数据信息等资源。

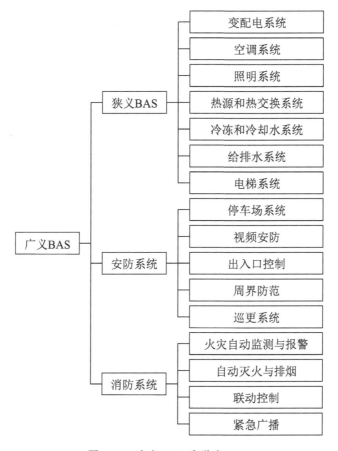

图 3-43 广义 BAS 和狭义 BAS

3.6.3 BAS的技术基础

在楼宇自动化系统中，需要实时监测与控制的设备品种多、数量大，而且分布在楼宇的多个位置。对于楼宇自动化这样一个规模庞大、功能综合、因素众多的大系统，集散控制系统是最佳的解决方案。它是利用计算机技术对生产过程进行集中监视、操作、管理和分散控制的一种自动化工程技术。集散控制系统的核心思想是集中管理，分散控制。

分散控制是指多台计算机分散应用于生产过程，每台计算机独立完成输入/输出和运算控制。

集中管理是指多台计算机构成网络系统，进行集中监视、操作和管理，实现控制与管理信息集成。

集散控制系统是由分散过程控制装置、集中操作管理装置、数据通信系统三大部分组成的，集散控制系统的组成如图 3-44 所示。

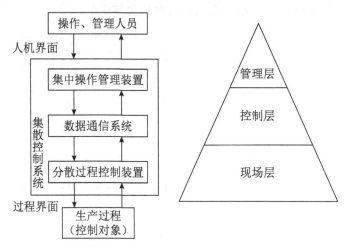

图 3-44　集散控制系统的组成

FCS（Field bus Control System）是基于网络、集 SCADA/HM 和 Soft logic 于一体的工业自动化现场总线控制系统。用现场总线这一开放的具有互操作性的网络将现场各个控制器、仪表及设备互联，构成现场总线控制系统，同时将控制功能彻底下放到现场，降低了安装成本和维修费用。

图 3-45 所示是新一代集散控制系统的体系结构，随着现场总线技术的不断发展，DCS 逐渐发展成 FCS。FCS 现场控制层的主要设备是现场总线仪表。

FCS 变革传统的单一功能的模拟仪表，将其改为综合功能的数字仪表；变革传统的计算机控制系统（DDC、DCS），将输入、输出、运算和控制功能分散分布到现场总线仪表中，形成全数字的彻底的分散控制系统。FCS 既是现场通信网络系统，也是现场自动化系统。从信号处理及传输的角度来分析，DCS 属于模拟和数字的混合系统，FCS 属于全数字系统。新一代 DCS 和 FCS 结构对比如图 3-46 所示。

利用集散控制技术将 BAS 构造成一个庞大的集散控制系统，在这个系统中其核心是中央监控与管理计算机，中央管理计算机通过信息通信网络与各个子系统的控制器相连，组成分散控制、集中监控和管理的功能模式，各个子系统之间通过通信网络也能进行信息交换和联动，实现优化控制管理，最终形成统一的由 BAS 运作的整体。

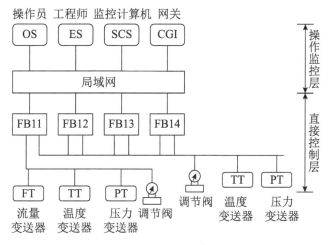

图 3-45　新一代集散控制系统的体系结构原型

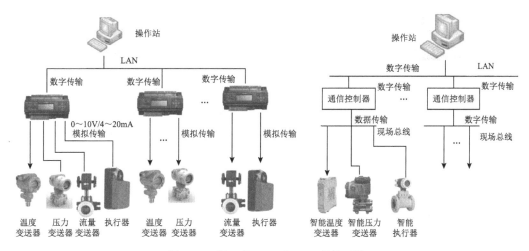

图 3-46　新一代 DCS 和 FCS 结构对比

由于 BAS 所面临的监控对象的复杂性，目前全球范围内没有一个厂商能够提供所有的软硬件产品，最终导致 BAS 产品没有一个统一的标准。在子系统之间存在一个 BAS 特有的问题：信息不能共享，不能互联互通联动。解决这个问题的方法就是系统集成技术，BAS 的另一个技术是通过系统集成，最终将不同厂家、不同协议标准的产品组织在一个大系统中，实现信息互联互通，达到控制联动、信息共享的目标。所以说，BAS 是一个集成的系统。BAS 集成系统如图 3-47 所示。

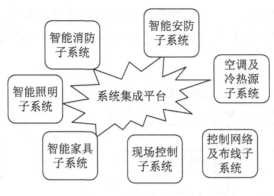

图 3-47　BAS 集成系统

3.6.4　BAS的系统结构

集散型 BAS 主要有三种结构：单层网络结构，工作站直接与现场控制设备相连；两层网络结构，上层网络与现场控制总线两层，两层网络之间通过通信控制器连接；三层网络结构，在上层网络与现场控制总线之间增加一层中间层控制网络，解决由于末端分布范围较广形成的复杂联动控制问题。

1．单层网络结构

单层网络结构如图 3-48 所示，现场设备通过现场控制网络互相连接，工作站通过通信适配器直接接入现场控制网络。这种结构适用于监控点少、分布比较集中的小型自控系统或子系统的监控。其特点如下：

（1）整个系统的网络配置、集中操作、管理及决策等全部由工作站承担。

（2）控制功能分散在各类现场控制器及智能传感器、智能执行机构之中。

（3）同一条现场控制总线上挂接的现场设备之间可以通过点对点或主从方式直接进行通信，而不同总线上的设备之间通信则必须通过工作站的中转。

图 3-48　单层网络结构

2. 两层网络结构

两层网络结构如图 3-49 所示，现场设备通过现场控制网络互相连接，操作员站（工作站、服务器）采用局域网中比较成熟的以太网等技术构建，现场控制网络和以太网等上层网络之间通过通信控制器实现协议转换、路由选择等。其特点如下：

（1）现场控制设备之间通信要求实时性高，抗干扰能力强，对通信效率要求不高，一般采用控制总线（现场总线）完成。

（2）操作员站、工作站和服务器之间由于需要进行大量数据、图形的交互，通信带宽要求高，而对实时性、抗干扰能力要求不高，所以多采用以太网技术。

（3）通信控制器可以由专用的网桥、网关设备或工控机实现。不同的 BAS 产品中，通信控制器的功能强弱不同，功能简单的只起到协议转换的作用。在采用这种产品的网络中，不同现场总线之间设备的通信仍要通过工作站进行中转；复杂的可以实现路由选择、数据存储、程序处理等功能，甚至可以直接控制输入 / 输出模块，起到 DDC 的作用，这种设备已不再是简单的通信控制器，而是一个区域控制器。

（4）绝大多数 BAS 设备制造商在底层控制总线上都有一些支持某种开放式现场总线的产品。两层网络都可以构成开放式的网络结构，这使得不同制造商的产品之间能够方便地实现互联。

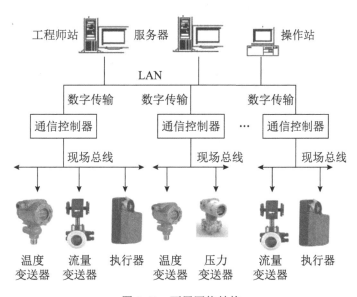

图 3-49　两层网络结构

3. 三层网络结构

三层网络结构如图 3-50 所示。现场设备通过现场控制网络互相连接，操作员站（工作站、服务器）采用局域网中比较成熟的以太网等技术构建，现场大型通用控制设备采用中间层控制网络实现互联。中间层控制网络和以太网等上层网络之间通过通信控制器实现协议转换、路由选择等。三层网络结构适用于监控点相对分散、联动功能复杂的BAS 系统。

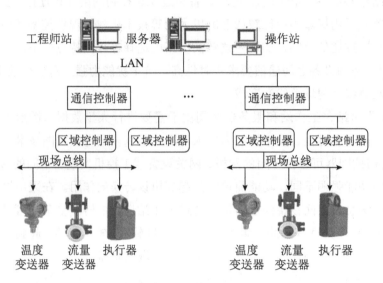

图 3-50 三层网络结构

三层网络结构 BAS 系统的特点：在各末端现场安装一些点数少、功能简单的现场控制设备，完成末端设备基本的监控功能。这些小点数现场控制设备通过现场控制总线相连。小点数现场控制设备通过现场控制总线接入一个大型通用现场控制器，大量联动运算在此控制设备内完成。这些大型通用现场控制器也可以带一些输入 / 输出模块直接监控现场设备。大型通用现场控制器之间通过中间控制网络实现互联，这层网络在通信效率、抗干扰能力等方面的性能介于以太网和现场控制总线之间。

三层网络结构包括管理级网络（Management Level Network，MLN）、楼层级网络（Floor Level Network，FLN）和楼宇级网络（Building Level Network，BLN）。

1）管理级网络

采用高速以太网连接，运行 TCP/IP 协议。操作员可以在任何拥有足够权限的 Insight 工作站实施监测设备状态、控制设备启停、修正设定值、改变末端设备开度等得到充分授权的操作。APOGEE 系统在得到授权的前提下，最多可以通过以太网连接 25 台工作站。

2）楼层级网络

重要的 DDC 控制器都支持最多三个楼层级网络，每个楼层级网络最多可连接 32 个扩展点模块（PXB）或终端设备控制器（TEC）。最快支持 8.4Kbit/s 的通信速率。

3）楼宇级网络

系统最多可以同时支持 4 个楼宇级网络，每个楼宇级网络最多可连接 99 个 DDC 控制器，如常用的模块式楼宇控制器（Modular Building Controller，MBC）和模块式设备控制器（Modular Eguipment Controller，MEC）。楼宇级网络使用 24AWG 双绞屏蔽线，最快支持 115Kbit/s 的通信速率。

3.7　现场总线技术

现场总线是电气工程及其自动化领域发展起来的一种工业数据总线，它主要解决工业现场的智能化仪器仪表、控制器、执行机构等现场设备间的数字通信以及这些现场控制设备和高级控制系统之间的信息传递问题。由于现场总线具有简单、可靠、经济实用等一系列突出的优点，因而受到了许多标准团体和计算机厂商的高度重视。

3.7.1　现场总线概述

现场总线是一种应用于生产现场，在现场设备之间、现场设备与控制装置之间实行双向、串行、多节点数字通信的技术。现场总线控制系统（Field bus Control System，FCS）如图 3-51 所示，它既是现场通信网络系统，也是现场自动化系统。

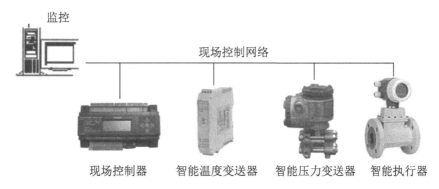

图 3-51　现场总线控制系统

1. 现场总线的优点

现场总线的特点为全数字化、全分布、双向传输、自诊断、节省布线及控制室空间，以及多功能仪表，开放性、互操作性，智能化与自治性。

2. 现场总线的主要特征

现场总线的主要特征如下：

（1）全数字化通信取代设备级的模拟量和开关量信号。现场控制设备具有通信功能，便于构成工厂底层控制网络。

（2）开放型的互联网络。

（3）互可操作性与互用性。

（4）现场设备的智能化。

（5）系统结构的高度分散性。

（6）通信标准的公开、一致，使系统具备开放性，设备间具有互可操作性。功能块与结构的规范化使相同功能的设备间具有互换性。控制功能下放到现场，使控制系统结构具备高度的分散性。

（7）现场总线使自控设备与系统步入了信息网络的行列，为其应用开拓了更为广阔的领域；一对双绞线上可挂接多个控制设备，便于节省安装费用，节省维护开销。

3. 当前比较流行的现场总线

当前现场总线类型较多，比较流行的总线主要有 LonWorks（局部操作网络）、BACnet（楼宇自动化与控制网络）、Profibus（过程现场总线）、HART（可寻址远程传感器高速通道）、CAN（控制局域网络）、FF（现场总线基金会）、Modbus、Controllogix 等。

3.7.2 LonWorks总线

LonWorks 总线由美国 Echelon 公司推出，它采用 ISO/OSI 模型的全部 7 层通信协议，采用面向对象的设计方法，通过网络变量把网络通信设计简化为参数设置。LonWorks 技术采用的 LonTalk 协议被封装到 Neuron（神经元）芯片中，并得以实现。采用 LonWorks 技术和神经元芯片的产品，被广泛应用在各种控制领域。

LonWorks 网络支持多种拓扑结构：总线形、星形、环形、混合型。LonWorks 网络拓扑结构如图 3-52 所示。其支持双绞线、同轴电缆、电力线、光缆和红外线等多种通信介质，通信速率从 300bit/s 至 1.25Mbit/s 不等，直接通信距离可达 2700m（78Kbit/s）。每一种传输介质称为一种信道，信道上有多个节点，信道可以用中继器延长，信道之间通过桥接器或路由器互联。每种传输介质都有专用的收发器，收发器是节点与传输介质之间的通信接口。LonWorks 网络体系结构如图 3-53 所示。

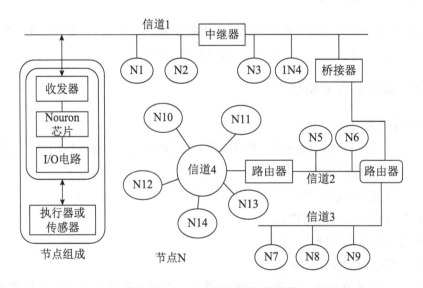

图 3-52　LonWorks 网络拓扑结构

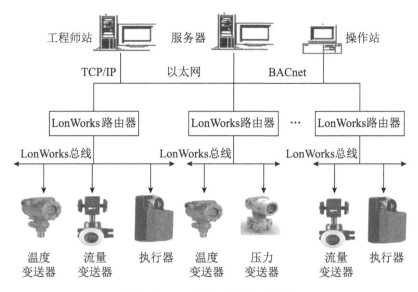

图 3-53　LonWorks 网络体系结构

1）LonWorks 模型分层

LonWorks 采用开放式 ISO/OSI 模型，全部 7 层通信协议如表 3-3 所示。

表 3-3　LonWorks 模型分层

模 型 分 层	作 用	服 务
应用层	网络应用程序	标准网络变量类型：组态性能，文件传送
表示层	数据表示	网络变量，外部帧传送
会话层	远程传输控制	请求 / 响应，确认
传输层	端到端的传输可靠性	单路、多路应答服务，重复信息服务，复制检
网络层	报文传送	单路，多路寻址
数据链路层	媒体访问与成帧	成帧，数据编码，CRC 校验，冲突回避，优先级
物理层	电气连接	媒体特殊细节，如调制；收发种类，物理连接

2）LonWorks 通信协议 LonTalk

LonTalk 协议遵循 ISO 定义的开放系统互联（OSI）模型，并提供了 OSI 参考模型所定义的全部 7 层服务。

3）LonWorks 神经元芯片

LonWorks 的每个控制节点包括一片神经元芯片（Neuron Chip）、传感器和控制设备、收发器和电源。神经元芯片是节点的核心部分，它包括一套完整的 LonTalk 协议，以确保智能系统中各智能设备之间使用可靠的标准进行通信。

3.7.3 EIB/KNX总线

EIB（Electrical Installation Bus，电气安装总线）/KNX（Konnex 的缩写）是具有

开放性、互操性和灵活性的现场总线标准。1999 年，欧洲三大总线协议 EIB、BatiBus 和 EHSA 合并成立了 Konnex 协会。

EIB/KNX 是一个分布式现场总线标准，被广泛应用于智能建筑、现代住宅中的灯光、窗帘、空调、电器、安防等设备的控制。其网络组织结构包括线路（Line）、区域（Area）以及系统（System）。EIB/KNX 总线网络组织结构图如图 3-54 所示。线路是最小的组成单元，每条线路最多 64 个设备，每个区域最多 15 条线路，而每个系统最多 15 个区域。EIB/KNX 网络支持多种拓扑结构，EIB/KNX 总线网络拓扑结构图如图 3-55 所示。介质访问方式为 CSMA/CA 方式，物理介质是 4 芯屏蔽双绞线，其中 2 芯为总线使用，另外 2 芯备用。

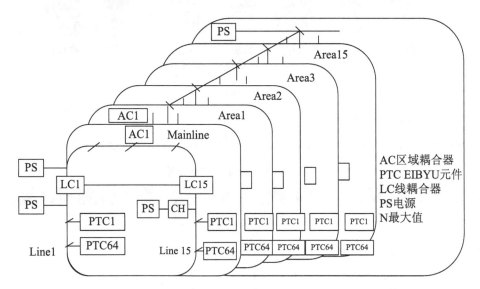

图 3-54　EIB/KNX 总线网络组织结构图

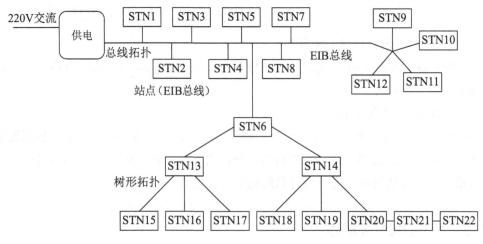

图 3-55　EIB/KNX 总线网络拓扑结构图

EIB/KNX 在家居智能化方面的主要应用如下：

（1）智能照明控制：开关、调光控制，灯光场景组合控制，移动感应控制，恒照度控制，光感控制，局部与总开关控制，周期、季节、假日定时控制，主从控制等。

（2）窗帘控制：窗帘、投影幕布上下控制，百叶窗、调角，夏日挡斜阳、冬季取日光，根据天气自动控制。

（3）空调和采暖控制风机盘管、分体式空调的控制，风速、流速、模式的控制，无人自动关闭功能的控制等。

（4）远程监控：座机电话、手机远程监控，自动远程报险、报警，中央计算机控制等。

（5）与门禁、安保系统、BA 系统、消防系统等其他系统集成。

随着网络技术和局域网（LAN）的普及，KNX 标准中提出了 EIBnet/IP 的概念，通过 EIBnet/IP 协议，KNX 总线可以直接与 TCP/IP 系统连接。EIB/KNX 总线与以太网连接如图 3-56 所示，总线信号可以在高速以太网上传输。EIBnet/IP 协议的出现，使得系统的扩展不再受传输距离的影响，而数据的传输量和传输速度也不再成为 KNX 系统的问题。

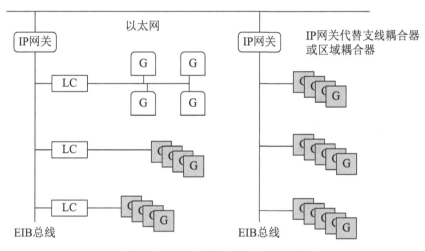

G=EIB总线元件　LC=线路耦合元件或区域耦合器

图 3-56　EIB/KNX 总线与以太网连接

3.7.4　Modbus总线

Modbus 是 Modicon 公司提出的通信规约。Modicon 公司被施耐德电气公司收购，施耐德将 Modbus 协议的所有权移交给 IDA，成立 Modbus-IDA 组织，Modbus-RTPS 成为实时以太网标准 IEC61784-2，Modbus 已经成为国家标准 GB/T 19582-2008 标准，开放用户可以免费、放心地使用 Modbus 协议；支持多种物理层标准，如 RS-232、RS-485、以太网等。Modbus 的帧格式简单、紧凑，通俗易懂。

1. Modbus 协议简介

Modbus 由 Modicon 公司制定并开发，是一种工业现场总线通信协议。Modbus 协议把通信参与者规定为"主站"（Master）和"从站"（Slave），数据和信息通信遵从主/从模式。Modbus 总线网络中的各个智能设备通过异步串行总线连接起来（采用 RS-485），只允许一个控制器作为主站，其余智能设备作为从站。采用命令/应答的通信方式，主站发出请求，从站应答请求并送回数据或状态信息。Modbus 协议定义的各种信息帧格式，描述了主站控制器访问从站设备的过程，规定从站怎样做出应答响应，以及检查和报告传输错误等。网络中的每个从设备都必须分配给一个唯一的地址，只有符合地址要求的从设备才会响应主设备发出的命令。

由于 Modbus 总线系统开发成本低，简单易用，并且现在已有很多控制器、PLC、显示屏等都具有 Modbus 通信接口，所以它已经成为一种公认的通信标准。通过 Modbus 总线，可以方便地将不同厂商生产的控制设备连成工业网络，进行集中监控。

Modbus 最初为 PLC 通信而设计，它通过 24 种总线命令实现 PLC 与外界的信息交换。这些总线命令对应的通信功能主要包括 AI/AO、DI/DO 的数据传送。

2. Modbus 网络

Modbus 网络物理接口符合 EIA-485 规范，能组成主从访问的单主控制网络。网络可支持 247 个远程从属控制器，但实际支持的从机数要由所用通信设备决定。通过简单的通信报文完成对从节点的读写操作。当主节点轮询即逐一访问从节点时，要求从节点返回一个应答信息。主节点也可以对网段上所有从节点进行广播通信。典型的主设备有主机和可编程仪表，典型的从设备如可编程序控制器。Modbus 总线控制系统如图 3-57 所示。

图 3-57 Modbus 总线控制系统

主设备可单独和从设备通信，也能以广播方式和所有从设备通信。如果单独通信，从设备返回一消息作为回应，如果是以广播方式查询的，则不做任何回应。Modbus 协议建立了主设备查询的格式：设备（或广播）地址、功能代码、所有要发送的数据、错误检测域。

从设备回应消息也由 Modbus 协议构成，包括确认要行动的域、任何要返回的数据和错误检测域。如果在消息接收过程中发生错误，或从设备不能执行其命令，从设备将建立错误消息并把它作为回应发送出去。

在其他网络上，控制器使用对等技术通信。Modbus/TCP 协议是 Modbus/RTU 协议的扩展，它定义了 Modbus/RTU 协议如何在基于 TCP/IP 的网络中传输和应用。Modbus/TCP 协议跟 Modbus/RTU 协议一样简单灵活。

3. 两种传输模式

Modbus 协议定义了两种传输模式，即 RTU（Remote Terminal Unit）和 ASCII。在 RTU 模式中，1 字节的信息作为一个 8 位字符被发送，而在 ASCII 模式中则作为两个 ASCII 字符被发送。可见，发送同样的数据，RTU 模式的效率大约为 ASCII 模式的两倍。一般来说，数据量少而且主要是文本时采用 ASCII；通信数据量大而且是二进制数值时，多采用 RTU 模式。控制器能设置为两种传输模式（ASCII 或 RTU）中的任何一种在标准的 Modbus 网络中通信。

1）ASCII 帧

使用 ASCII 模式，消息以冒号（：）字符（ASCII 码 3AH）开始，以回车换行符结束（ASCII 码 0DH，0AH）。

其他域可以使用的传输字符是十六进制的 0..9，A..F。网络上的设备不断侦测"："字符，当接收到一个冒号时，每个设备都解码为下一个域（地址域）来判断是不是发给自己的。消息中字符发送的时间间隔最长不能超过 1 秒，否则接收设备将认为传输错误。ASCII 典型消息帧如表 3-4 所示。

表 3-4 ASCII 消息帧格式

起 始 位	设 备 地 址	功 能 代 码	数 据	LRC 校 验	结 束 符
1 个字符	2 个字符	2 个字符	n 个字符	2 个字符	2 个字符

2）RTU 帧

使用 RTU 模式，消息发送至少要以 3.5 个字符时间的停顿间隔开始。在网络波特率下多样的字符时间是最容易实现的（如表 3-5 的 T1-T2-T3-T4 所示）。第一个域是设备地址，可以传输的字符是十六进制的 0 .. 9、及 A .. F。网络设备不断侦测网络总线，包括停顿间隔时间。第一个域（地址域）接收到，每个设备都进行解码以判断是不是发给自己的。在最后一个传输字符之后，一个至少 3.5 个字符时间的停顿标定了消息的结束。一个新的消息可在此停顿后开始。

整个消息帧必须作为一连续的流转输。如果在帧完成之前有超过 1.5 个字符时间的停顿时间，接收设备将刷新不完整的消息并假定下一字节是一个新消息的地址域。同样，如果一个新消息在小于 3.5 个字符时间内接着前一个消息开始，接收设备将认为它是前一消息的延续。这将导致一个错误，因为在最后的 CRC 域的值不可能是正确的。RTU 消息帧格式如表 3-5 所示。

表 3-5　RTU 消息帧格式

起 始 位	设备地址	功能代码	数 据	CRC 校验	结 束 符
T1-T2-T3-T4	8bit	8bit	N 个 8bit	16bit	T1-T2-T3-T4

4. 错误检测方法

标准的 Modbus 串行网络采用两种错误检测方法：奇偶校验和帧检测。奇偶校验对每个字符都可用，帧检测（LRC 或 CRC）则应用于整个消息。它们都是在消息发送前由主设备产生的，从设备在接收过程中检测每个字符和整个消息帧。

用户要给主设备配置一预先定义的超时时间间隔，这个时间间隔要足够长，以使任何从设备都能作出正常反应。如果从设备检测到一个传输错误，消息将不会被接收，也不会向主设备做出回应。这样超时事件将触发主设备来处理错误。

3.8　BACnet 协议

目前楼宇自控的产品呈现出多种协议标准各自为政的格局。BACnet 提供了开放性的规范和标准，使智能建筑的自动控制设备和系统能够实现信息的交换和共享，从而达到互联和互操作的目的。

3.8.1　BACnet 协议简介

BACnet 是一种专门为楼宇自动控制网络制定的数据通信协议、2003 年被列入正式的国际标准（ISO 16484-5）。BACnet 标准的诞生满足了用户对楼宇自动控制设备互操作性的广泛要求，即将不同厂家的设备组成一个兼容的自控系统，从而实现互联互通。BACnet 建立了一个楼宇自控设备数据通信的统一标准，使得按这种标准生产的设备都可以进行信息交换，实现互操作。BACnet 标准只规定了楼宇自控设备之间要进行"对话"所必须遵守的规则，并不涉及如何实现这些规则。BACnet 有如下优点。

1. 节约初投资

由于建筑设备的多样性，一方面可以在多厂商中实现竞标，择优选用价格合理、技术先进可靠的设备和系统，避免专用协议设备和系统的垄断。另一方面，厂商可以在生产车间按照 BACnet 的标准生产自己的专用控制设备，现场安装时，只是简单地进行连接，减少现场安装费用。

2. 节省运行费用

楼宇控制系统不仅要降低初始投资，而且应降低维护费用。采用 BACnet 时，有众多厂商可以提供维护服务，使运行费用降低。

3. 改造、升级和扩展费用低

由于 BACnet 采用开放性策略，使众多厂商可以遵循 BACnet 标准进行技术开发并参与竞争，从而使原有设备系统的改造、升级和扩展费用降低。

4. 技术先进可靠

楼宇设备生产厂商的设备均有其优缺点，利用 BACnet 控制系统就有很大的灵活性，可以选用最优的控制设备和系统，从而使整个控制系统技术先进、可靠。

3.8.2　BACnet 体系结构

BACnet 作为一种开放性协议，遵照 OSI 的 7 层标准协议模型，并根据控制系统本身的特点，对其进行了简化和改进，建立在包含 4 个层次的简化分层体系结构上，BACnet 体系结构如表 3-6 所示。这 4 个层次的分层体系结构对应于 OSI 模型中的物理层、数据链路层、网络层和应用层。

表 3-6　BACnet 体系结构

BACnet 的层次					OSI 对应的层次
BACnet 应用层					应用层
BACnet 网络层					网络层
IEEE 802.2	MS/TP	PTP		LonTalk	数据链路层
Ethernet	ARCnet	EIA-485	EIA-232		物理层

BACnet 标准定义了自己的应用层和简单的网络层，对于数据链路层和物理层，它提供了 5 种选择方案。这 5 种类型的网络分别是 ISO 8802-3（以太网）局域网、ARCnet 局域网、主从 / 令牌传递（MS/TP）局域网、点到点（PTP）连接和 LonTalk 局域网。BACnet 选择这些局域网技术是从实现协议的硬件的可用性、数据传输速率，以及与传统楼宇自控系统的兼容性和设计的复杂性等几个方面考虑的。这些选择都支持主 / 从 MAC、确定性令牌传递 MAC、高速争用 MAC 以及拨号访问。在拓扑结构上，支持星形和总线形拓扑；在物理介质上，支持双绞线、同轴电缆、光缆。

BACnet 协议的基本特点：

（1）BACnet 协议继承了 OSI 参考模型所具有的高度抽象性、概括性和一般性的特征，同时比 OSI 参考模型具有更高的效率和更低的开销。

（2）BACnet 协议标准并未限定于某一种特定的网络拓扑结构，它提供了 5 种可选方案，这样可以灵活地适应各种已有的应用。

（3）BACnet 协议只是规定了自控设备之间进行通信所应遵循的规则，但并未规定如何实现这些规则，实现方法留给各厂商自主开发，以利于技术的多元化发展。

（4）BACnet 协议标准在制定时，出于安全考虑，不仅定义了用来提供对实体、数据来源以及对操作员身份鉴别的服务，而且还为厂家在设置人机界面密码、跟踪记录以及保护密钥属性等方面保留了软件开发的自由度。

因此，BACnet 协议的制定在网络通信层面上解决了不同楼宇自控系统厂家的产品的标准各异、互不兼容的问题，同时它也留给各个厂家自由创造和发展的空间。

3.8.3 BACnet 的物理层和数据链路层协议

BACnet 标准目前将 5 种类型的数据链路 / 物理层技术作为自己所支持的数据链路 / 物理层技术进行规范，形成其协议。这五种类型的网络分别是：

（1）ISO 8802-3 类型 1 定义的逻辑链路控制（LLC）协议，加上 ISO 8802-3 介质访问控制（MAC）协议和物理层协议 ISO 8802-2 类型 1 提供了无连接不确认的服务，ISO 8802-3 则是著名的以太网协议的国际标准。

（2）ISO 8802-2 类型 1 定义的逻辑链路控制（LLC）协议，加上 ARCNET（ATA/ANSI 878.1）。

（3）主从 / 令牌传递（MS/TP）协议加上 EIA-485 协议。

（4）点对点（PTP）协议加上 EIA-232 协议，为拨号串行异步通信提供了通信机制。

（5）LonTalk 协议：美国 Echelon 公司开发的专用协议，在一块神经元芯片上完全实现了 ISO/OSI 模型的全部 7 层通信协议。LonWorks 与 BACnet 是不兼容的，在网络互联时，必须通过网关才能互联。

3.8.4 BACnet 的网络层协议

BACnet 网络层的目的是向应用层提供统一的网络服务平台，屏蔽异类网络的差异，实现异类网的互联和报文路由功能。人们将那些使用不同数据链路层技术的局域网称为异类网络。BACnet 互联网络结构如图 3-58 所示。为了适应各种应用，BACnet 并没有规定严格的网络拓扑结构。BACnet 设备可以直接连接到 4 种局域网中的一种网络上，也可以通过专线或拨号异步串行线连接起来。这几种局域网又可以通过 BACnet 路由器进一步互联。

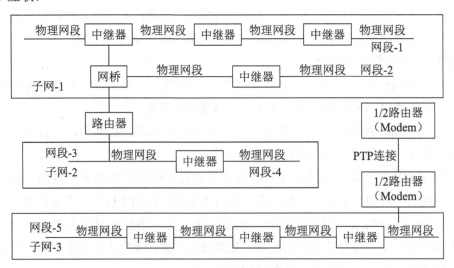

图 3-58　BACnet 互联网结构图

3.8.5 BACnet 的应用层协议

BACnet 应用层的主要功能有两个：一是定义了描述楼宇自控设备的信息模型，即 BACnet 对象模型；二是定义面向应用（设备间的互操作）的通信服务。BACnet 采用面向对象分析和设计的方法，在 BACnet 协议中定义了一组标准的对象类型，给出一种抽象的数据结构，作为建立 BACnet 协议中应用层服务的一种框架。大部分应用层服务设计成对这些标准对象类型的属性进行访问与操作，网络中的每个设备用对象进行描述。因此，对象、属性和应用层服务构成了 BACnet 要素。应用层协议原理如图 3-59 所示。

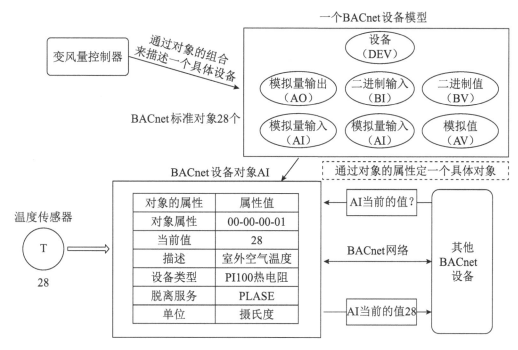

图 3-59　BACnet 的应用层协议原理图

1. BACnet 对象模型

BACnet 网络中的节点是各种各样的楼宇自控设备，如何用统一的模型来描述这些设备，并使之成为 BACnet 网络中相互"识别和访问的实体"，就成为实现楼宇自控设备互操作的关键。

BACnet 的成功之处就是采用了面向对象的技术，定义了一组具有属性的对象来表示任意的楼宇自控设备的功能，从而提供了一种标准的表示楼宇自控设备的方式。在 BACnet 中，所谓对象就是在网络设备之间传输的一组数据结构，对象的属性就是数据结构中的信息，设备可以从数据结构中读取信息，也可以向数据结构写入信息，读写信息就是对对象属性的操作。BACnet 网络中的设备之间的通信，实际上就是设备的应用程序将相应的对象数据结构装入设备的应用层协议数据单元（APDU）中，按照特定的规范传输给相应的设备。对象数据结构中携带的信息就是对象的属性值，接收设备中的应用程序对这些属性进行操作，从而完成信息通信。

通过对楼宇自控设备的功能进行分解，形成众多具有代表性和可重复应用的"标准功能单元"，并分别用一定的数据结构进行表示。BACnet 将描述"标准功能单元"的数据结构定义为"标准 BACnet 对象"。当定义了具有复用功能的标准 BACnet 对象后，就可以用标准对象进行不同的组合来表示实际的楼宇自控设备（BACnet 设备）。这种用标准对象元素组合描述楼宇自控设备的方法具有一般性，可以适用于各种各样楼宇自控设备的表示。BACnet 目前定义了 28 个对象，表 3-7 给出了 BACnet 定义的对象及应用实例。

表 3-7　BACnet 定义的对象及应用实例

序　号	BACnet 对象名称	应 用 示 例
1	Accumulator，累加器（ACC）	对脉冲信号进行累加和计数（处理）
2	Analog Input，模拟量输入（AI）	传感器输入（如温度测堆仪表）
3	Analog Output，模拟最输出（AO）	控制器输出（如温度控制器）
4	Analog Value，模拟值（AV）	设定点或其他模拟控制系统参数
5	Averaging，平均值（AVG）	某个模拟器的统计值（包括均值、最小值、最大值和方差等）
6	Binary Input，二进制输入（BI）	开关输入
7	Binary Output，二进制输出（BO）	继电器输出
8	Binary Value，二进制值（BV）	开关的设定值等
9	Calendar，日历（CAL）	一年中的节假日等
10	Command，命令（CMD）	与日期和时间有关的一系列控制过程
11	Device，设备（DEV）	标识某个楼宇自控设备节点以及该节点所包含的其他标准 BACnet 对象和支持的服务等。一个 BACnet 设备节点必须包含且只能包含一个 Device 对象
12	Event Enrollment，事件注册（EE）	定义事件的各种属性（如类型、发生时间、接收者、事件状态等）
13	Event Log，事件日志（ELOG）	记录事件的状态变化及变化时间等
14	File，文件（FIL）	描述文档数据的大小、类型、创建时间、读写属性、访问方法等
15	Global Group，全局组（GGRP）	楼宇自控系统中所有对象的输入分组
16	Group，组（GRP）	楼宇自控系统中某个节点的输入分组
17	Life Safely Point，生命安全点（LSP）	定义检测生命安全信息的单个检测设备（如探测火灾的烟感器）
18	Life Safety Zone，生命安全区（LSZ）	定义生命安全区域信息的检测（如由多个烟感器形成的生命安全区域信息处理过程）
19	Loop，环（LP）	定义闭环控制过程的各个环节属性及其参数值
20	Multi - State Input，多态输入	检测多稳定状态的仪表
21	Multi - State Output，多态输出	操作多个稳定状态的控制器
22	Multi - Stale Value，多态值	存在于软件中的多态值

序　号	BACnet 对象名称	应 用 示 例
23	Notification Class，通告类（NC）	只定义事件的接收者和事件的状态
24	Program，程序（PR）	描述程序运行的各种状态（如运行、中止、等待、挂起、暂停等）
25	Pulse Converter，脉冲转换器（PC）	脉冲测址和计量仪表（如脉冲计量电表）
26	Schedule，日程计划（SCHED）	对楼宇自控系统的操作运行进行计划和安排，以便在计划的时间内自动运行
27	Trend Log，趋势记录（TLOG）	记录和存储某个运行数据，或作为运行数据库，以供查询和审计
28	Trend Log Multiple，多趋势记录（TLOGM）	记录和存储多个运行数据，成作为运行数据库，以供查询和审计

随着 BACnet 标准应用的深入和应用范围的扩大，BACnet 标准不断增加新的标准 BACnet 对象类型。例如，为了更好地应用于门禁安防系统，新增了消防与生命安全有关的对象（Life Safety Point 对象和 Life Safety Zone 对象）。BACnet 标准具有不断增加新对象类型的扩展特性，是该标准面向对象信息模型所支持的特性。

一个 BACnet 设备应包括哪些对象取决于该设备的功能和特性。BACnet 标准并不要求所有 BACnet 设备都包含全部的对象类型，例如控制 VAV 箱的 BACnet 设备可能具有几个模拟输入和模拟输出对象，而 Windows 工作站既没有传感器输入，也没有控制输出，因而不会有模拟输入和模拟输出对象。每个 BACnet 设备都必须有一个 DEV 设备对象，该对象的属性用于描述该设备在网络中的特征。例如，设备对象的对象列表属性提供该设备中包含的所有对象的列表。销售商名、销售商标识符和型号名称等属性提供该设备制造商以及设备型号的数据。另外，BACnet 允许生产商提供专用对象，专用对象不要求被其他厂商的设备访问和理解。但是，专用对象不得干扰标准 BACnet 对象。

在 BACnet 标准中，按上述规则用 BACnet 对象表示的设备称为 BACnet 设备（BACnet Device），BACnet 网络自控系统就是由"BACnet 设备"为网络节点所组成的自控系统。全部由符合 BACnet 标准的"BACnet 设备"组成的系统称为纯 BACnet 系统。

2. BACnet 对象的属性

BACnet 对象的属性是描述 BACnet 对象的方法，每一个 BACnet 对象都用一组属性来定义。实际上，BACnet 对象的属性就是它的数据结构。大部分应用层服务设计成对这些标准对象的属性进行访问与操作。

BACnet 标准确立了所有对象可能具有的总共 123 种属性。每种对象都规定了不同的属性子集。

BACnet 规范要求每个对象必须包含某些属性，还有一些属性则是可选的。这两种情况下实现的属性都具有明确的作用，该作用由 BACnet 规范定义，尤其是针对报警、事件通知属性以及对控制值或状态有影响的属性。BACnet 规范要求几个标准属性是可写的，而其他一些属性由厂商决定是否可写。所有属性在网络中都是可读的。BACnet

允许生产商增加专用属性，但这些专用属性可能不被其他厂商的设备理解和访问。表 3-8 列出了 Analog Input 对象的属性以及应用举例。

表 3-8　Analog Input 对象的属性以及应用举例

属　　性	BACnet 规范	举　　例
对象标识符 Object_Identifier	必需	模拟输入 #1（Analog Input #1）
对象名称 Object_Name	必需	Al 01
对象类型 Object_Type	必需	模拟输入
当前值 Present_Value	必需	58.0
描述 Description	可选	室外空气温度
设备类型 Device_Type	可选	10kΩ 热敏电阻
状态标志 Status_Flags	必需	报警出错强制脱离服务标志
事件状态 Event_State	必需	正常（加上各种情况报告状态）
可靠性 Reliability	可选	未检测到出借（加上各种出错条件）
脱离服务 Out_of_Service	必需	否
更新间隔 Update Interval	可选	1.00（s）
单位 Unite	必需	华氏度
最小值 Min_Pres_Value	可选	−100.0（最小可靠读数）
最大值 Max_Pres_Value	可选	+300.0（最大可靠读数）
分辨率 Resolution	可选	0.1
COV 增量 COV_Increment	可选	0.5（当前值变化达到增量值则发出通知）
通知类 Notification_class	可选	发送 COV 通知给通知类对象 2
高值极限 High_Limit	可选	+ 215.0 正常范围上限
低值极限 Low_Limit	可选	−45.0 正常范围下限
死区 Deadband	可选	0.1
极限使能 Enable	可选	高值极限报告和低值极限报告使能
事件使能 Event_Enable	可选	"反常""出错""正常"状态改变报告使能
转变确认 Acked_Transtions	可选	接收到上述变化的确认标志
通知类型 Notify_Type	可选	事件或报警

例如，状态标志、事件状态、可靠性、脱离服务、最小值、最大值、通知类、高值极限、低值极限、极限使能、事件使能、转变确认、通知类型，这些属性用于处理检测异常和可能危险的传感器条件，并发出适当的通知或报警作为响应。前三个属性（对象标志符、对象名称和对象类型）是每个 BACnet 对象必备的。

对象标志符是一个 32 位二进制码，它指明对象类型（对象类型属性也作指定）和器件号，两者结合起来确定 BACnet 设备中的对象，BACnet 对象标志符如图 3-60 所示。理论上，BACnet 设备可具有 400 多万个特定类型的对象。

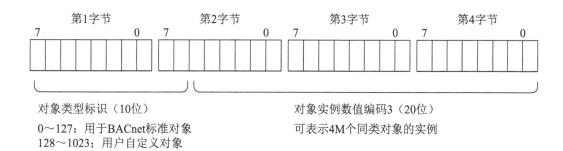

图 3-60 BACnet 对象标志符

可以看出，Analog Input 对象的基本属性基本上表示了一个"标准功能单元 - 模拟量测量设备"各个方面的状态和功能。尽管这个标准功能单元在硬件和软件设计上有不同的内部结构和设计参数，但是 Analog Input 对象只是从互操作性和系统集成的角度对该对象所代表的标准功能单元进行外部"可见和可访问"属性的描述和定义。或者说，任意模拟量测量设备用 Analog Input 对象进行描述，都是可以完全满足互操作和系统集成功能要求的。同理，其他 BACnet 对象（及其属性）所描述的内容也分别对应标准功能单元所具有的与互操作功能和系统集成有关的外部状态和功能。

由于 BACnet 对象只是描述对应楼宇自控系统"功能单元"属性的集合，因此用户可以从两个方面进行对象扩展：一是根据对象的定义规则定义自己的对象类型，以产生非标准 BACnet 对象；二是在标准 BACnet 对象中加入与用户有关的属性项。如果用户定义的非标准对象或在标准 BACnet 对象中加入的属性项具有普遍性和非常好的适用性，一旦经 SSPC 135 委员会讨论和接纳后，就可以成为正式的标准 BACnet 对象或 BACnet 标准的正式内容。

通过对 Analog Input 对象的具体分析，不难理解 BACnet 对象是 BACnet 协议中最为核心的内容，并具有如下特点和作用：

（1）BACnet 对象是描述楼宇自控设备的外部互操作特性，不涉及设备的内部结构和实现过程。也就是说，BACnet 对象描述的是从外部的互操作角度所看到的楼宇自控设备的"功能模型"，这个模型包含了设备的状态参数和功能的控制参数，这些参数构成了对象的属性，并且这个属性集合是可以在网络上进行访问的。

（2）由于 BACnet 对象只是有关状态和控制参数的集合，因而访问对象的操作只需"读"和"写"两种方式。因此 BACnet 对象模型极大地简化了 BACnet 标准对互操作功能的定义，使复杂的互操作行为最终简化为"读"和"写"两种最基本的操作。

（3）BACnet 网络中的设备之间的通信，就是设备的应用程序将相应的对象数据结构装入设备的应用层协议数据单元 APDU 中，按照一定的规范传输给相应的设备。对象数据结构中携带的信息就是对象的属性值，接收设备中的应用程序对这些属性进行操作，从而完成信息通信的目的。从理论上讲，只要能进行数据通信的网络均可以作为 BACnet 协议的通信工具或系统。事实上，正是这种先进的设计方法，使得 BACnet 协议不仅可以建立在现有通信技术的基础之上（如以太网等），而且可以建立在其他通信技术之上。这种扩展技术还可以很容易将BACnet通信系统扩展到ATM、ISDN等通信网络，甚至可以扩展到未来的通信技术上。

（4）BACnet对象使BACnet标准具有良好的扩展机制。BACnet对象提供的扩展机制不仅是通信网络的扩展，而且其本身也具有良好的扩展特性。

3. BACnet应用层服务

在BACnet中，如果说对象和属性提供了通信的共同语言，那么服务则提供了信息传递的手段或方法。通过这些方法，一个BACnet设备可从另一个设备中获取信息，可命令另一设备执行某动作或向一个或多个设备发布某种事件已发生的通知。每个发出的服务请求和返回的服务应答都是一个报文分组，该报文分组通过网络从发送端传输到接收端。实现服务的方法就是在网络中的设备之间传递服务请求和服务应答报文。BACnet设备接收服务请求和进行服务应答的示意图如图3-61所示。

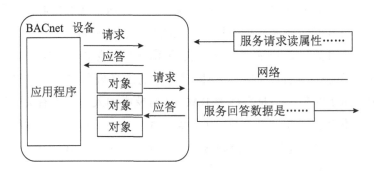

图3-61　BACnet设备接收服务请求和进行服务应答的示意图

BACnet定义了35种服务，划分为6类：报警和事件、文件访问、对象访问、远程设备管理、虚拟终端服务和网络安全。

这些服务又分为两种类型：一种是确认服务；另一种是不确认服务。发送确认服务请求的设备，将等待一个带有数据的服务应答，而发送不确认服务请求的设备并不要求有应答返回。BACnet设备不必实现所有服务功能，只有一个"读属性"服务是所有BACnet设备必备的。根据设备的功能和复杂性，可以增加其他服务功能。

（1）报警和事件服务：用于处理BACnet设备监测的条件变化。BACnet定义了三种报警或事件监测机制：值改变报告、内省报告和算法改变报告。

（2）文件访问服务：提供对文件"读/写"操作的功能，可用于监控程序的远程下载、运行历史数据库的保存等管理功能。BACnet标准没有规定文件的物理形式，不论是流式文件，还是记录文件，均可以用此类服务来访问。

（3）对象访问服务：提供了读出、修改和写入属性的值以及增删对象的功能。这类服务是BACnet标准实现楼宇自控系统互操作的基础，并且是BACnet楼宇自控系统运行时最常用的服务。因此，为了满足应用的灵活和提高读/写操作的效率，除了基本的"读 / 写"服务外,还定义了另外三个功能强大的读 / 写服务。为了将对一个 BACnet 设备中的多个属性的读出和写入操作结合到一个单一的报文中,提供了读多个属性和写多个属性服务。条件读属性提供了更复杂的服务,设备根据包含在请求中的准则来测试每个相关的属性,并且返回每个符合准则的属性的值。

(4)远程设备管理服务:提供对 BACnet 设备进行维护和故障检测的工具,如表 3-9 所示。

表 3-9　远程设备管理服务

服　务	BACnet	描　述
设备通信控制	确认	通知一个设备停止或开始接收网络报文
确认的专用信息传递	确认	向一个设备发送一个厂商专用报文
不确认的专用信息传递	不确认	向一个或多个设备发送一个厂商专用报文
重新初置设备	确认	命令接收设备冷启动或热启动
确认的文本报文	确认	向另一个设备发送一个文本报文
不确认的文本报文	不确认	向一个或多个设备发送一个文本报文
时间同步	不确认	向一个或多个设备发送当前时间
Who-Has	不确认	询问哪个 BACnet 设备含有某特定对象
I-Have	不确认	肯定应答 Who-Has 询问,广播
Who-is	不确认	询问某些特定 BACnet 设备的存在
I-Am	不确认	肯定应答 Who-is 询问,广播

(5)虚拟终端服务:提供了一种实现面向字符的数据双向交换的机制。操作者可以用虚拟终端服务建立 BACnet 设备与一个在远程设备上运行的应用程序之间的基于文本的双向连接,使得这个设备看起来就像是连接在远程应用程序上的一个终端。

(6)网络安全服务:BACnet 标准的安全体系只提供一些有限的安全措施,如数据完整性、操作员认证等。

第4章 数据中心的安全防范技术

人们对住宅小区和商业大厦安全性的要求日益迫切。安全性已成为现代建筑质量标准中一个非常重要的方面。加强建筑安全防范设施的建设和管理，增强住宅安全防范功能，是当前城市建设和管理工作的重要内容。因此，为了有效保证人们的生命和财产安全，住宅小区和商业大厦中引入了智能化的安全防范系统进行安全防范管理。如何有效地保障财物、人身、重要数据和资料等的安全？首先要设法将不法分子拒之门外，使其无从下手。万一进入防范区域，必须能及时报警和快速响应处置，将案发消灭在萌芽状态。如若案发，则系统应有清晰的图像资料为破案提供证据。如此构建的安防系统环环相扣才能收到理想的效果。本章着重叙述数据中心对安全防范系统的要求，安防系统的组成，以及视频安防监控系统、入侵报警系统和出入口控制系统等内容。

4.1　概述

安全防范系统，严格来说应该称为安全技术防范系统，它是指为了维护社会公共安全和预防灾害事故，将现代电子、通信、信息处理、计算机控制原理和多媒体应用等高新技术及其产品，应用于防劫、防盗、防暴、防破坏、网络报警、电视监控、出入口控制、楼宇保安对讲、周界防范、安全检查以及其他相关的以安全技术防范为目的的系统。安全防范技术（简称安防技术）是一门涉及多学科、多门类的综合性应用科学技术。安全防范系统、安全防范工程也是近20年来开始面向社会、进入民用的一个新的技术领域。安全防范技术包括人力防范（保安）、技术防范和实体（物理）防范三个范畴。通常人们所说的安防技术主要是指安全防范技术，包括防爆安检技术、实体防护技术、入侵报警技术、出入口控制技术、视频监控技术及其相应的技术等。

4.1.1　安全防范系统的要求

数据中心作为数据存储的重要场所，防范要求很高，其功能主要如下：

1. 防范功能

不论是对财物、人身或重要数据和资料等的安全保护，都应把防范放在首位。安防系统使作案人员不可能进入或在企图进入作案时就能被察觉，从而采取措施。为了实现防范的目的，报警系统应具有布防和撤防功能，这样就不至于产生误报和迟报。

2. 报警功能

当发现安全受到破坏时，系统应能在监控中心和有关地方发出各种特定的声光报警，并把报警信号通过网络送到有关保安部门或者 ECC 控制室。

3. 监视与记录功能

在发生报警的同时，系统应同步地把出事的现场图像和声音传送到监控中心进行显示并录像，留下证据以便侦查破案。

4. 其他功能

安全管理系统应能通过统一的通信平台和管理软件将监控中心设备与各子系统设备联网，实现由监控中心对各子系统的自动化管理与监控。安全管理系统的故障应不影响各子系统的运行，某一子系统的故障应不影响其他子系统的运行。数据中心的安全防范系统应能提供向上层系统集成的方式，以便将其最终集成到数据中心综合管理系统中。

此外，系统应有自检和防破坏功能，一旦线路遭到破坏，系统应能触发报警信号；系统在某些情况下布防应有适当的延时功能，以免工作人员还在布防区域就发出报警信号，造成误报。

4.1.2 安防系统的组成

数据中心经历了存储中心阶段、处理中心阶段、应用中心阶段，到现在的运营服务中心阶段，越来越朝着"高效、节能、智能"的目标发展。安全防范系统已经成为数据中心建设中备受关注的一部分，各种先进的安防设备被引入机房内，确保了数据中心的外部安全。随着信息量呈几何级数的增长，数据中心的安全防范系统已经不仅仅拘泥于对建筑的安防监控，还包括对数据中心内部的设备及设施的管理监测。

根据安全防范系统应具备的功能，一般应由以下几部分组成：

1. 视频安防监控系统

视频安防监控系统对必须监控的场所、部位、通道等进行视频探测、视频监视、视频传输、显示和记录，以便取得证据和分析案情。对重要部门和设施的特殊部位，应能进行长时间录像。

2. 入侵报警系统

入侵报警系统就是利用各种探测装置对设防区域的非法侵入、盗窃、破坏和抢劫等进行实时有效的探测和报警。高风险防护对象的入侵报警系统应有报警复核（声音）功能。入侵报警系统根据各类建筑安全防范部位的具体要求和环境条件，可分别或综合设置周界防护、建筑物内区域或空间防护、重点实物目标防护系统。入侵报警系统能按时间、区域、部位任意编程设防或撤防。

3. 电子巡查系统

电子巡查系统俗称巡更系统，应能根据建筑物的使用功能和安全防范管理的要求，按照预先编制的保安人员巡查程序，通过信息识读器或其他方式对保安人员巡逻的工作状态（是否准时、是否遵守顺序等）进行监督、记录，并能对意外情况及时报警。

4. 出入口控制系统

出入口控制系统简称门禁系统，应能根据建筑物的使用功能和安全防范管理的要求，对需要控制的各类出入口，按各种不同的通行对象及其准入级别，对其进、出实施实时控制与管理，并具有报警功能。出入口控制系统对人员进、出相关信息自动记录、存储，并有防篡改和防销毁等措施。系统应能独立运行，并与电子、入侵报警、视频安防监控等系统联动，与安全防范系统的监控中心联网。系统必须与火灾报警系统及其他紧急疏散系统联动，当发生火警或需紧急疏散时，人员不使用钥匙就能迅速安全通过出入口。

5. 停车库（场）管理系统

停车库（场）管理系统应能根据建筑物的使用功能和安全防范管理的需要，对停车库（场）的车辆通行道口实施出入控制、监视、行车信号指示、停车管理及车辆防盗报警等综合管理。

6. 访客对讲系统

访客对讲系统是安全防范系统中的一种专门系统，它可以分为可视与非可视对讲系统。它的相关产品是最能体现人性化的。此系统主要应用于生活小区中实现来访者与住户之间的可视或非可视对讲，有效防止非法人员进入住宅楼或住户家内。

7. 其他防护系统

应根据安全防范管理工作对各类建筑物、构筑物的防护要求或对建筑物、构筑物内特殊部位的防护要求，设置其他特殊的安全防范子系统，比如防爆安全检查系统、专用的高安全实体防护系统等。

4.2　安防系统的常用子系统

前面讲过，数据中心安全防范系统主要包括视频安防监控系统、入侵报警系统、电子巡查系统、出入口控制系统、停车库（场）管理系统、访客对讲系统和其他防护系统等。概括来说，各个子系统的基本配置包括前端、传输、信息处理/控制/显示/通信三大单元。不同的子系统，其三大单元的具体内容有所不同。下面对常用的视频安防监控系统、入侵报警系统及出入口控制系统三个子系统的组成做详细介绍。

4.2.1　视频安防监控系统

视频安防监控系统是数据中心安全防范系统中的最后防线，它是为追溯和破案留下证据，方便后面的追查和反查。视频安防监控系统涉及视频信息的获取、传输、显示、存储等技术。视频监控系统已经有三代的发展历史，目前正向数字化、网络化、集成化和智能化的方向发展。

第一代是模拟视频监控系统，它在视频信息的获取、传输、显示、存储等环节完全采用模拟信号的方式，主要由摄像机、视频矩阵、监视器、磁带录像机组成。这种技术现在已经被淘汰。

第二代是基于数字硬盘录像机（DVR）技术的模拟＋数字混合监控系统，与第一代模拟技术相比，它主要是在后端的图像处理、存储方式上进行改进，采用了数字视频压缩处理技术。前端摄像机采集的视频信号采用模拟方式传输，通过相应的线路（同轴电缆、光缆）连接到监控中心的DVR终端上，DVR监控终端完成对图像的多画面显示、压缩、数码录像、网络传输等功能。

第三代是数字视频监控系统，它在视频信息的获取、传输、显示、存储等环节采用数字信号处理的方式。由于使用数字网络传输，所以又称为网络视频监控系统。它的主要原理是，摄像机采集的视频信号经数字化后由高效压缩芯片进行压缩，然后通过内部处理后传送到网络或服务器上。网络上的用户可以通过专用软件或者直接用浏览器观看Web服务器上的摄像机图像，授权用户还可以控制摄像机云台镜头的动作或对系统进行设置。网络视频监控的代表产品就是网络视频服务器和网络摄像机。

1. 视频安防监控系统的组成与结构

视频安防监控系统是应用光纤、同轴电缆或微波在其闭合的环路内传输视频信号，从摄像到图像显示和记录构成了独立完整的系统。它能实时、形象、真实地反映被监控对象，不但极大地延长了人眼的观察距离，而且扩大了人眼的机能，它可以在恶劣的环境下代替人工进行长时间监视，让人能够看到被监视现场实际发生的一切情况，并通过录像机记录下来。同时报警系统设备对非法入侵进行报警，产生的报警信号输入报警主机，报警主机触发监控系统录像并记录。

1）视频安防监控系统的组成

视频安防监控系统一般有摄像部分、传输分配部分、控制部分和图像处理与显示部分。视频安防监控系统的组成如图 4-1 所示。

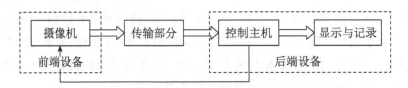

图 4-1　视频安防监控系统的结构

（1）摄像部分。

摄像部分是对被摄对象进行摄像，并将所摄的图像转换为电信号。摄像机是视频安防监控系统的眼睛。摄像机的种类很多，不同的系统可以根据不同的使用目的选择不同的摄像机以及镜头、滤色片等。

（2）传输分配部分。

传输分配部分的作用是将摄像机输出的视频信号传送到中心机房或其他监视点。视频安防监控系统的传输分配一般采用基带传输，有时也采用载波传送或脉冲编码调制传送，以光缆为传输介质的系统都采用光通信方式传送。传输分配部分主要有：

①传输线：传输线有同轴电缆、平衡式电缆（双绞线传输）、光缆、网络线。

②视频分配器：将一路视频信号分为多路输出信号，供多台监视器监视同一目标，或用于将一路图像信号向多个系统接力传送。包括音频信号的视频分配器又称视频音频分配器或称视音频分配器。

③视频放大器：用于系统的干线上，当传输距离较远时，对视频信号进行放大，以补偿传输过程中的信号衰减。具有双向传输功能的系统，必须采用双向放大器，这种双向放大器可以同时对下行和上行信号给予补偿放大。视频放大器一般可以把放大后的视频信号分成两路或多路。

（3）控制部分。

控制部分的作用是在中心机房通过有关设备对系统的摄像和传输分配部分的设备进行远距离遥控。控制部分的主要设备有：

①集中控制器：一般装在中心机房、调度室或某些监视点上。使用控制器再配合一些辅助设备，可以对摄像机工作状态，如电源的接通、关断，摄像机的水平旋转、垂直俯仰、远距离广角变焦等进行遥控。

②电动云台：它用于安装摄像机，云台在控制电压（云台控制器输出的电压）的作用下，做水平和垂直转动，使摄像机能在大范围内对准并摄取所需要的观察目标。

③云台控制器：它与云台配合使用，其作用是在集中控制器输出交流电压至云台时，以此驱动云台内电动机转动，从而完成云台的旋转动作。

（4）图像处理与显示部分。

图像处理是指对系统传输的图像信号进行切换、记录、重放、加工和复制等。显示部分则是用监视器进行图像重现，有时还采用投影电视来显示其图像信号。图像处理和显示部分的主要设备有两种：一种是视频切换器，它能对多路视频信号进行自动/手动切换，使一个监视器能监视多个摄像机信号。另一种是监视器和录像机，监视器的作用是将送来的摄像机信号重现。在视频安防监控系统中，一般需配备录像机，尤其是在大型的保安系统中，录像系统还应具备如下功能：

①在进行监视的同时，可以根据需要定时记录被监视目标的图像或数据，以便存档。

②根据对视频信号的分析或在其他指令控制下，能自动启动录像机，若设有伴音系统应能同时启动。系统应能将事故情况或预先选定的情况准确无误地录制下来，以备分析处理。

③系统应能手动选择某个指定的摄像区间，以便进行重点监视或在某个范围内对几个摄像区间做自动巡回显示。

④录像系统既可快录慢放或慢录快放，也可使一帧画面长期静止显示，以便分析研究。

2）ONVIF 协议

ONVIF（Open Network Video Interface Forum）协议是主要的视频监控行业标准。ONVIF 是由安讯士、博世、索尼等三家公司在 2008 年共同成立的一个国际性开放型网络视频产品标准网络接口的开发论坛，以公开、开放的原则共同制定开放性行业标准，即 ONVIF 网络视频标准规范，简称 ONVIF 协议；ONVIF2.4 是当前的最新版本。

3）视频安防监控系统结构的模式

根据对视频图像信号处理/控制方式的不同，视频安防监控系统结构分为以下几种模式。

（1）简单对应模式：监视器和摄像机简单对应。简单对应模式如图 4-2 所示。

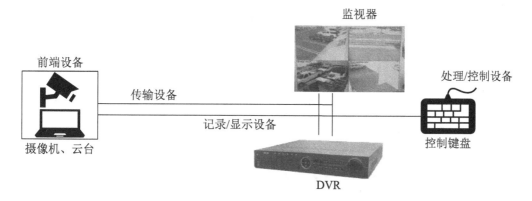

图 4-2 简单对应模式

（2）时序切换模式：视频输出中至少有一路可进行视频图像的时序切换。时序切换模式如图 4-3 所示。

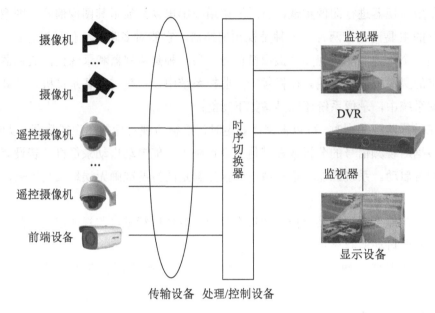

图 4-3　时序切换模式

（3）矩阵切换模式：可以通过任一控制键盘，将任意一路前端视频输入信号切换到任意一路输出的监视器上，并可编制各种时序切换程序。矩阵切换模式如图 4-4 所示。

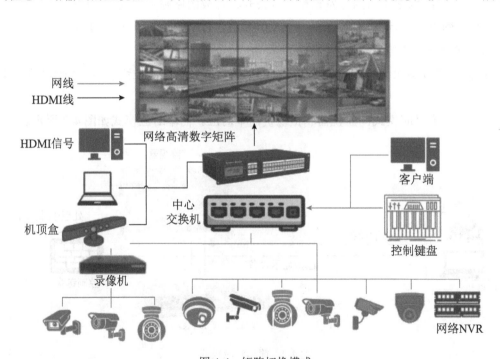

图 4-4　矩阵切换模式

（4）数字视频网络虚拟交换 / 切换模式：模拟摄像机增加了数字编码功能，被称作网络摄像机。数字视频前端也可以是别的数字摄像机。数字交换传输网络可以是以太网和DDN、SDH等传输网络。数字编码设备可采用具有记录功能的DVR或视频服务器，数字视频的处理、控制和记录措施可以在前端、传输和显示的任何环节实施。数字视频网络虚拟交换/切换模式如图4-5所示。

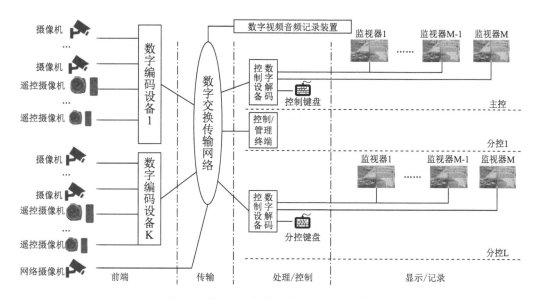

图4-5　数字视频网络虚拟交换/切换模式

2. 前端设备

视频监控系统的前端设备是监控系统信息的来源，包括摄像机、镜头、云台、防护罩及支架、解码器、网络摄像机等设备，主要是对监控区域进行音频/视频的采集和编码，并将信号传送到后端进行处理。

1）摄像机

在视频安防监控系统中，摄像机处于系统的最前端，为系统提供信号源，因此，它是视频安防监控系统中最重要的设备之一。摄像机的分类如下：

从应用角度分为枪式摄像机、一体化高速球机、红外日夜型摄像机、一体化摄像机、半球式摄像机、烟感式摄像机等。

按图像传感器类型分类，目前市场上见到的摄像机所采用的图像传感器基本上分为两种，即CCD图像传感器与CMOS图像传感器。

按成像色彩分类，可将摄像机分为彩色摄像机、黑白摄像机、彩色/黑白自动转换摄像机。

按摄像机扫描制式进行分类有PAL制、NTSC制和SECAM制。

从CCD靶面尺寸（摄像机图像传感器感光部分的大小）划分有1英寸（1英寸 = 0.0254m）、2/3英寸、1/2英寸、1/3英寸、1/4英寸摄像机。

从摄像机使用的电源不同划分，有AC220V、AC24V、DC12V摄像机。

各类摄像机实物图如图4-6所示。下面从灵敏度、分辨率、图像压缩方式和水平解析度几方面来介绍摄像机的技术参数。

图4-6　各类摄像机实物图

（1）灵敏度（最低照度）。

灵敏度是指CCD正常成像时所需要的最暗光线，用照度表示。照度数值越小，表示摄像机需要的光线越少，摄像机也越灵敏。普通型摄像机正常工作所需照度为1～3lx，月光型正常工作所需照度0.1lx左右，星光型正常工作所需照度0.01lx以下。红外型采用红外灯照明，在没有光线的情况下也可以成像。

（2）分辨率。

分辨率是指显示器内所能显示的像素的多少。由于屏幕上的点、线和面都是由像素组成的，显示器可显示的像素越多，画面就越精细，同样的屏幕区域内能显示的信息也越多，所以分辨率是非常重要的性能指标之一。可以把整个图像想象成一个大型的棋盘，而分辨率就是所有经线和纬线交叉点的数目。网络摄像机、数字硬盘录像机用图像分辨率来表示图像的清晰度。目前监控行业主要使用D1（704×576）、720P（1280×720）、960P（1280×960）、1080P（1920×1080）、3MP（2048×1536）、5MP（2592×1944）等几种分辨率标准。

（3）图像压缩方式。

用于视频监控应用的主流技术是H.263、H.264、MPEG-4标准。每传输一路D1格式的视频数据流，MPEG-4编码标准传输速率大约需1.8Mbit/s的带宽，存储量在300MB/h左右。采用H.264压缩编码标准传输一路HD1080P的视频信号，带宽可下降到3.5Mbit/s。

（4）水平解析度。

一般摄像机产品在表示其分辨率时会采取两种方法：一种是使用CCD传感芯片上的感光点个数（像素值）表示，另一种是使用水平解析度（TVL）来表示，两种表示方法目前在市场主流产品中都有使用。摄像机的水平解析度为摄像机的一个非常重要的参数，一般根据水平解析度的数值将摄像机产品分为标清、高清、超高清三个档次，每一个档次的价格差距很大。

2）镜头

镜头的作用是收集光信号，并成像于摄像机的光电转换面上（CCD）。镜头的分类具体如下。

（1）根据镜头的应用场合分类，大致可分为：

①广角镜头：视角在 90 度以上，一般用于电梯轿箱内、大厅等小视距大视角场所。

②标准镜头：视角在 30 度左右，一般用于走道及小区周界等场所。

③长焦镜头：视角在 20 度以内，焦距的范围从几十毫米到上百毫米，用于远距离监视。

④变焦镜头：镜头的焦距可从广角变到长焦，用于景深大、视角范围广的区域。

⑤针孔镜头：用于隐蔽监控。

（2）根据镜头焦距分类，可分为：

①短焦距镜头：因入射角较宽，可提供一个较宽广的视野。

②中焦距镜头：标准镜头，焦距的长度视 CCD 的尺寸而定。

③长焦距镜头：因入射角较狭窄，故仅能提供狭窄视野，适用于长距离监视。

④变焦距镜头：通常为电动式，可作广角、标准或远望等镜头使用。

3）云台

云台是监视系统中不可缺少的摄像机支撑配件，它与摄像机配合使用能达到扩大监视范围的目的。云台按用途分类，可分为通用型云台和特殊型云台。通用型云台又可分为遥控电动云台和手动固定云台两类。还可按使用环境的不同分室内型和室外型云台。电动型云台又可分为左右摆动的水平云台和左右上下均能摆动的全方位云台。在数据中心的监视系统中，常用的是室内外全方位高速球云台。全方位电动云台外形如图4-7所示。

图 4-7 全方位电动云台外形

4）镜头和云台的控制

镜头"三可变"是指变焦、聚焦和变光圈，这是近年来生产的。"三可变"中分别有长短（变焦）、远近（聚焦）和开闭（变光圈）两种控制，总共有 6 种控制。

云台控制一般是指监控系统中，通过控制系统在远程可控制其转动及移动的方向。

全方位云台有左右和上下 4 种控制，再加上自动巡视控制，共有 6 种控制。

镜头和云台如采用直接控制的方式，每一个监控点需要 13 ～ 17 根控制线，如图 4-8 所示。由于镜头和云台远离控制中心，长距离直接传输控制信号不仅不经济，而且系统的操作可靠性降低，所以在数据中心监控系统应用最多的是通信编码间接控制方式，采用 RS-485 串行通信，用单根双绞线就可以传送多路编码控制信号，到现场后解码驱动控制。云台和镜头的间接控制方式如图 4-9 所示。

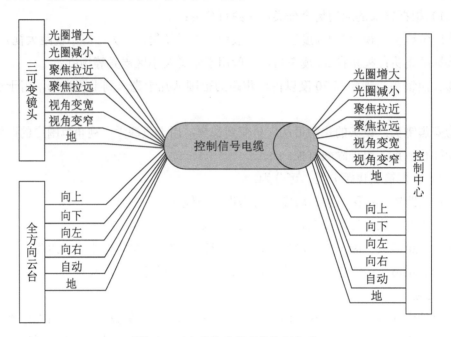

图 4-8　云台和镜头的直接控制方式

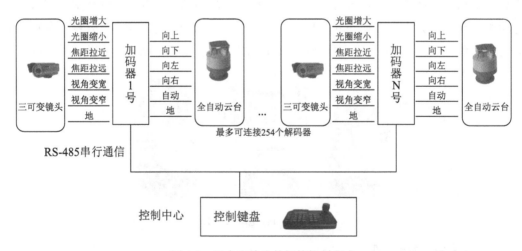

图 4-9　云台和镜头的间接控制方式

5）防护罩及支架

摄像机的防护罩有室内型和室外型两种。室内型防护罩的作用主要是保护摄像机免受灰尘及人为损害。在室温很高的环境下，室内型防护罩需要配置轴流风扇帮助散热。室外型防护罩也称全天候防护罩，其结构、材料要求较室内型的要复杂和严格得多。首先，外罩一般有双层防水结构，由耐腐蚀铝合金制成，表面涂有防腐材料。其次，要有防雨水积在前窗下的刮水器、防低温的加热器和通风的风扇等。在选用室外防护罩时除了防雨是必不可少之外，其余各项则根据实际的环境条件选定。防护罩及支架如图 4-10 所示。

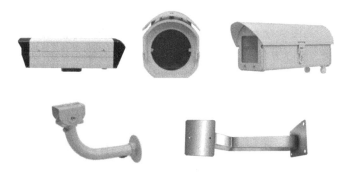

图 4-10 防护罩及支架

6）解码器

解码器是视频监控系统中控制云台、镜头、电源、雨刷、灯光的一种前端控制设备，控制键盘、矩阵或计算机系统通过解码器可实现对云台、镜头、辅助功能的控制。解码器分室内型和室外型解码。采用 RS-485 通信控制方式。解码器外形如图 4-11 所示。

图 4-11 解码器

解码器一般支持多种控制协议、多种通信波特率选择，提供对云台的上、下、左、右、自动运动的驱动信号（云台电压 AC220V 和 AC24V 可选择）。控制镜头的光圈、焦距、变倍。镜头电压可通过电路板上的电位器调整，调整范围 DC6 ～ 12V，镜头电压越高，镜头的动作速度越快。解码器一般支持多种控制协议。解码器与控制中心之间的通信协议常用的是 PELCO-D、PELCO-P 协议。

7）网络摄像机

网络摄像机（IP Camera，IPC）是一种结合传统摄像机与网络技术所产生的新一代摄像机。除了具备一般传统摄像机所有的图像捕捉功能外，机内还内置了数字化压缩控制器和基于 Web 的操作系统，使得视频数据经压缩加密后，通过局域网、Internet 或无线网络送至终端用户。网络摄像机内置一个嵌入式芯片，采用嵌入式实时操作系统，完成图像采集、数字化、编码压缩、IP 网络传输、就地录像存储、智能分析、Web 服务等任务。网络用户可以直接用浏览器观看图像，授权用户还可以控制摄像机云台镜头的动作或对系统配置进行操作。另外，IPC 支持 Wi-Fi 无线接入、3G 接入、POE 供电（网络供电）和光纤接入。IPC 已成为前端摄像机的市场主力军，它的主要应用特点包括以下几个方面：

- 高清晰度：就图像分辨率而言，网络摄像机的发展从百万像素、200 万像素、300 万像素、500 万像素到 800 万像素，甚至千万及千万以上像素的产品也开始在监控行业露出端倪。
- 采用嵌入式系统，有独立的 IP 地址，可通过 LAN、DSL 连接或无线网络适配器直接与以太网连接。
- 支持多种网络通信协议，如 TCP/IP、ICMP、HTTP、HTTPS、FTP、DHCP、DNS、DDNS、RTP、RTSP、RTCP 等。
- 支持多种接入协议，如 ONVIF、PSIA、GB2818 等。
- 支持对镜头、云台的控制，对目标进行全方位的监控。
- 采用了新的视频压缩技术，如 MPEG-4、H.264、H.265、MJPEG 等。提供 32Kbit/s ～ 8Mbit/s 压缩输出码率。支持本地录像存储 / 回放，支持标准的 128GB Micro SD/SDHC/SDXC 卡存储。
- 支持 Wi-Fi 无线接入、3G 接入、POE 供电（网络供电）和光纤接入，支持多种访问方式，如手机 APP、便携式计算机、PC 等。
- 具有视频遮挡与视频丢失侦测、视频变换侦测、视频模糊侦测、视频移动侦测、人脸侦测、音频异常侦测、出入口人数统计、人群运动及拥堵识别、物品遗留识别、网线断、存储器满错、越界侦测和区域入侵侦测等许多智能分析功能。

①视频变换。

在一般的网络安防监控系统中，当其中某一路视频图像变换了（即不是原设定的设防点的视频图像范围）时，有可能是罪犯想对原设防点实施犯罪而移动了摄像机或摄像机受到较大的振动而移动等，值班人员在第一时间也很难发现。但当系统具有视频变换侦测感知的识别与预 / 报警的智能功能时，值班人员则能在第一时间根据声光报警进行查看与处理，从而消除视频变换所造成的安全隐患。

②视频模糊。

在智能安防监控系统中，当侦测到其中某一路视频图像模糊，即可能是摄像机镜头被移动（即焦距丢失），从而引起原设定的视频图像模糊不清等时，即可自动启动录像、定点显示预 / 报警。这样，值班人员就能第一时间进行查看与处理，以消除安全隐患。

③视频遮挡。

在一个大型的安防监控系统中，监控中心的值班人员所能顾及或者查看的最大可能是几十路视频图像。如果系统中某一路视频图像被遮挡或丢失，大多是这一路摄像机被人为遮挡或破坏或本身故障等，而值班人员很难在第一时间发现，这有可能会带来重大的安全隐患。但当 IPC 具有视频遮挡与视频丢失侦测的智能识别与预 / 报警功能时，值班人员则能第一时间根据声光报警去进行查看与处理，从而消除视频图像被遮挡或丢失所造成的安全隐患。

3. 传输设备

前端设备和控制中心之间有两类信号需要传输：一类是由现场把视频信号传输到控制中心；另一类是由控制中心把控制信号传输到现场前端设备，控制镜头和云台的动作。

1）模拟视频监控系统视频信号的传输

模拟视频监控系统视频信号的传输方式分为有线和无线方式，表4-1列出了视频信号的有线传输方式，模拟视频监控系统的传输如图4-12所示。在数据中心，每路视频传输的距离多为几百米，一般采用同轴电缆传输。同轴电缆应穿金属管，且应远离强电线路。同轴电缆的屏蔽网应该是高编织密度的（例如大于90%），市面上劣质的CATV同轴电缆不宜用在监视系统中。针对室外的监视点，宜采用光端机加光缆的传输方式，以提高系统的抗电磁干扰（雷电）能力。

表 4-1 闭路电视系统信号的有线传输方式

分　类	传送距离/km	传输介质	特　点
视频基带	0～0.5	一般同轴电缆	比较经济，易受外界电磁干扰
视频基带	0.5～1.5	平衡对电缆	不易受外界干扰，易实现多级中继补偿放大传输，具有自动增益控制功能
视频信号调制（模拟）	0.5～20	电缆电报用同轴电缆	可实现单纯多路传输，用普通电视即可接收，设备复杂
视频信号调制（模拟）	0.5以上	光缆	不受电气干扰，无中继可传10km以上

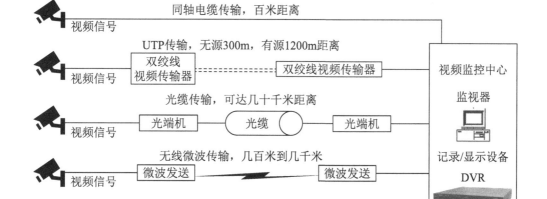

图 4-12　模拟视频监控系统的传输

2）数字视频监控系统视频信号的传输

数字视频监控系统的传输如图4-13所示。数字摄像机实际上就是一个计算机网络的终端设备，前端监控点的模拟图像经数字化压缩处理后可以基于宽带IP网络传输，其传输技术就是局域网技术。

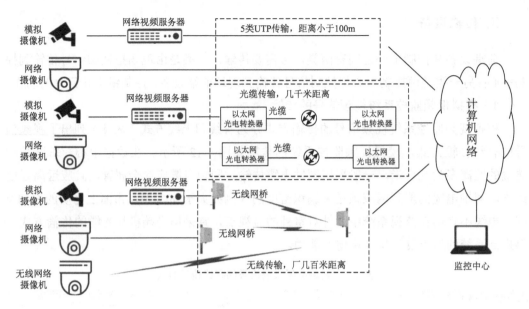

图 4-13　数字视频监控系统的传输

网络视频服务器与模拟摄像机连接到一起就构成了数字摄像机，是从模拟摄像机向 IP 摄像机过渡的一种中间产品。有些网络视频服务器带有存储功能，此类产品与带有网络功能的硬盘录像机（DVR）在功能上已经十分接近，有逐渐融合的趋势。

3）控制信号的传输

对数字视频监控系统而言，控制信号与视频信号是在同一个 IP 网传输，只是方向不同。在模拟视频监控系统中，控制信号的传输一般采用如下两种方式。

（1）通信编码间接控制。

采用 RS-485 串行通信编码控制方式用单根双绞线就可以传送多路编码控制信号，到现场后再行解码。这种方式可以传送 1km 以上，从而大大节约了线路费用。这是目前数据中心视频监控系统应用最多的方式，模拟视频监控系统的控制信号传输如图 4-14 所示。

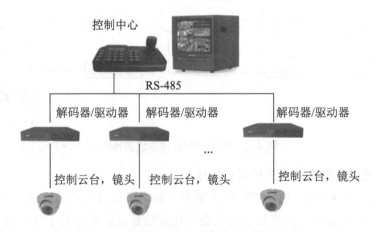

图 4-14　模拟视频监控系统的控制信号传输

（2）同轴视控。

同轴视控是控制信号和视频信号复用一条同轴电缆。CoaxNet 专利技术是一种将视频信号和控制信号混合在同轴电缆上传输的通信技术，也就是说，每一台摄像机除了通过同轴电缆传输模拟视频信号到监控中心外，还能像计算机一样通过同轴电缆与监控中心的控制设备进行双向数字信号通信。其原理是，把控制信号调制在与视频信号不同的频率范围内，然后与视频信号复合在一起传送，到现场后再分解开。这种一线多传方式随着技术的进一步发展和设备成本的降低，也是方向之一。另一种是利用视频信号场消隐期间来传送控制信号，类似于电视图文传送。将控制信号直接插入视频信号的消隐期，消隐期的信号在监视器上不显示，故对图像显示不会产生干扰，不影响图像的传输质量，通过前端视频信号的预放大和接收端信号的加权放大，可以大大延伸视频信号的传输距离。

4．显示与记录设备

视频监视系统的显示与记录设备可以完成图像的显示和记录功能，以便相关人员取得证据和分析案情。显示与记录设备通常与报警系统联动，即当报警系统发现哪里出现警情时，联动装置使显示与记录设备立即跟踪显示并记录事故现场情况。显示与记录设备主要有监视器、数字视频录像机等。

1）监视器

监视器是视频监视系统的显示设备，监视器的清晰度较高，如中清晰度监视器的水平分辨率 ≥ 600 线，高清晰度监视器的水平分辨率 ≥ 800 线。监视器电磁屏蔽要求高，一般采用 17 ～ 21 英寸的监视器，也可以是 42 英寸左右的等离子体平板显示器、液晶显示器或上百英寸的投影显示，监视器如图 4-15 所示。在数据中心大多采用多画面、大屏幕投影或电视墙显示方式。

图 4-15　监视器外形

2）数字视频录像机

数字视频录像机（Digital Video Recorder，DVR），即硬盘录像机，相对于传统的模拟视频录像机，它采用硬盘录像，故常被称为硬盘录像机。它是一套进行图像存储处理的计算机系统，具有对图像 / 语音进行长时间录像、录音、远程监视和控制的功能。DVR 集合了录像机、画面分割器、云台镜头控制、报警控制、网络传输等五种功能于一身，用一台设备就能取代模拟监控系统一大堆设备的功能，而且在价格上也逐渐占有优势。

DVR 采用的是数字记录技术，在图像处理、图像储存、检索、备份，以及网络传递、远程控制等方面远远优于模拟监控设备。DVR 代表了电视监控系统的发展方向，是目前市面上电视监控系统的首选产品，视频录像机系统如图 4-16 所示。

图 4-16 视频录像机系统

DVR 从组成结构上可划分为基于工控机加视频卡的 DVR、基于 PC 架构的嵌入式 DVR、脱离 PC 架构的嵌入式 DVR。DVR 从实现监控的路数上划分有 4 ～ 8 路的低路数 DVR、8 ～ 16 路的中路数 DVR、16 ～ 24 路及以上的高路数 DVR。

DVR 的功能包括如下几个方面：

（1）高速高画质录像：单主机可支持 4 ～ 24 路摄像机音视频同步高画质录像（D1，704 ×576，25 帧 / 秒）。

（2）图像压缩方式：采用 MPEG-4、H.264、H.265 等高压缩比算法，同时兼容多种压缩格式。录像压缩比大，数据量在 60 ～ 290MB/h。

（3）智能型动态侦测、报警功能：每只摄像机均可独立设定警戒区域，对区域内的图像做数字对比，一旦有变动即触发录像和警报、播放警告声，同时自动拍照存证，并可自动远程报警、拍照图像可立即传输至远程计算机等。

（4）PIZ 功能：PIZ 是 Pan/Tit/Zoom 的简写，代表云台全方位（上下、左右）移动及镜头变倍、变焦控制。DVR 可在系统软件中直接操作摄像机云台（云台可上、下、左、右控制摄影机转动）、镜头放大缩小、焦距及光圈调整（即把图像拉近拉远，放大缩小）。控制信号通过 RS-485 传输到前端设备。

（5）多任务功能：监视、录像、回放、传输和备份可同时工作。

（6）图像搜寻功能：回放智能检索、快进 / 快退 / 快放 / 慢放功能，文件列表搜寻模式、警报记录搜寻模式、指定时间搜寻模式等。自定义界面，1、4、9、16、25 路全实时显示、录像和回放。

（7）网络功能：支持局域网、互联网、电话网等方式传输实时预览，远程实时监看、远程控制录像和回放功能。

3）网络视频录像机

网络视频录像机（Net Video Recorder，NVR）是针对网络摄像机时代的需求发展起来的新一代数字视频录像机，相对于 DVR 而言，其核心优势主要体现在网络化。在 NVR 系统中，中心部署 NVR，监控点部署网络摄像机，监控点设备与中心 NVR 之间通过任意 IP 网络相连。监控点视频、音频以及告警信号经网络摄像机或网络视频服务器数字化处理后，以 IP 码流形式上传到 NVR，由 NVR 进行集中录像存储和管理。视频录像机系统如图 4-17 所示。

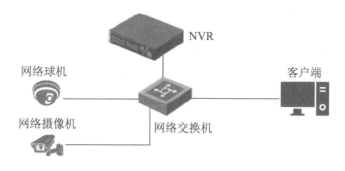

图 4-17 视频录像机系统

传统嵌入式 DVR 系统为模拟前端，监控点与中心 DVR 之间采用模拟方式互联，因受到传输距离以及模拟信号损失的影响，监控点的位置也存在很大的局限性，无法实现远程部署。而 NVR 作为全网络化架构的视频监控系统，监控点设备与 NVR 之间可以通过任意 IP 网络互联，可以在任意时间、任意地点对任意目标进行实时监控和管理。NVR 在部署、应用以及管理等方面提供了全数字、网络化的解决方案。NVR 外形如图 4-18 所示。

图 4-18 NVR 外形

NVR 的主要特性如下：

（1）功能集成：集成存储、解码显示、拼接控制、智能分析等多种功能于一体，一机多用，部署简单，功能齐全。

（2）稳定可靠：嵌入式软硬件设计、冗余电源、全插拔模块化设计，支持硬盘热插拔，支持 RAID 0、RAID 1、RAID 5 和 RAID 10，充分保障系统运行稳定，维护的便捷可靠。

（3）全面高清：可支持 800 万像素高清网络视频的预览、存储与回放；支持 640/400Mbit/s 输入带宽，可接入 256/128 路高清网络视频。

（4）支持接驳：可接驳符合 ONVIF、PSIA 标准及众多主流厂商的网络摄像机。

（5）支持多个 HDMI、VGA 口同时输出，且可分别预览或回放不同通道的图像。

（6）可支持多个 SATA 接口，每个接口单盘最大支持 6TB 硬盘，可选配 miniSAS 高速扩展接口，充分满足高清存储所需硬盘空间。

（7）多个千兆以太网口，多个千兆光口，可配置多网络 IP，充分满足网络预览、回放以及备份应用。

（8）智能联动：支持 IPC 越界、进入区域、离开区域、区域入侵、徘徊、人员聚焦、快速移动、非法停车、物品遗留、物品拿取、音频输入异常、声强突变、虚焦以及场景变更等多种智能侦测接入与联动。

（9）应用灵活：支持 IPC 集中管理，包括 IPC 参数配置、信息的导入 / 导出、信息的实时获取、语音对讲和升级等功能。

5. 处理与控制设备

视频安防监控系统的处理与控制设备主要有视频矩阵和控制键盘等。

1）视频矩阵

矩阵切换器的工作原理：矩阵切换器收到控制键盘的切换命令后将对应的输入切换到对应的输出。切换部分的核心为一个 X×Y 的交叉点电子开关，通过控制交叉点开关的断开和闭合可以实现 X 方向的任意输入和 Y 方向的输出联通，假如将摄像机接入 X 方向的输入，监视器连接在 Y 方向的输出，不难想象，通过电子开关的闭合、断开，可以在任意一个监视器上看到任意一个摄像机的图像。

大量使用这种交叉点电子开关芯片，经过合理的级联组合，再加上输出模块、中心控制模块和电源模块等就可以构成一个复杂的视频矩阵切换器。

下面举例说明矩阵切换的具体工作过程。

用户想要观看某一个摄像机的图像，首先通过操作键盘输入对应的摄像机号码，比如 128 号摄像机，输入完毕后，键盘将用户的操作命令按照定义好的通信协议转换为控制命令传送到矩阵主机，矩阵主机的中心控制模块接收到控制命令后，分析接收到的数据，因为有很多视频输入模块，首先找到对应的视频输入模块，发出开关闭合命令，视频输入模块将图像切换到底板的视频输出总线，中心控制模块同时控制输出模块叠加相关的显示信息，比如摄像机标题、分区、标识等到视频信号。当用户想要控制前端动点设备时，中心控制模块会根据用户选择的通信协议参数，通过通信控制端口发出控制命令来实现控制操作。

此外，视频矩阵还具有 PIZ 控制功能，支持多个分控键盘控制，是先进的视频切换器。视频矩阵的功能配置如图 4-19 所示。视频矩阵的发展方向是多功能、大容量、可联网以及可进行远程切换。视频矩阵的外形如图 4-20 所示。

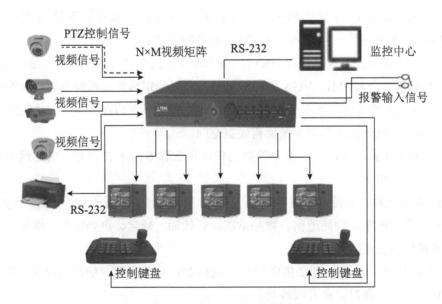

图 4-19　视频矩阵的功能配置

2）控制键盘

控制键盘是可控制矩阵、前端设备（PTZ）和 DVR 的电子装置，可独立使用，通常是与视频矩阵配合使用，能够进行系统控制和编程操作。它配有集成式变速摇摄、俯仰/变焦（云台）控制杆，并且采用了防泼溅设计，控制键盘实物图如图 4-21 所示。控制键盘可进行用户密码输入、云台镜头控制、变速操纵杆控制变速球形摄像机、监视/摄像机选择、控制 DVR、报警布防撤防报警联动设置、通过编程设定系统规模和控制范围等操作。

图 4-20 视频矩阵的外形

图 4-21 控制键盘实物图

6. IP 视频监控的标准 ONVIF

随着数字视频监控市场的发展，数字视频监控系统中产品与产品之间的兼容性问题越来越严峻，为视频监控系统的应用带来了严重的阻碍，因此，标准化和开放性已经成为 IP 视频监控技术的核心问题。关于 IP 视频监控的标准，国际上主要有 ONVIF、PSIA、HDCCTV 三大标准，国内则主要是 GB/T 28181 标准。早于 ONVIF 成立的 PSIA，现在已基本销声匿迹，监控摄像机中很难见到。而 HDCCTV 的成员相对于 ONVIF 协议成员来说少之又少，难以与之抗衡。

ONVIF 开启了网络摄像机的标准协议时代，它的诞生，标志着所有的前端 IPC 设备和后端设备（平台软件、存储设备等）都将实现无缝连接。ONVIF 协议中设备管理和控制部分定义的接口均是以 Web Services 的形式提供，并涵盖了完全的 XML 及 WSDL 的定义。每个支持 ONVIF 规范的终端设备都需提供与功能相应的 Web Services。至于服务端与客户端的数据交互则采用了 SOAP 协议。

ONVIF 协议的出现，解决了不同厂商之间开发的各类设备不能融合使用的难题，提供了统一的网络视频开发标准，实现了不同产品之间的集成，终端用户和集成用户不需要被某些设备的固有解决方案所束缚。它所采用的 Web Services 架构，使得 ONVIF 协议更容易扩展。ONVIF 规范的发展由市场来导向，由用户来充实。每一个成员企业都拥有加强、扩充 ONVIF 规范的权利。ONVIF 规范所涵盖的领域将不断增大，门禁系统的相关内容也将被纳入 ONVIF 规范之中。

7. 视频安防监控系统方案

视频安防监控系统方案根据设备使用情况和监控点位数量通常分为中小型监控中心方案和大型监控中心方案。

1）中小型监控中心方案

在中小规模（视频监控点小于 24 路）的视频监控系统中，一般以 DVR 为核心来构建系统。中小型模拟视频监视系统如图 4-22 所示，中小型数字视频监视系统如图 4-23 所示。

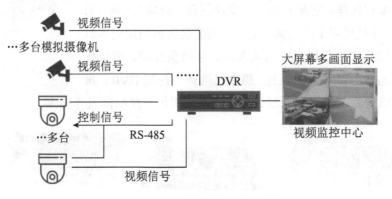

图 4-22　中小型模拟视频监视系统

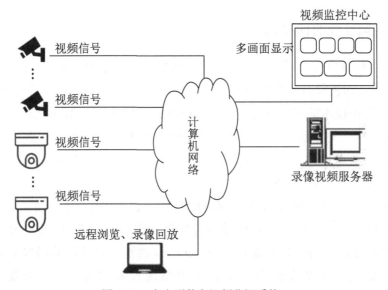

图 4-23　中小型数字视频监视系统

2）大型监控中心方案

大型模拟视频监视系统前端图像采集为模拟信号，视频采集路数较多。大型模拟视频监视系统如图 4-24 所示。大型数字视频监视系统图像为数字信号，视频采集路数较多，在前端采集后经压缩、封包、处理，具有符合 TCP/IP 特征，传输数字信号，如图 4-25 所示。

4.2.2　入侵报警系统

为了防止非法入侵，数据中心应设置入侵报警系统。入侵报警系统由前端探测器、传输线缆、各类防区模块、报警主机和响应的管理软件构成，一般采用报警主机、总线传输、分布式地址模块和前端报警设备的模式。

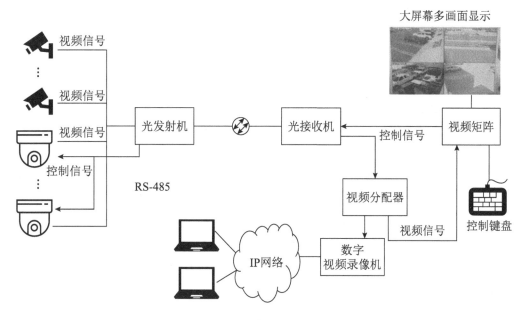

图 4-24 大型模拟视频监视系统

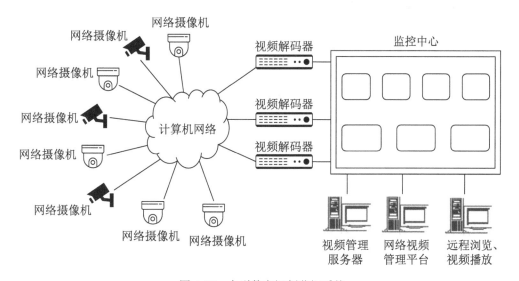

图 4-25 大型数字视频监视系统

入侵报警主机能设定分时段设防和撤防，可与视频监控系统联动，启动摄像机对现场情况进行录像。该系统可与各数据中心的其他弱电子系统集成，实现统一管理。该系统应该留有与当地 110 报警中心联网的接口。

入侵报警系统通常包括防盗报警系统和周界防范报警系统。防盗报警系统和周界防范报警系统使用同样的报警主机、管理软件，都是采用技术手段对非法入侵进行探测并向安保人员进行报警。区别在于，防盗报警系统主要针对建筑物内部，而周界防范报警则是针对一个区域的周界进行防范，即前者防范的是一个区域，而后者防范的是一条连续的线。入侵报警系统的主要功能指标如下：

- 根据各类建筑安全防范部位的具体要求和环境条件，可分别或综合设置周界防护、建筑物内区域或空间防护、重点实物目标防护系统。
- 入侵报警系统应自成网络，可独立运行，有输出接口，可用手动/自动方式以有线或无线系统向外报警。系统除能本地报警外，还能异地报警。系统能与视频监控系统、出入口控制系统联动，与安全防范技术系统的中央监控室联网，满足中央监控室对入侵报警系统的集中管理和集中监控。
- 按时间、区域、部位任意编程设防或撤防。
- 系统的前端按需要选择、安装各类入侵探测器设备，构成点、面、立体或组合的综合防护系统。
- 在重点区域和重要部位发出报警的同时，应能对报警现场的声音进行核实。
- 对设备运行状态和信号传输线路进行检测，能及时发出故障报警并指示故障位置。
- 系统具有防破坏功能，当探测器被拆或线路被切断时，系统能发出报警。
- 显示和记录报警部位和有关警情数据，并能提供与其他子系统联动的控制接口信号。

1. 入侵报警系统的结构

通常，一栋建筑物的安防工程设有多个防护区。每个防护区可能包含多个防区。入侵报警系统所面对的通常是一个分层的多防区的地域分散入侵报警问题，其解决方案通常采用二层的集散系统结构，入侵报警系统的结构如图 4-26 所示。前端是针对单个防护区的入侵报警控制装置，如图 4-27 所示，它主要由入侵探测器、报警控制主机、紧急报警装置、控制键盘以及相应的系统软件组成。

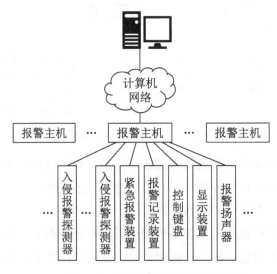

图 4-26　入侵报警系统的结构

入侵报警控制装置实施设防、撤防、测试、判断、传送报警信息，并对入侵探测器的信号进行处理，以判定是否应该产生报警状态，以及完成某些显示、控制、记录和通信功能。监控中心的计算机负责管理整幢建筑的入侵报警系统，并实现与其他系统的联动或集成功能。

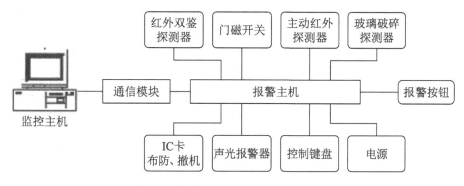

图 4-27　单个防护区的入侵报警控制装置

2. 入侵探测器的分类和应用特点

入侵探测器是对入侵或企图入侵行为进行探测并做出响应，产生报警状态的装置。通常由传感器、信号处理器和输出接口组成。报警信号是不带电的触点输出，有常开（NO）和常闭（NC）两种信号。

入侵者在实施入侵时总是要发出声响、振动、阻断光路、对地面或某些物体产生压力、破坏原有温度场发出红外光等物理现象，入侵探测器中的传感器就是利用某些材料对这些物理现象的敏感性而将其感知并转换为相应的电信号和电参量（电压、电流、电阻、电容等），通过处理器对电信号放大、滤波、整形后成为有效的报警信号。入侵探测器的分类方式有以下几种。

1）按探测原理分

按探测原理的不同，入侵探测器可分为主动红外入侵探测器、被动红外入侵探测器、微波入侵探测器、微波和被动红外复合入侵探测器、超声波入侵探测器、振动入侵探测器、声波入侵探测器、磁开关入侵探测器、压力/重力入侵探测器、超声和被动红外复合入侵探测器等。

2）按用途或使用的场所分

按用途或使用的场所不同，入侵探测器可分为户内型入侵探测器、户外型入侵探测器、周界入侵探测器和重点物体防盗探测器等。

3）按探测器的警戒范围分

按探测器的警戒范围不同，入侵探测器可分为点控制型探测器、线控制型探测器、面控制型探测器及空间控制型探测器。

点控制型探测器是指警戒范围仅是一个点的探测器。当这个警戒点的警戒状态被破坏时，即发出报警信号。如安装在门窗、柜台、保险柜的磁控开关探测器，当这一警戒点出现危险情况时，即发出报警信号。磁控开关和微动开关探测器、压力传感器常用作点控制探测器。

线控制型探测器警戒的是一条直线范围，当这条警戒线上出现危险情况时，发出报警信号。如主动红外入侵探测器、微波和激光入侵探测器，先由红外光源、微波和激光发出一束红外光和激光，被接收器接收，当红外光或激光被遮断，探测器即发出报警信号。主动红外、激光和感应式入侵探测器常用作线控制型探测器。

面控制型探测器的警戒范围为一个面，当警戒面上出现危害时，即发出报警信号。如振动入侵探测器装在一面墙上，当这个墙面上任何一点受到振动时，即发出报警信号。振动入侵探测器、栅栏式被动红外入侵探测器、平行线电场畸变探测器等常用作面控制型探测器。

空间控制型探测器警戒的范围是一个空间，如档案室、资料室、武器库等。当这个警戒空间内的任意处出现入侵危害时，即发出报警信号。如在微波入侵探测器所警戒的空间内，入侵者从门窗、天花板或地板的任何一处入侵其中都会产生报警信号。声控入侵探测器、超声波入侵探测器、微波入侵探测器、被动红外入侵探测器、微波红外复合探测器等常用作空间控制型探测器。

4）按探测器的工作方式分

按探测器的工作方式不同，入侵探测器可分为主动式探测器与被动式探测器。

主动式探测器是在工作时，探测器要向探测现场发出某种形式的能量，经反射或折射在接收传感器上形成一个稳定信号，当出现入侵情况时，稳定信号被破坏，输出带有报警信息，经处理后发出报警信号。

被动式探测器在工作时不需向探测现场发出信号，而是对被测物体自身存在的能量进行检测。平时，在传感器上输出一个稳定的信号，当出现入侵情况时，稳定信号被破坏，输出带有报警信息的信号，经处理后发出报警信号。

主动式入侵探测器有微波入侵探测器、主动红外入侵探测器、超声波入侵探测器等。

被动式入侵探测器有被动红外入侵探测器、振动入侵探测器、声控入侵探测器、视频移动探测器等。

3. 入侵报警控制主机的功能及其与探测器的连接方式

一个防盗报警系统的主要部件是由报警主机板、前端探测器和警讯发送装置（联网报警通信和现场声光报警）组成的。前端探测器包括被动红外、红外加微波双鉴、红外对射、红外护栏、手动报警、火宅探测、玻璃破碎等，根据不同的功能适用于不同的环境。前端探测器是报警系统的传感器，报警系统对外界警情的侦测就是通过前端探测器来完成的。前端探测器和报警主机间的联系、信号传递，实际上就是一个开关量信号的传送和接收过程。所谓开关量信号，就是一个电气回路的开路和短路过程。

1）入侵报警控制主机的功能要求

入侵报警控制主机接收入侵探测器发出的报警信号，发出声光报警并能指示入侵报警发生的部位，同时通过通信网将警情发送到报警中心。声光报警信号应能保持到手动复位，复位后，如果再有入侵报警信号输入，应能重新发出声光报警信号。入侵报警控制主机有防破坏功能，当连接入侵探测器和控制主机的传输线发生断路、短路或并接其他负载时应能发出声光报警故障信号。

入侵报警控制主机能向与该机接口的全部探测器提供直流工作电压，当入侵探测器过多、过远时，也可单独向探测器供电。入侵报警控制主机必须配后备电源（蓄电池），备用电池的容量应能满足系统（包括所有的探测器）连续工作 24 小时以上的要求。

入侵报警控制主机应能将警讯发送到监控中心或当地的 110 报警中心，传输通道可以是电话网以及专设的入侵报警通信网络，专业报警中心接收机为基础的联网报警如图 4-28 所示。表 4-2 是 ADEMCO Contact ID 格式部分事件码。ADEMCO Contact ID 通信格式信息量大，是目前比较通用的快速的报警通信协议。

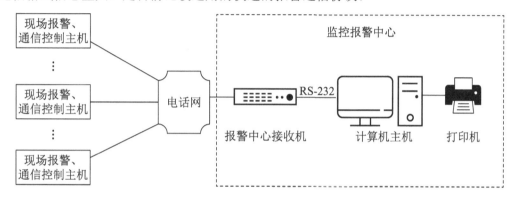

图 4-28　专业报警中心接收机为基础的联网报警

表 4-2　ADEMCO Contact ID 格式部分事件码

事件码	事件	事件码	事件
110	火警	401	用户撤防 / 布防
121	挟制	403	启动电源时布防
122	无声劫盗	406	用户取消
123	有声劫盗	407	遥控编程布防 / 撤防
131	周界窃盗	408	快速布防
132	内部窃盗	409	关锁撤防 / 布防
133	24 小时窃盗	411	要求回电
134	出入窃盗	441	留守布防
135	日夜窃盗	451	过早撤防 / 布防
150	24 小时辅助	452	过迟撤防 / 布防
301	无交流	453	撤防失败
302	系统电池电压过低	454	布防失败
305	系统重新设定	455	自动布防失败
306	编程被破坏	570	旁路
309	电池测试失败	602	定时测试
332	总线短路故障	607	步行测试模式
333	无线接收机故障	621	重新设定事件记录
373	火警回路故障	622	事件记录载满 50%
380	故障（通用）	623	事件记录载满 90%
381	无线发射器失去监控	624	事件记录已载满
382	总线探头失去监控	625	时间 / 日期重新设定
383	总线探头被拆	626	时间 / 日期不准确
384	无线发射器电池电压过低		

2）入侵报警探测器与控制主机的连接方式

入侵报警探测器与控制主机的连接方式有分线制、总线制、无线制及混合式几种方式。分线制是指探测器、紧急报警装置通过多芯电缆与报警控制主机之间采用一对一专线相连，探测器分线制连接方式如图 4-29 所示。这是目前小型系统常用的连接方式。

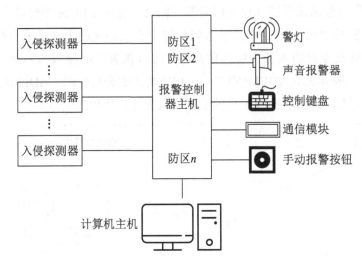

图 4-29　探测器分线制连接方式

主机包含多个不同的防区即表示系统可以接入多个可一一区分出来的探头，同时每个防区按照接入不同类型的探头，通过编程设定为某类型的防区，以使操作方便与报警更加可靠。由于探测器、紧急报警装置输出的是开关信号，防区检测电路便使用"线尾电阻"作为鉴别依据，当防区检测到回路上有线尾电阻时系统正常，若系统检测到回路电阻为 0（短路）或无穷大（断路），都将发出报警（剪断线或者短路也会报警）。

探头输出方式不同（常开或常闭）时与 EOL 的连接方法也不同，但有个宗旨就是要保证回路电阻为线尾电阻，并且电阻必须连接在探头末端（建议放在探测器内，特别是当采用常开接法时，否则线路的防剪功能和探测器的防拆功能可能不起作用），有线防区探测器的连线如图 4-30 所示。防区线尾电阻误差允许在 $\pm R$ 内。也就是说，当连接探头的线路阻抗不超过 R 时，防区都能正常工作。

总线制是指探测器、紧急报警装置通过其相应的编址模块与报警控制主机之间采用报警总线（专线）相连接。探测器总线制连线如图 4-31 所示，这是目前大型系统常用的连接方式。

无线制是指探测器、紧急报警装置通过其相应的无线设备与报警控制主机通信，其中一个防区内的紧急报警装置不得大于 4 个，探测器无线制连接方式如图 4-32 所示。无线传输是探测器输出的探测信号经过调制，用一定频率的无线电波向空间发送，由报警中心的控制器所接收，而控制中心将接收信号处理后发出报警信号和判断出报警部位。全国无线电管理委员会分配给入侵报警系统的无线电频率为 36.050 ～ 36.725MHz。

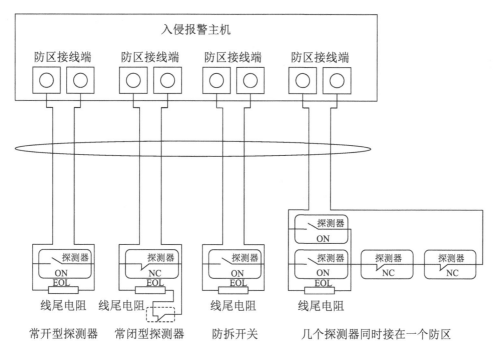

图 4-30 有线防区探测器的连线

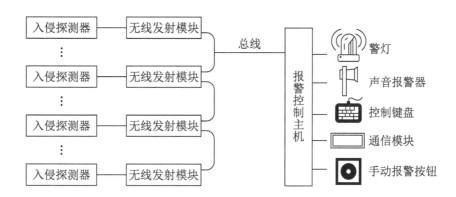

图 4-31 探测器总线制连线

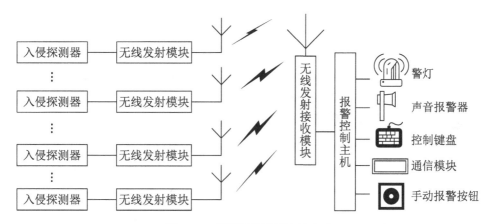

图 4-32 探测器无线制连接方式

混合式则是将上述各线制方式相结合的一种方法。一般在某一防范范围内（如某个房间）设一总线输入模块（或称为扩展模块），在该范围内的所有探测器与模块之间采用分线制连接，而模块与控制主机之间则采用总线制连接。探测器混合式连接方式如图 4-33 所示。

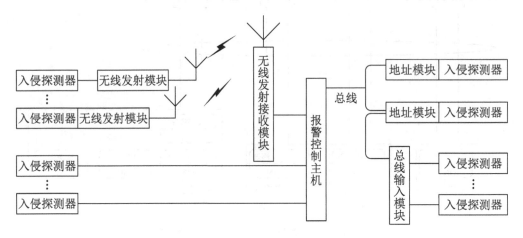

图 4-33 探测器混合式连接方式

3）小型入侵报警控制主机

一个有较少防区的用户，可采用小型入侵报警控制主机。小型入侵报警控制主机的一般功能如下：

（1）能提供 4 ～ 8 路有线报警信号，功能扩展后，能从接收天线接收无线传输的报警信号。

（2）能在任何一路信号报警时，发出声光报警信号，并能显示报警部位和时间。

（3）市电正常供电时能对备用电源充电，断电时能自动切换到备用电源上，以保证系统正常工作。

（4）能向区域报警中心发出报警信号。能存入 2 ～ 4 个紧急报警电话号码，发生报警情况时，能自动依次向紧急报警电话发出报警信号。

（5）支持主流的报警通信协议，如 ADEMCO4+1、ADEMCO Contact ID。小型入侵报警控制器如图 4-34 所示。

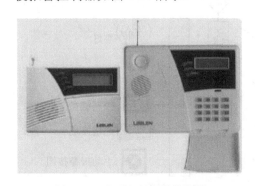

图 4-34 小型入侵报警控制器

4）区域报警控制主机

对于一些相对规模较大的工程系统，要求防范区域较大，设置的入侵探测器较多（如高级住宅小区、大型仓库、货场等），这时应采用区域入侵报警控制主机。区域报警控制主机具有小型控制主机的所有功能，结构原理也相似，只是输入、输出端口更多，通信能力更强。区域报警控制主机与入侵探测器的接口一般采用总线制，即控制主机采用串行通信方式访问每个探测器，所有的入侵探测器均根据安置的地点实行统一编址，控制主机不停地巡检各探测器的状态。区域报警控制主机的结构如图 4-35 所示。

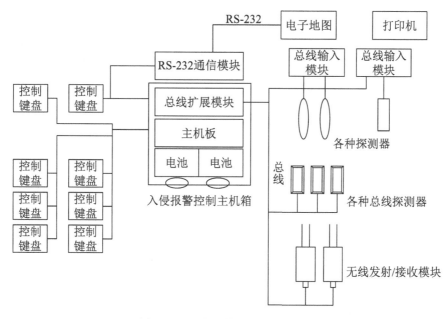

图 4-35　区域报警控制主机的结构

5）报警主机和监控中心的连接方式

在大型和特大型的报警系统中，由报警中心接收机把多个区域控制主机联系在一起。报警中心接收机能接收各个区域控制器送来的报警信息，同时也能向各区域控制主机发送控制指令，直接监控各区域控制器的防范区域。区域控制器可通过电话线路连接到监控中心，电话网联网报警中心系统方案如图 4-36 所示，也可通过计算机联网方式连接到监控中心。图 4-37 所示是一种电话网联网报警中心系统方案。

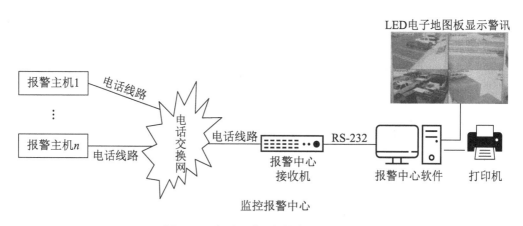

图 4-36　电话网联网报警中心系统方案

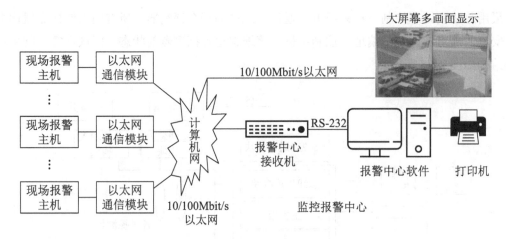

图 4-37　计算机网络联网报警中心系统方案

报警中心接收机的主要性能：可同时接收多条电话线路输入的信号（2～32 路），同时处理多个用户的报警。可同时接收多种通信格式的报警主机的报警信号，兼容大多数品牌的报警主机。可以储存大量的报警事件（2000～60000 条），以备系统查询故障时查阅。可以直连计算机，通过报警中心软件接收和处理各种报警事件。内置完善的抗雷击功能及噪声过滤功能。

6）报警中心接收软件

报警中心接收软件是专门配合报警接收机的报警处理管理软件，实现多种报警管理功能。软件系统通过串口／以太网连接报警接收机，在计算机屏幕上实时跟踪，并可以电子地图与显示板的方式形象地显示警情，以便处理。报警中心接收软件的功能特点：自动识别多种报警通信格式；多媒体操作、多级电子地图显示；灵活设置监控界面；可自定义打印、显示格式；分级自动报警处理；方便的数据备份、恢复功能；详尽的报警信息统计与分析；可以与其他系统（如 110 接处警系统等）集成，可以输出大型的LED 地图；可以同时连接多种报警接收机，以满足从小型到大型报警中心的需要。图 4-38所示是某报警中心接收软件的操作界面。

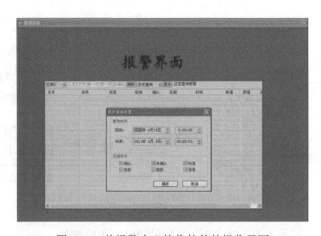

图 4-38　某报警中心接收软件的操作界面

4. 常用入侵探测器

入侵探测器是入侵报警系统的触觉部分，相当于人的感官系统，它将感知到的现场的温度、湿度等各种物理量的变化情况转变成相应的电信号，通过传输线路送给主机，主机根据接收到的电信号和预设值进行比较，从而判断是否有人入侵防范区域。在整个报警系统中，探测器发挥着前端探测的作用，它的性能稳定性直接关系到整个防盗报警系统的性能。在多年的研究和发展过程中，误报、漏报、干扰等问题一直是入侵报警系统需要攻克的技术难题。下面列举几种常用的入侵探测器，对其基本原理及特点进行简要的分析。

1）门磁开关

门磁开关由一个条形永久磁铁和一个常开触点的干簧管继电器组成，门磁开关实物图如图4-39所示。把门磁开关的干簧管装于被监视房门或窗户的门框边上，把永久磁铁装在门扇边上。关门后两者的距离应小于或等于1cm，这样就能保证干簧管能在磁铁作用下接通，当门打开后，干簧管会断开。由于磁场的穿透性，门磁开关可以隐蔽安装在非铁磁材质的门或窗的边框内，不易被入侵者发现和破解，所以在工程中被广泛应用于门或窗的开闭状态探测器。

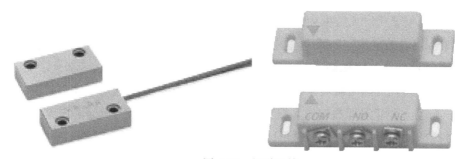

图4-39　门磁开关

2）主动式红外线探测器

红外栅栏报警器的工作原理：红外栅栏（俗叫红外栏杆）是主动红外对射的一种，采用多束红外光对射，发射器以"低频发射、时分检测"方式发出红外光，一旦有人员或物体挡住了发射器发出的任何相邻两束以上光线超过30毫秒时，立即输出报警信号。当有毫秒小动物或小物体挡住其中一束光线时，报警器不会输出报警信号。

主动红外入侵探测器由红外发射机和红外接收机组成，当发射机与接收机之间的红外光束被完全遮断或按给定百分比遮断时均会产生报警信号。利用它可形成一条无形警戒线，由多束红外线可构成一个警戒面，主动红外入侵探测器实物及原理如图4-40所示。

主动红外入侵探测器最短遮光时间范围一般是30～600毫秒。在实际应用中需要根据具体情况进行调定，以减少系统的误报警。除单光束主动红外入侵探测器外，还有双光束和4光束的。在室外使用时一定要选用多光束主动红外入侵探测器，以减少小鸟、落叶等引起系统的误报警。多雾地区、环境脏乱、风沙较大地区的室外不宜使用主动红外探测器。

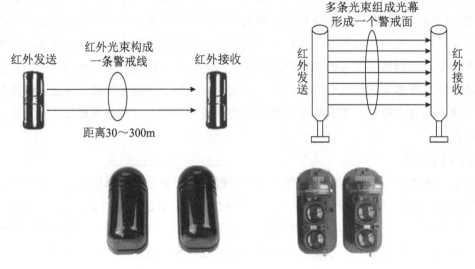

图 4-40　主动红外入侵探测器实物及原理

主动红外入侵探测器受雾影响严重，室外使用时均应选择具有自动增益功能的设备（此类设备当气候变化时灵敏度会自动调节）。另外，所选设备的探测距离较实际警戒距离留出 20% 以上的余量，以减少气候变化引起系统的误报警。

3）被动式红外线入侵探测器

被动式红外线入侵探测器的核心器件是热释红外线传感器，它对人体辐射的红外线非常敏感，配上一个菲涅耳透镜作为探头，探测中心波长为 $9 \sim 10\mu m$。由人体发射的红外线信号经放大和滤波后，再由电平比较器把它与基准电平进行比较，当电信号幅值达到一定值时发出报警信号，被动式红外探测器的工作原理如图 4-41 所示。被动式红外探测器不需要附加红外辐射光源，本身不向外界发射任何能量，而是由探测器直接探测来自目标的红外辐射，故有被动式之称。

图 4-41　被动式红外探测器的工作原理

被动式红外线入侵探测器的特点：警戒的范围是一个空间，可实现远距离控制；由于是被动式工作，不产生任何类型的辐射，保密性强；不必考虑照度条件，昼夜均可用，特别适宜在夜间或黑暗条件下工作；由于无能量发射，没有容易磨损的活动部件，因而功耗低、结构牢固、寿命长、维护简便、可靠性高。在实际应用中尚需要注意如下问题：

（1）不宜面对玻璃门窗。

（2）不宜正对冷热通风口或冷热源。

（3）注意非法入侵路线。

4）微波多普勒入侵探测器

微波多普勒入侵探测器常常被称为雷达报警器，因为它实际上是一种多普勒雷达。它应用多普勒原理，辐射一定频率的电磁波，覆盖一定范围，能探测到在该范围内移动的人体而产生报警信号。

从技术上讲，一般要求探测器应由一个或多个传感器和信号处理器组成，探测器应具有能改变探测范围的方法。

微波多普勒入侵探测器如果安装恰当就很难被破坏。微波多普勒入侵探测器对于捕获躲藏起来的窃贼非常有效，只要躲藏的人进入保安区域就会触发报警器。

微波多普勒入侵探测器的主要缺点是安装要求较高，如果安装不当，微波信号就会穿透装有许多窗户的墙壁而导致频繁地误报。另一个缺点是它会发出对人体有害的微量能量，因此必须将能量控制在对人体无害的水平。此外，微波报警装置会受到空中交通和国防部门所用的高能量雷达的干扰。

5）微波、被动红外双鉴入侵探测器

微波、被动红外双鉴入侵探测器是当前最常用的入侵探测器。微波探测器对活动目标最为敏感，因此，在其防护范围内的窗帘飘动、电扇扇叶移动、小动物活动等都可能触发误报警。被动红外探测器对热源目标最为敏感，也可能因防护区内能产生不断变化红外辐射的物体（如暖气、空调、火炉、电炉等）而引起误报警。微波、被动红外双鉴探测器实物如图 4-42 所示。

图 4-42　微波、被动红外双鉴探测器实物

为克服这两种探测器的误报因素，人们将两种探测器组合在一起成为双鉴探测器。这样一来使探测器的触发条件发生了根本的变化，入侵目标必须是移动的，又能不断辐射红外线时才产生报警。使原来单一探测器误报率高的不利因素大为减少，使整机的可靠性得以大幅度提高。

6）声控入侵探测器

声控入侵探测器在可闻声（20 ～ 20000Hz）范围内的撬、砸、拖、锯等可疑声音都会被安装在保护现场的拾音器拾取。当达到一定响度（以分贝计）时可触发报警。报警后可对现场进行声音复核（自动或手动转入监听状态）来确定是否有人入侵。另一种

是高音频的玻璃破碎声才会引起报警，其他可听声音不报警。声控报警器的优点是造价便宜，控制面积大（大于 200m²）。缺点是误报率高，因此只适应于较为安静的环境。除了单技术的声控玻璃破碎探测器，另一类是双技术玻璃破碎探测器，其中包括声控 - 振动型和次声波 - 玻璃破碎高频声响型。玻璃破碎探测器实物如图 4-43 所示。

图 4-43　玻璃破碎探测器实物

7）震动探测器

震动探测器通常是安装在墙面或楼板上。通过检测这些部位被电钻等设备破坏时产生的震动频率来探测是否有入侵行为。震动探测器实物如图 4-44 所示。

图 4-44　震动探测器实物

8）其他入侵探测器

触摸感应式入侵探测器：触摸式探测器常用导电布、导电膜或金属线将保险柜、文物柜或其他贵重物品、展品保护起来。有人触及时即能引起报警。

压力垫：把文物展品放在压力垫上，一旦被取走就发出报警。在地毯下放上压力垫，有人走动也会产生报警。

5. 入侵报警应用

入侵报警系统是整个小区安全防范系统的最外层的安保系统，是防止对小区进行非法入侵的一道重要的关卡。一旦有人企图翻越系统布防后的围墙，会立即触发报警。报警后，处于安保中心的防盗报警主机会发出声光报警信息，并在电子地图上显示报警的位置，提醒安保人员前往报警地点查看。因此，系统布点的周密及合理性是十分重要的。

对于数据中心园区的围栏 / 围墙，入侵报警是重要的安全防范技术措施。它防范的是一条线，有多种技术手段防范入侵。下面主要介绍一些典型的系统。

1）红外对射探测器

这样的探测器都是成对设置，一个发射端和一个接收端。发射端不间断地发射不可见的红外光束，由接收端接收。如果有物体遮挡了红外光束，接收端就发出警报。因为除了人体之外的小鸟、树叶等遮挡了红外光束都会引发报警，因此误报率很高。此外，阳光照射也会引发误报，因此这种探测器已经逐渐被淘汰。

2）一体化红外光栅

一体化红外光栅可以视为红外对射探测器的一种变形产品。红外对射通常是两光束或四光束在墙头安装的小巧设备，而一体化红外光栅则是落地安装的柱状产品。通常来说，一体化红外光栅的高度都在 2m 以上，内部安装的红外对射光束可以根据用户需求，通过光束模块的增减来调整，其报警的准确性和防范距离都远远超过红外对射探测器，但其造价高昂，仅在核电等高安全等级的场所使用。

3）微波对射探测器

微波对射探测器与红外对射探测器类似，微波对射探测器也是成对使用，一发、一收两个终端。通过发射端发射的微波信号，在发射和接收端之间形成一个纺锤形的微波场。如有人通过该微波场，则会干扰之前稳定的微波场，触发报警。微波对射探测器的抗天气干扰能力很强，但造价较高，仅在核电厂、军事基地这样的场合应用。

4）光纤振动探测器

光纤振动探测器分为定位型和防区型两类，都要配合铁丝围栏或其他固定的物体使用。通过将光纤固定在铁丝围栏上，当有人翻越铁丝围栏或破坏铁丝围栏等入侵事件发生时，光纤会发生挤压、变形及振动。在系统终端管理软件上，通过智能算法可知发生挤压、变形及振动的部位，从而准确获取入侵事件发生的位置。根据精确程度和应用场合的不同，光纤振动探测器分为定位型和防区型两种。

5）张力铁丝围栏

张力铁丝围栏需要配合铁丝围栏使用。在铁丝围栏上间距 15～20cm 水平布设张力铁丝，通过张力传感器来感应张力铁丝的张力。如果有人破坏铁丝网入侵，则必然会影响张力铁丝的张力，从而引发张力传感器报警。此种技术的缺陷在于气候变化（温度引发的热胀冷缩、大风引起的铁丝围栏振动）可能会引起误报。

6）振动电缆

振动电缆也称麦克风电缆，需配合铁丝围栏或围墙栅栏使用。通过在铁丝围栏或围墙栅栏上安装振动感应电缆来检测入侵破坏行为产生的振动，从而引发报警。

7）泄露电缆

通过在地下埋设两根平行的埋地电缆（一发一收），形成一个立体的感应电磁场，如图 4-45 所示。有入侵者（车辆、行人）闯入该感应电磁场则会引起接收电缆收到的信号变化，如果超出设定的变化范围，则会触发报警。由于埋设在地下，泄露电缆工作时不受天气变化影响，对景观也没有破坏，但其造价较高。埋地压差探测系统：埋地压差探测是在地下 20 ～ 25cm 深处埋设两根平行的水管，正常情况下，由压差调节装置调节，保证两管的压力平衡。如果有入侵行为发生，其对地面产生的压力会导致两根水管中的压力产生变化。通过检测这两根水管所受的压力，系统就可以判别是否有入侵行为发生。由于埋设在地下，压差探测系统工作时不受天气变化影响，对景观也没有破坏，但其造价较高。其缺陷在于仅适用于较为松软的地面环境，如草地、沙石地、黏土地等。

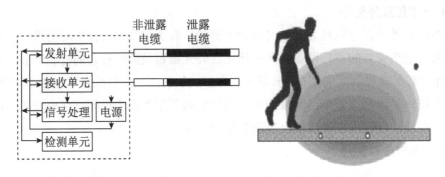

图 4-45　泄露电缆

8）视频移动侦测技术

视频移动侦测技术在模拟监控时代就已经出现，由于当时的技术条件限制，该技术没有得到广泛的发展及应用。随后在模拟监控系统中引入了硬盘录像机，在硬盘价格还较为高昂的情况下，出现了第一个比较普遍的移动侦测技术——视频动态侦测。该技术是在监控画面中没有移动物体的时候不记录监控图像，从而节省了硬盘空间。现在看来，这只是一个非常低级、技术含量很低的动态侦测，远远无法与如今的视频移动侦测技术相提并论。

9）高压脉冲电网

高压脉冲电网是众多周界防范技术手段中唯一的主动防御技术。该技术是通过在围墙顶端平行设置间距为 20cm 左右的合金丝 4 ～ 6 根，通过发出高压脉冲电信号（600 ～ 1200V，持续时间为十余毫秒）来防范和检测是否有入侵行为发生。如果有人直接触摸合金丝，则会被电击导致肢体暂时麻痹，从而终止入侵行为，如果合金丝被剪断或两根合金丝短路都会触发报警。该技术以其造价低、有威慑力、防范效果好，在近几年得到广泛使用。不过采用该技术会破坏景观，在一些对环境景观要求高的场合不宜使用。

10）振动光纤

振动光纤俗称光纤围栏，有防区型、定位型两种，安装方式为挂网或埋地两种。

原理是利用对外界振动和压力敏感并具有感测功能的光纤作传感介质，将"传"和"感"合为一体。传感光纤在外界物理因素（如运动、振动和压力）的作用下，改变光纤中光的传输参数（相位、波长、功率等），从而对外界振动和压力进行探测报警。振动光纤如图 4-46 所示。

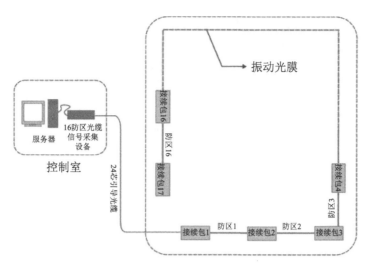

图 4-46　振动光纤

11）电子围栏

电子围栏是目前比较先进的周界防盗报警系统，电子系统主要由电子围栏主机、电子围栏前端配件、报警主机三大部分组成，电子围栏如图 4-47 所示。通常，电子围栏主机在室外，沿着原有围墙（例如砖墙、水泥墙或铁栅栏）安装，脉冲主机亦通常在室外，通过信号传输设备将报警信号传至后端控制中心。

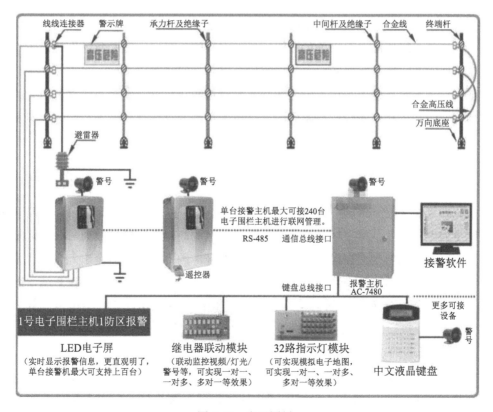

图 4-47　电子围栏

电子围栏主机功能主要有以下几点：

（1）差分电压输出技术：每条线上有电压，相邻两线之间有压差。

（2）LED 键盘显示布防、撤防，以及各种报警状态。

（3）电子围栏采用高、低压探测相结合的原理，相邻两线之间有较高的电位差，触碰时加大打击力度。

（4）短路、断线、防拆报警，防拆检测非常灵敏，设备故障自我检测。

（5）RS-485 总线控制、键盘、计算机、网络等多种远程集中管理方案，通信非常稳定，多个防区互联时报警响应非常快。

（6）DC12V 及常开 / 常闭干接点报警输出，可和多种现代安防产品配套使用。

4.2.3 出入口控制系统

出入口控制系统（Access Control System，ACS），又称门禁系统，是利用自定义符号识别或模式识别技术对出入口目标进行识别并控制出入口执行机构启闭的电子系统或网络。出入口控制系统是以安全防范为目的，在设防区域的内（外）通行门、出入口、通道、重要办公室门等处设置出入口控制装置，对人员和物品流动实施放行、拒绝、记录、报警管理与控制。它的主要作用就是使有出入授权的目标快速通行，阻止未授权目标通过。

系统必须满足紧急逃生时人员疏散的相关要求。疏散出口的门均应设为向疏散方向开启。人员集中场所应采用平推外开门，配有门锁的出入口，在紧急逃生时，应不需要钥匙或其他工具，亦不需要专门的知识或费力便可从建筑物内开启。

出入口控制系统是数据中心安全体系的第一道防线，其目的是将作案者拒之门外，与其他的安防技术相比是较经济实用的安防技术。因为，其他的技术都是针对案发现场和破案阶段的，这就意味着损害已经发生了。

1．出入口控制系统的结构

出入口所限制出入的对应区域，就是它（它们）的受控区。具有比某受控区的出入限制更为严格的其他受控区，是相对于该受控区的高级别受控区。通常一栋建筑物的安防工程有多个同级别受控区和一些高级别受控区，因此需要对多个出入口实行全局控制。一般的出入口控制系统的结构如图 4-48 所示，这是一个两层的集散系统，前端是出入口控制装置。出入口控制装置的组成结构如图 4-49 所示，它主要由识读部分、管理 / 控制部分、执行部分和通信网络以及相应的系统软件组成。

1）识读部分的功能

识读部分是对进出人员的合法身份进行验证。只有经识读装置验证合法的人员才允许在规定的地点和时间进入受控区域。因此识读装置是出入口控制系统的核心技术设备。

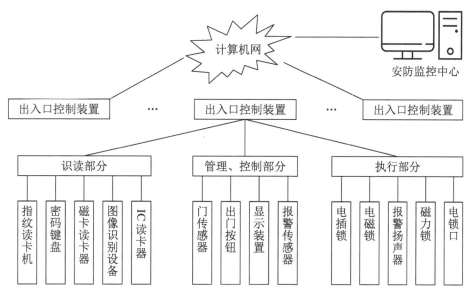

图 4-48 一般的出入口控制系统的结构

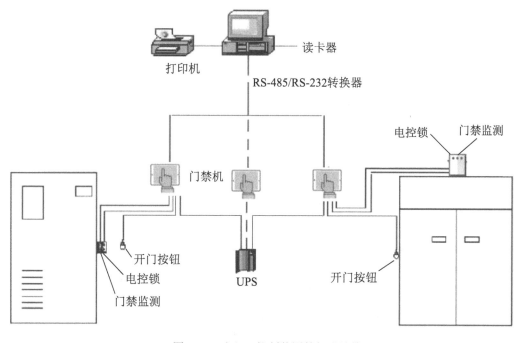

图 4-49 出入口控制装置的组成结构

2）执行部分

执行部分根据出入口控制器的指令完成出入口开启或关闭操作。出入口的开或闭控制装置有电动门、电动锁具、电磁吸合器等多种类型。

3）出入口的开合状态检测

出入口的开合状态检测是由门磁开关、接近开关、红外开关等组成，完成对出入口的开合状态检测。

4）出入口管理／控制器

出入口管理是一个能支持多种通信协议联网（以太网、现场总线等）的控制及报警主机，可连接多个识读设备和执行设备，控制一至多个出入口（门）的人员进出，既可与监控中心联机工作，也可脱机工作。出入口控制器本身可储存若干"可通行人员名单""密码"等数据资料，用于对进出人员的身份辨识。一般可辨识几万张卡号、储存上万笔人员进出资料数据。

每个出入口控制装置可管理若干个门，自成一个独立的出入口控制系统，多个出入口控制装置通过网络与监控中心互联，构成全楼宇的出入口控制系统。监控中心通过管理软件对系统中的所有信息进行处理，并发出控制指令。

2. 出入口控制系统的辨识装置

正常情况下，出入口控制装置对进入人员的身份特征与预存的特征相比较，只有与允许进入人员（即授权人）的特征相同者，系统才会让其进入。人员的身份特征很多，可以用编码（如采用密码、IC 卡），也可以利用人体生物特征（如图像、声音、指纹与掌纹、视网膜等）加以识别。使用编码识读辨识装置性价比高，是目前使用最普遍的辨识系统，表 4-3 列出了常用编码识读设备及应用特点。如对系统安全性有更高要求，则可考虑设置人体生物特征辨识系统。以下简要介绍常用的出入口控制系统辨识装置，如图 4-50 所示。

表 4-3　常用编码识读设备及应用特点

序　号	名　　称	适应场所	主要特点	适宜工作环境和条件	不适宜工作环境和条件
1	普通密码键盘	人员出入口，授权目标较少的场所	密码易泄漏、易被窥视，保密性差，密码需经常更换	室内安装；如需室外安装，需选用密封性良好的产品	不易经常更换密码且授权目标较多的场所
2	乱序密码键盘	人员出入口，授权目标较少的场所	密码易泄漏，密码不易被窥视，保密性较普通密码键盘高，需经常更换		
3	磁卡识读设备	人员出入口，较少用于车辆出入口	磁卡携带方便、便宜，易被复制、磁化，卡片及读卡设备易被磨损，需经常维护		室外可被雨淋处，尘土较多的地方，环境磁场较强的场所
4	接触式 IC 卡读卡器	人员出入口	安全性高，卡片携带方便，卡片及读卡设备易被磨损，需经常维护	安装在室内室外，适合人员通道	室外可被雨淋处，静电较多的场所
5	接触式 TM 卡（钮扣式）读卡器	人员出入口	安全性高，卡片携带方便，不易被磨损		尘土较多的地方
6	条码识读设备	用于临时车辆出入口	介质一次性使用，易被复制、易损坏	停车场收费岗亭内	非临时目标出入口

续表

序　号	名　称	适应场所	主要特点	适宜工作环境和条件	不适宜工作环境和条件
7	非接触只读式读卡器	人员出入口，停车场出入口	安全性较高，卡片携带方便，不易被磨损，全密封的产品具有较高的防水、防尘能力	可安装在室内、室外，近距离读卡器（读卡距离＜500mm），适合人员通道；远距离读卡器（读卡距离＞500mm），适合车辆出入口	电磁干扰较强的场所，较厚的金属材料表面，工作在900MHz频段下的人员出入口，无防冲撞机制（防冲撞：可依次读取同时进入感应区域的多张卡，读卡距离＞1m的人员出入口）
8	非接触可写、不加密式读卡器	人员出入口，消费系统一卡通应用的场所，停车场出入口	安全性不高，卡片携带方便，易被复制，不易被磨损，全密封的产品具有较高的防水、防尘能力		
9	非接触可写、加密式读卡器	人员出入口，与消费系统一卡通应用的场所，停车场出入口	安全性高，无源卡片，携带方便，不易被磨损，不易被复制，全密封的产品具有较高的防水、防尘能力		

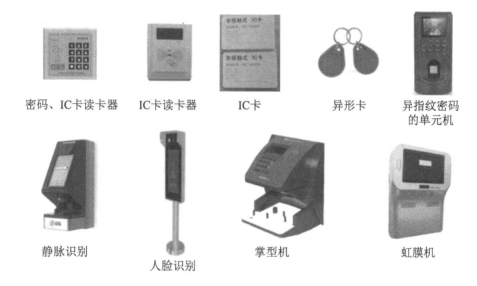

密码、IC卡读卡器　　IC卡读卡器　　IC卡　　异形卡　　异指纹密码的单元机

静脉识别　　人脸识别　　掌型机　　虹膜机

图 4-50　出入口控制系统的辨识装置

1）IC 智能卡及读卡机

非接触式 IC 卡是目前常用的卡片系统，卡片内分有几十个数据区，对每一个数据区均可单独设置读写密码，因此可实现一卡多用（每个应用占用一到几个数据分区）。非接触式 IC 卡具有无源、免接触，使用寿命长，防水、防尘、防静电干扰，安全可靠，成百上千亿的密码无法破译，不易被复制，信息存储量大，使用方便等突出优点，因而是相当理想的卡片系统。除了传统的标准矩形卡之外，现在已发展了形状各异的异形非接触式 IC 卡，如钥匙扣卡等。

2）指纹机

指纹机是发展早、成熟度高的生物特征辨识系统，辨识时间为 1～6 秒，拒绝率约 1%，但指纹容易被复制，一旦不小心留下指纹，就会被制模复制；同时，如果使用者有严重皮肤病及手汗症，指纹辨识的拒绝率就会增高。指纹机的造价要比磁卡机或IC卡系统高。

指纹辨识虽然被复制的可能性较高，但结合视频监控功能的"照相指纹机"，内建数码相机，任何人使用指纹机时都会自动照相，管理者可经由网络连线立即看到使用者的照片，进行即时的人员进出管控。也可选用IC卡加指纹识别认证用户身份，做到高保密、高安全。

3）视网膜辨识机

视网膜的血管路径同指纹一样均为各人特有。如果视网膜不受损的话，从3岁起就终生不变。利用光学摄像对比原理，比较每个人的视网膜血管分布的差异。这种系统几乎是不可能复制的，安全性高，但技术复杂。同时也存在辨识时对人眼不同程度的伤害，人有病时，视网膜血管的分布也有一定变化从而影响准确率。

4）人脸识别技术

人脸识别是指人的面部五官以及轮廓的分布。这些分布特征因人而异，与生俱来。相对于其他生物识别技术，人脸识别具有非侵扰性，无须干扰人们的正常行为就能较好地达到识别效果。由于采用人脸识别技术的设备可以随意安放，设备的安放隐蔽性非常好，能远距离非接触快速锁定目标识别对象，因此人脸识别技术被国外广泛应用到公众安防系统中，应用规模庞大。

此外，还有声音辨识机、静脉和掌纹辨识机等。表4-4列出常用人体生物特征识读设备及应用特点。

表4-4　常用人体生物特征识读设备及应用特点

序号	名　称	主　要　特　点	适宜工作环境和条件	不适宜工作环境和条件
1	指纹识读设备	指纹头设备易于小型化；识别速度很快，使用方便；需人体配合的程度较高	操作时需人体接触识读设备	室内安装；应满足产品选用的不同传感器所要求的使用环境要求	操作时需人体接触识读设备，不适宜安装在医院等容易引起交叉感染的场所
2	掌形识读设备	识别速度较快；需人体配合的程度较高			
3	虹膜识读设备	虹膜被损伤、修饰的可能性很小，也不易留下被复制的痕迹；需人体配合的程度很高；需要培训才能使用	操作时不需人体接触识读设备	环境亮度适宜、变化不大的场所	环境亮度变化大的场所，背光较强的地方
4	面部识读设备	需人体配合的程度较低，易用性好，适于隐蔽地进行面部图像采集、对比			

3. 出入口控制系统的执行设备

出入口控制系统的执行设备主要是由闭锁部件、阻挡部件、出入准许指示装置或这三种的组合部件或装置。闭锁部件或阻挡部件在出入口关闭状态时拒绝放行，其闭锁力、阻挡范围等性能指标应满足使用、管理要求。出入准许指示装置可采用声、光、文字、图形、物体位移等多种指示，其准许和拒绝两种状态应易于区分。出入口开启时出入目标通过的时限应满足使用、管理要求。常用执行设备如图 4-51 所示，常用执行设备的选型要求如表 4-5 所示。

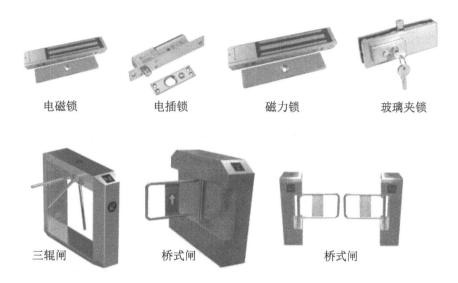

电磁锁　　　　电插锁　　　　磁力锁　　　　玻璃夹锁

三辊闸　　　　桥式闸　　　　桥式闸

图 4-51　出入口控制执行设备

表 4-5　常用执行设备选型要求

序　号	应 用 场 所	常用的执行设备
1	单向开启、平开木门（含带木框的复合材料门）	阴极电控锁
		电控撞锁
		一体化电子锁
		磁力锁
		阳极电控锁
		自动平开门
2	单向开启、平开镶玻璃门（不含带木框门）	阳极电控锁，磁力锁，自动平开门机
3	单向开启、平开玻璃门	带专用玻璃门夹的阳极电控锁，带专用玻璃门夹的磁力锁，玻璃门夹电控锁
4	双向开启、平开玻璃门	带专用玻璃门夹的阳极电控锁，玻璃门夹电控锁
5	单扇、推拉门	阳极电控锁
		磁力锁
		推拉门专用电控挂钩锁
		自动推拉门机
6	双扇、推拉门	阳极电控锁
		推拉门专用电控挂钩锁
		自动推拉门机
7	金属防盗门	电控撞锁，磁力锁自动门机

续表

序 号	应用场所	常用的执行设备
8	防尾随人员快速通道	电控三辊闸，自动启闭速通门
9	小区大门、院门等（人员、车辆混行通道）	电动伸缩栅栏门
		电动栅栏式栏杆机
10	一般车辆出入口	电动栏杆机
11	防闯车辆出入口	电动升降式地挡

4. 出入口控制系统的管理功能

在出入口控制系统中，有关"可通行人员名单""密码"等数据和人员进出实施放行、拒绝、报警的记录数据是需要管理的信息。这些数据存放在相应的数据库系统中，管理系统需要实现如下功能。

1）发卡或发放人员通行许可的功能

在出入口控制系统运行时，管理中心需要对合法的人员进行授权，规定其权限（在规定的时间、规定的控制区通行），该项授权需要对双方赋值。在采用 IC 卡对人员进行验证的系统中，管理中心要将一张已授权的 IC 卡（钥匙）交给被授权人员，同时将该 IC 卡的数据以及被授权人员留下的密码添加到系统的"可通行人员名单""密码"数据库中。在采用人体生物特征对人员进行验证的系统中，管理中心需要采集被授权人员的生物特征数据（指纹、掌纹、视网膜等），将该生物特征数据以及被授权人员留下的密码添加到系统的"可通行人员名单""密码"数据库中。

2）出入口的放行、拒绝、报警的记录数据管理功能

管理中心需要对所有的出入口通行记录数据进行管理，对人员进、出相关信息自动记录、存储，并有防篡改和防销毁等措施。在此基础上提供增值服务，如考勤管理系统、保安巡更管理系统、可疑人员分析系统等。

3）出入口的控制方式

出入口管理系统将由计算机软件完成管理控制工作，主要有以下几种控制方式：

（1）授权人开门后，关门即锁。这种方式适用于大多数门，如办公室门、客房门、保险柜门等。

（2）授权人一旦开门，就一直保持其自由出入状态，直到授权人把门关闭。这种方式主要适用于主要的出入口，如主大门、通道门和电梯门等。

（3）授权人开门后，在设定时间内必须关门，否则报警。这种方式用于严格控制的场所，如银行门、库房门等。

（4）双门连锁方式，打开任一道门之前，前后两道门必须都处于关闭状态。在前一道门处于开启状态时，无法打开后一道门。这种方式用于最高级别的出入口控制系统，能有效防止尾随作案。

4）授权等级管理功能

授权等级管理功能主要是指除了指纹、声音、视网膜等生物识别系统外的磁卡和感应卡（IC卡、智能卡）的授权，包括插卡进入，插卡加密码进入，插卡加保安人员确认后进入，插卡加密码再加授权人被自动识别系统确认后进入。

5）出入口控制与其他子系统的联动

出入口控制应能与视频安防监控系统、入侵报警系统及火灾自动报警系统联动。例如，当某个门被非法闯入时，出入口控制系统应立即通知视频安防监控系统，使该区域的摄像机能监视该门的情况，并进行录像。

5. 安全防范集成管理系统

综合安防集成管理系统通过统一的系统平台将安全防范各个子系统联网，包括视频监控系统、入侵报警系统、出入口控制管理及电子巡更系统，实现分控中心对相关建筑内整体信息的系统集成和自动化管理。安防信息综合管理系统具有标准、开放的通信接口和协议，以便进行综合系统集成，系统留有与公安110报警中心联网的通信接口；作为整个园区安防系统的子系统，系统留有与园区安防系统联网的通信接口，可以实现部分信息的共享；作为数据中心监控系统子系统，安防系统可以提供接口集成至数据中心监控系统。

系统集成平台具有快速的联动功能，以实现多种安全防范策略：视频图像管理、电子地图、历史图像查询、报警/事件与视频监控系统复核、远程管理及指挥等。安全防范各子系统之间有机联动，各子系统联动说明如下：

（1）出入口控制系统与视频监控系统联动：当发出报警后，系统自动联动相应的摄像机，在显示器上自动切换到该报警位置的图像，自动启动录像等。

（2）出入口控制系统与消防系统联动：紧急情况时，门禁系统能接受消防系统的联动信号自动释放电子锁。

（3）入侵报警系统与视频监控系统联动：当探测器发出报警后，系统自动联动相应的摄像机，在显示器上自动切换到该报警位置的图像，自动启动录像等。

（4）入侵报警系统与门禁管理系统联动：对与报警事件相关的出入口通道联动控制（如关闭、不允许刷卡进出等）。

第5章 数据中心的消防及联动控制技术

对楼宇安全构成最大威胁的就是火灾，建筑物一旦发生火灾，后果不堪设想。人的生命在火灾面前是极其脆弱的，所以，在进行数据中心的消防系统设计时，应该将留给人们逃生的时间和逃生的环境条件放在首位。因此，楼宇需要更加先进的火灾探测技术，更准确可靠的早期火灾报警，更有效的能延缓火势蔓延的自动化灭火装置。

本章将介绍目前数据中心对消防系统的要求、建筑物消防系统的构成等基础知识。同时还将着重介绍火灾报警系统、消防联动控制系统及灭火系统。

5.1 概述

数据中心机房现如今有着电子设备多、预警处置慢、火灾产烟量大、无人值守、环境特殊、设备昂贵、扑救难度大等特征，一旦发生火灾，所产生的损失将是难以估量的。如今我国主要存在的数据中心机房消防隐患和问题可划分为以下几点。

（1）执行力方面的问题：部分企业在执行力方面有所欠缺，与《建筑物设计防火规范》以及《电子信息系统机房设计规范》等文件要求并不相符，与规范性要求还存在一定差距。

（2）消防应急装置维护不当：在数据中心机房的灭火系统设计中会配置应急装置和报警系统，若因操作失误或维护不当等因素，将会出现误报火警的问题。此外，对灭火设备的检查机制还需完善，灭火剂泄露以及气瓶欠压等情况都会导致机房消防系统的灭火功能大大削弱，甚至消失。

（3）控制系统的设计问题：若对数据中心机房进行改造后，新区域内的报警系统无法与原系统兼容，就会致使控制功能无法实现。

（4）静电问题：一般来讲，当设备出现接地不当的状况时往往会产生静电负荷，长此以往，不予以处理，将会产生高电位，进而引发静电火花，给数据中心机房埋下一定的安全隐患。

（5）线路老化问题：长时间的不间断运营将会致使机房线路以及相关部件出现老化问题，在电压不稳时突发短路状况，存在一定安全隐患。

5.1.1 数据中心对消防系统的要求

数据中心对火灾事故的应急及长效的安全技术保障体系，即火灾自动报警系统和应急联动系统。火灾自动报警系统应符合下列要求：

（1）数据中心的主要场所宜选择智能型火灾探测器。

（2）应符合现行国家标准《火灾自动报警系统设计规范》的有关规定。

（3）对于重要的建筑物，火灾自动报警系统的主机宜设有热备份。

（4）应预留与 BAS 的数据通信接口，接口界面的各项技术指标均应符合相关要求。

（5）应与安全技术防范系统实现互联，使安全技术防范系统作为火灾自动报警系统有效的辅助手段。

（6）消防监控中心机房宜单独设置，当与 BAS 和安全技术防范系统等合用控制室时，各系统设备应占有独立的工作区，且相互间不会产生干扰。火灾自动报警系统的主机及与消防联动控制系统设备均应设在相对独立的空间内。

（7）应配置汉化操作界面，配置操作软件应简单易操作。

（8）因火灾自动报警系统的特殊性要求，BAS 应能对火灾自动报警系统进行监视，但不作控制。

5.1.2 建筑物消防系统的构成

一个完整的消防体系是由火灾探测自动报警系统、灭火系统及避难诱导系统组成。完整的消防体系构成如图 5-1 所示。

1. 火灾探测自动报警系统

火灾探测自动报警系统主要由火灾探测器、报警控制器和联动控制器等组成。火灾探测器是火灾自动报警系统的核心技术，及时发现火灾报警；报警控制器接收报警信号，确认报警位置和种类并进行声光报警，发出联动报警信号；联动控制器启动相应的设备。

2. 灭火系统

灭火系统的种类很多，第一类是灭火装置，包括各种介质，如液体、气体、干粉的喷洒装置，是直接用于扑火的；第二类是灭火辅助装置，是用于限制火势、防止火灾扩大的各种设施，如防火门、防火卷帘等。

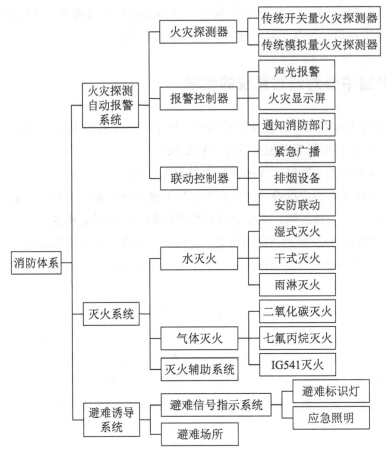

图 5-1　完整的消防体系构成

3. 避难诱导系统

避难诱导系统由事故照明装置和避难标识灯组成。疏散由紧急广播系统（平时为背景音乐系统）、应急照明系统、避难标识灯等组成，其作用是当火灾发生时，引导人员逃生。

5.1.3　数据中心消防系统的基本工作原理

数据中心消防系统的基本工作原理：当某区域发生火灾时，该区域的火灾探测器探测到火灾信号，输入到区域报警控制器，再由集中报警控制器送到消防控制中心，控制中心判断火灾的位置后立即向当地消防部队发出 119 火警，同时打开自动喷洒装置、气体或液体灭火器进行自动灭火。与此同时，紧急广播发出火灾报警广播，照明和避难标识灯亮，引导人员疏散。此外，还可起动防火门、防火阀、排烟门、卷闸、排烟风机等进行隔离和排烟等。火灾自动报警系统组成示意图如图 5-2 所示。

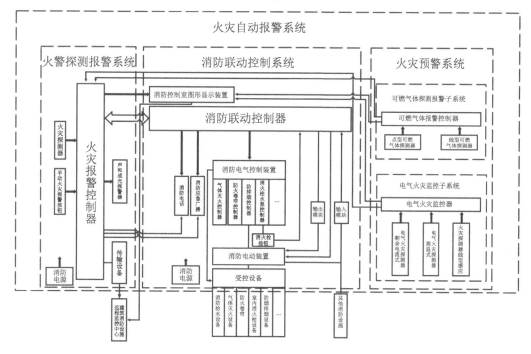

图 5-2　火灾自动报警系统组成示意图

5.2　火灾探测器

火灾探测器是能感知火灾发生时物质燃烧过程中所产生的各种理化现象，据此判别火灾而发出警报信号的器件。目前的火灾探测器实际上是"燃烧探测器"，是通过检测燃烧过程中所产生的种种物理或化学现象来探测燃烧现象。

5.2.1　室内火灾的发展特征

火灾是指在时间和空间上失去控制的燃烧造成的灾害。燃烧是可燃物与氧化剂发生的一种氧化放热反应。要想控制火灾，就要想方设法控制火灾的三要素（俗称火三角）：可燃物、氧化剂、引火源。即使具备了燃烧的三要素，也不一定能发生燃烧。要发生燃烧，还必须具备两个条件：一是可燃物与氧化剂作用并达到一定的数量比例，二是要有足够能量和温度的引火源与反应物作用。

室内火灾从起火到形成灾害是有一个过程的，这个过程以火灾温度随着时间的变化来表示。其发展过程大致可分为 4 个阶段，即初起阶段、发展阶段、猛烈阶段和熄灭阶段。室内火灾发展特征如图 5-3 所示。

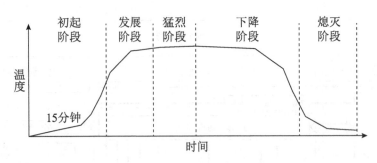

图 5-3 室内火灾发展特征

1. 初起阶段

火灾初起阶段是从某一点或某件物品开始的，着火范围很小，燃烧产生的热量较小，烟气较少且流动速度很慢，火焰不大，辐射出的热量也不多，靠近火点的物品开始受热，气体对流，温度开始上升。此阶段的持续时间长短不同：如果起火物是易燃物质（如汽油、棉花类），则初起阶段持续时间短，约为几分钟；如果是烟头在沙发上从阴燃到有火焰燃烧，则持续时间长，可达几十分钟。

火灾初起阶段如果能及时发现，是人员安全疏散和灭火最有利的时机，用较少的人力和简易灭火器材就能将火扑灭。此阶段的任何失策都会导致不良后果。因此，数据中心消防系统的火灾探测和报警装置的重点应在此阶段，在初起阶段准确探测到火灾发生，不能漏报警，以利于将火灾事故消灭在初起阶段。

2. 发展阶段

发展阶段是指从起火点引燃周围可燃物到轰燃之间的过程。火焰由局部向周围物质蔓延、燃烧面积不断扩大，周围物品受热分解出大量可燃气体，从而加剧火势，热气对流加强，辐射热流强度增大。热烟载热又很快传给周围物品，房间内温度上升很快，在400～600℃。这个阶段的持续时间长短主要取决于可燃物的数量、燃烧性能以及通风条件。如果可燃物数量多、物质燃烧速度快，且通风良好，则持续时间较短，仅5～10分钟。发生轰燃后就进入猛烈阶段。

在此阶段，载温达500℃的热烟气不仅加速了火灾的蔓延，而且很不利于人员疏散，直接威胁人员的生命安全，必须投入较多的人力、物力才能扑灭火灾。

3. 猛烈阶段

猛烈阶段是指从轰燃发生后到火灾衰减之前的过程。所谓轰燃现象是指房间内的所有可燃物几乎瞬间全部起火燃烧，火灾面积扩大到整个房间，火焰辐射热量最多，房间温度上升并达到最高点，整体温度有800～900℃。火焰和热烟气通过开口和受到破坏的结构开裂处向走廊或其他房间蔓延。建筑物的不燃材料和结构的机械强度大大下降，甚至发生变形和倒塌。此阶段的重要特点之一是火势快速向外扩大和蔓延。持续的时间取决于建筑结构和可燃物的数量。

这个阶段，如果火场有被困人员，则救人的难度非常大，不仅需要很多的人力和器材扑救火灾，而且还需要用相当多的力量堵截控制火势以保护起火房间周围的建筑物，防止火势进一步扩大蔓延。

4. 熄灭阶段

熄灭阶段是指从火灾衰减到燃烧熄灭的过程。该阶段的前期，火灾仍然猛烈。火势被控制以后，可燃物数量逐渐减少，火场温度开始下降。由于燃烧时间长，建筑构件会出现变形或倒塌破坏现象。

5.2.2 火灾探测器的分类

火灾发生时，会产生烟雾、高温、火光以及可燃性气体等理化现象，火灾探测器按其探测火灾不同的理化现象可分为感烟探测器、感温探测器、感光探测器、复合式探测器、可燃性气体探测器等，火灾探测器的原理及分类如图 5-4 所示。按探测器输出信号类型可分为阈值开关量和参数模拟量两类。按探测器结构可分为点型和线型，点型探测器是对某一点周围空间响应的火灾探测器，线型感烟探测器是一种能探测到被保护范围中某一线路周围烟雾的火灾探测器。

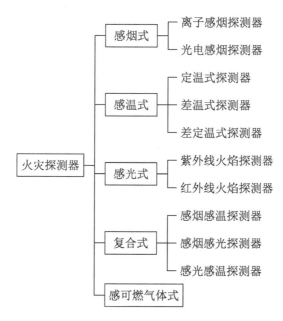

图 5-4　火灾探测器的原理及分类

火灾探测器由光束发射器和光电接收器两部分组成。它们分别安装在被保护区域的两端，中间用光束连接（软连接），其间不能有任何可能遮断光束的障碍物存在，否则探测器将不能工作。常用的有红外光束型、紫外光束型和激光型感烟探测器三种，故而又称线型感烟探测器为光电式分离型感烟探测器。

1. 感烟探测器

感烟探测器是用于探测物质燃烧初期在周围空间所形成的烟雾粒子含量，并自动向火灾报警控制器发出火灾报警信号的一种火灾探测器。感烟式探测器实物图如图5-5所示。

图 5-5　感烟式探测器

感烟探测器从作用原理上分类，可分为离子型、光电型两种类型。离子感烟火灾探测器是对能影响探测器内离电电流的燃烧产物敏感的探测器。光电感烟探测器是利用火灾时产生的烟雾粒子对光线产生吸收遮挡、散射或吸收的原理并通过光电效应而制成的一种火灾探测器。光电感烟探测器可分为遮光型和散射型两种。感烟探测器响应速度快，能及早地发现，使用在火灾的初期。由于温度较低，物质多处于阴燃阶段，所以在起火点的附近会产生大量的烟雾和少量的热，几乎没有火焰辐射，所以大多数的场所都选用感烟火灾探测器，为"早期发现"探测器。

2. 感温火灾探测器

感温火灾探测器是对警戒范围内某一点或某一线段周围的温度参数敏感响应的火灾探测器。根据监测温度参数的不同，感温火灾探测器有定温、差温和差定温三种。探测器由于采用的敏感元件不同，又可派生出各种感温探测器。与感烟火灾探测器和感光火灾探测器比较，感温火灾探测器的可靠性较高，对环境条件的要求更低，但对初期火灾的响应要迟钝些，报警后的火灾损失要大些。它主要适用于因环境条件而使感烟火灾探测器不宜使用的某些场所，常与感烟火灾探测器联合使用组成与门关系，对火灾报警控制器提供复合报警信号。由于感温火灾探测器有很多优点，它是仅次于感烟火灾探测器使用广泛的一种火灾早期报警的探测器。感温式探测器实物图如图5-6所示。

图 5-6　感温式探测器

由于热敏元件种类繁多，因而按其感热效果和结构可分为点型、线型两大类。点型又分成定温、差温、差定温三种，线型又分为缆式定温和空气管差温两种。将差温和定温火灾探测器有机组合的差定温探测器是一种常用的复合型火灾探测器，而采用热敏电阻作温度检测元件的电子式差定温探测器是目前的主流。线型差定温式探测器实物图如图 5-7 所示。

（1）点型定温式探测器是在规定时间内，火灾引起的环境温度达到或超过预定值时便产生报警信号。可利用双金属片、易熔金属、热电偶、热敏电阻等热敏元件。

（2）线型定温式探测器的温度检测元件是感温电缆，线型定温式探测器，其导线外层覆盖负温度系数热敏绝缘材料，相互绞合后外加护套形成线缆，能够对沿着其安装长度范围内任意一点的温度变化进行探测。线型感温电缆探测范围大，灵敏性高，具有优越的环境干扰抵御能力，在湿度大、粉尘大、腐蚀性强的环境下仍能可靠地工作，广泛应用在各种工业环境中。

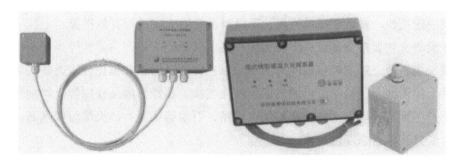

图 5-7 线型差定温式探测器

3. 感光火灾探测器

感光火灾探测器又称为火焰探测器，它是一种能对物质燃烧火焰的光谱特性、光照强度和火焰的闪烁频率敏感响应的火灾探测器。

感光火灾探测器的主要优点：响应速度快，其敏感元件在接收到火焰辐射光后的几毫秒，甚至几微秒内就发出信号，特别适用于突然起火无烟的易燃易爆场所。它不受环境气流的影响，是唯一能在户外使用的火灾探测器。另外，它还有性能稳定、可靠、探测方位准确等优点，因而得到普遍重视。在火灾发展迅速，有强烈的火焰和少量烟、热的场所，应选用火焰探测器。感光式火焰探测器如图 5-8 所示。

在可能发生无焰火灾，在火焰出现前有浓烟扩散、探测器的镜头易被污染、探测器的"视线"（光束）易被遮挡、探测器易受阳光或其他光源直接或间接照射，在正常情况下有明火作业及 X 射线、弧光影响等情形的场所，不宜选用火焰探测器。常用的有红外火焰型和紫外火焰型。

（1）红外感光火灾探测器是一种对火焰辐射的红外光敏感响应的火灾探测器。红外线波长较长，烟粒对其吸收和衰减能力较弱，致使有大量烟雾存在的火场，在距火焰一定距离内，仍可使红外线敏感元件感应，发出报警信号。因此，这种探测器误报少，响应速度快，抗干扰能力强，工作可靠。

图 5-8　感光式火焰探测器

（2）紫外感光火灾探测器是一种对紫外光辐射敏感响应的火灾探测器。紫外感光探测器使用了紫外光敏管为敏感元件，紫外光敏管具有光电管和充气闸流管的特性，因此具有响应速度快、灵敏度高的特点，可以对易燃物火灾进行有效报警。

由于紫外光主要是由高温火焰发出的，温度较低的火焰产生的紫外光很少，而且紫外光的波长也较短，对烟雾穿透能力弱，所以它特别适用于有机化合物燃烧的场合。例如，油井、输油站、飞机库、可燃气罐、液化气罐、易燃易爆品仓库等，特别适用于火灾初期不产生烟雾的场所（如生产与储存酒精、石油等场所）。火焰温度越高，火焰强度越大，紫外光辐射强度也越高。

红外紫外复合式火焰探测器是结合了红外和紫外两种火焰探测原理，并将两者复合在一起的组合探测器。

4. 可燃气体火灾探测器

可燃气体包括天然气、煤气、烷、醇、醛、炔等。可燃气体火灾探测器是一种能对空气中可燃气体含量进行检测并发出报警信号的火灾探测器。它测量空气中可燃气体爆炸下限以内的含量，当空气中可燃气体含量达到或超过报警设定值时，自动发出报警信号，提醒人们及早采取安全措施，避免事故发生。对可燃性气体可能泄漏的危险场所应安装可燃气体探测器。可燃气体探测器有催化型和半导体型两种。可燃气体火焰探测器如图 5-9 所示。

图 5-9　可燃气体火焰探测器

催化型可燃气体探测器是利用难熔金属铂丝加热后的电阻变化来测定可燃气体浓度。当可燃气体进入探测器时，在铂丝表面引起氧化反应（无焰燃烧），其产生的热量使铂丝的温度升高，铂丝的电阻率便发生变化。

半导体可燃气体探测器采用灵敏度较高的气敏半导体元件，它在工作状态时遇到可燃气体，半导体电阻下降，下降值与可燃气体浓度有对应关系。

5. 复合式火灾探测器

复合式火灾探测器也逐步引起重视和应用。复合式火灾探测器是一种能响应两种或两种以上火灾参数的火灾探测器，主要有感烟感温、感光感温、感光感烟火灾探测器等。

5.2.3　火灾探测器的选择

在选择火灾探测器时，要根据探测区域内可能发生的初期火灾的形成和发展特征、房间高度、环境条件以及可能引起误报的原因等因素来决定。

1. 选择火灾探测器的一般原则

对于火灾初期有阴燃阶段，产生大量的烟和少量的热，很少或没有火焰辐射的场所，应选择感烟火灾探测器；对于火灾发展迅速，可产生大量热、烟和火焰辐射的场所，可选择感温火灾探测器、感烟火灾探测器、火焰探测器或其组合；对于火灾发展迅速，有强烈的火焰辐射和少量的烟、热的场所，应选择火焰探测器；对于火灾初期有阴燃阶段，且需要早期探测的场所，宜增设一氧化碳火灾探测器；对于使用、生产可燃气体或可燃蒸气的场所，应选择可燃气体探测器。

总之，应根据保护场所可能发生火灾的部位和燃烧材料，并根据火灾探测器的类型、灵敏度和响应时间等选择相应的火灾探测器。对于火灾形成特征不可预料的场所，可根据模拟试验的结果选择火灾探测器。同一探测区域内设置多个火灾探测器时，可选择具有复合判断火灾功能的火灾探测器和火灾报警控制器。

2. 探测器设置的一般原则

引起起火的因素有很多，例如机房内的供配电系统起火，机房内用电设备起火，人为事故引起的起火。机房内的供配电系统起火：由于机房内的用电设备多，机房内供电线路布线集中复杂，且机房内设备一般为连续运转，导致机房内的供电线路发热量较大甚至出现提前老化的现象，易发生供电线路的起火；机房内用电设备起火：当设备长时间连续工作时，元器件因质量、故障、老化或接触电阻过大而发热起火。人为事故引起的起火：由于机房内部的工作人员缺乏防火知识，违反有关安全防火规定进行操作引起起火，若此时不能及时采取正确、有效的灭火措施，将会使火势蔓延而造成重大损失。

此类故障也包括外部人员利用保安措施上的疏漏进入机房故意纵火破坏的情况。因此，安装探测器可以提前预防火灾的发生，并找到危险点，消除危险点，保证供电稳定和生产。

机房设置探测器的原则：

（1）火灾探测区域一般以独立的房间划分，探测区域内的每个房间内至少应设置一只探测器。一个探测区域的面积不宜超过 500m²；从主要入口能看清其内部，且面积不超过 1000m² 的房间，也可划为一个探测区域。在敞开或封闭的楼梯间、消防电梯前室、走道、坡道、管道井、闷顶、夹层等场所，都应单独划分出探测区域。

（2）探测器的设置一般按保护面积确定，每只探测器保护面积和保护半径的确定，要考虑到房间高度、屋顶坡度、探测器自身灵敏度三个主要因素的影响，但在有梁的顶棚上设置探测器时必须考虑到梁突出顶棚的影响。

（3）在设置火灾探测器时，还要考虑智能建筑内部走道宽度、至端墙的距离、至墙壁梁边距离、空调通风口距离以及房间隔情况等的影响。

（4）在厨房、开水房、浴室等房间连接的走廊安装探测器时，应避开其入口边缘 1.5m 安装。

（5）电梯井、未按以层封闭的管道井（竖井）等安装火灾探测器时应在最上层顶部安装。

（6）在下述场所可以不安装火灾探测器：隔断楼板高度在三层以下且完全处于水平警戒范围内的管道井（竖井）及其他类似的场所；垃圾井顶部平顶安装火灾探测器检修困难时。

（7）安装在天棚上的探测器边缘应与下列设施的边缘的水平间距宜保持在：探测器与照明灯具的水平净距不应小于 0.2m，感温探测器距高温光源灯具（如碘钨灯、容量大于 100W 的白炽灯等）的净距不应小于 0.5m，探测器距电风扇的净距不应小于 1.5m，探测器距不突出的扬声器净距不应小于 0.1m，探测器与各种自动喷水灭火喷头净距不应小于 0.3m，探测器距多孔送风顶棚孔口的净距不应小于 0.5m，探测器与防火门、防火卷帘的间距一般在 1 ～ 2m 的适当位置。

5.2.4　火灾探测器系统组成

火灾探测器与控制器的接线方式有多线制和总线制两种方式。

1. 多线制系统的结构

多线制系统的特点是火灾控制器采用信号巡检且火灾探测器和火灾控制器之间采用硬线对应连接关系，多线制系统的结构如图 5-10 所示。多线制系统由于设计、施工和维护复杂，已基本被淘汰。

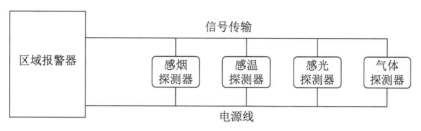

图 5-10 多线制系统的结构

2. 总线制系统的结构

总线制方式使用数字脉冲信号巡检和信息压缩传输，采用编码及译码逻辑电路来实现探测器与控制器的协议通信，大大减少了总线数，工程布线变得非常灵活，并形成分支状和环状两种典型布线结构。二总线制和四总线制是常用的两种总线制，总线制系统的结构如图 5-11 所示。探测器与控制器、功能模块与控制器之间都采用总线连接，称为全总线制。可采用模块联动或硬线联动消防设备，抗干扰能力强，误报率低，系统总功耗小。

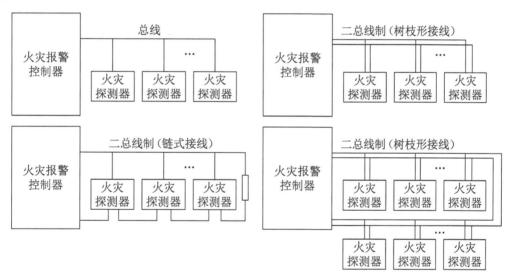

图 5-11 总线制系统的结构

5.3 火灾报警系统

火灾探测报警系统能及时、准确地探测被保护对象的初起火灾，将燃烧产生的烟雾、热量和光辐射等物理量，通过感温、感烟和感光等火灾探测器变成电信号，传输到火灾报警控制器，同时显示出火灾发生的部位，记录火灾发生的时间，从而使建筑物中的人员有足够的时间在火灾尚未发展蔓延到危害生命安全的程度前疏散至安全地带，是保障人员生命安全最基本的建筑消防系统。

5.3.1　火灾自动报警系统的组成

火灾自动报警系统是由触发器件、火灾报警控制器、火灾警报装置、消防控制设备以及具有其他辅助功能的装置组成的系统。

1. 触发器件

在火灾自动报警系统中，自动或手动产生火灾报警信号的器件称为触发器件，主要包括火灾探测器和手动火灾报警按钮，手动火灾报警器如图 5-12 所示。火灾探测器是能对火灾参数（如烟、温度、火焰辐射、气体浓度等）做出响应，并自动产生火灾报警信号的器件。手动火灾报警按钮是手动方式产生火灾报警信号，启动火灾自动报警系统的器件。

图 5-12　手动火灾报警器

2. 火灾报警控制器

在火灾报警系统中，用以接收、显示和传递火灾报警信号，能发出控制信号并具有其他辅助功能的控制指示设备称为火灾报警控制器。

3. 火灾警报装置

在火灾自动报警系统中，用以发出区别于环境声、光的火灾警报信号的装置称为火灾警报装置。它以声、光和音响等方式向报警区域发出火灾警报信号，以警示人们迅速安全疏散以及采取灭火救灾措施，声光报警器如图 5-13 所示。

图 5-13　声光报警器

4. 消防控制设备

在火灾自动报警系统中，当接收到火灾报警后，能自动或手动启动相关消防设备并显示其状态的设备，称为消防控制设备。主要包括火灾报警控制器，自动灭火系统的控制装置，室内消火栓系统的控制装置，防烟排烟系统及空调通风系统的控制装置，常开防火门、防火卷帘的控制装置，电梯回降控制装置，以及火灾应急广播、火灾警报装置、消防通信设备、火灾应急照明与疏散指示标识等控制装置中的部分或全部。消防控制设备一般设置在消防控制中心，以便于实行集中统一控制。也有的消防控制设备设置在被控消防设备所在现场，但其动作信号必须返回消防控制室，实行集中与分散相结合的控制方式。

5. 电源

火灾自动报警系统属于消防用电设备，其主电源应当采用消防电源，备用电源可采用蓄电池。系统电源除为火灾报警控制器供电外，还须为与系统相关的消防控制设备等供电。

5.3.2　火灾报警控制器的功能与类型

火灾报警控制器的基本功能：主电、备电自动转换，备用电源充电功能，电源故障监测功能，电源工作状态指标功能，为探测器回路供电功能，探测器或系统故障声光报警，火灾声、光报警、火灾报警记忆功能，时钟单元功能，火灾报警优先报故障功能，声报警音响消音及再次声响报警功能。

火灾报警控制器有以下几种主要分类方法。

- 按容量分类，分为单路和多路报警控制器。
- 按用途分类，分为区域型、集中型、通用型三种。
- 按使用环境分类，分为陆用型、船用型。
- 按结构形式分类，分为台式、柜式、壁挂式。火灾报警控制器外形图如图5-14所示。
- 按系统连线方式分类，分为多线制型、总线制型。

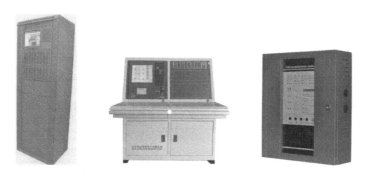

图 5-14　火灾报警控制器外形图

此外，根据工程规模的大小，火灾自动报警系统分为区域报警系统、集中报警系统和控制中心报警系统三种基本形式。火灾自动报警系统结构如图5-15所示。下面介绍火灾自动报警系统的三种基本形式。

（1）区域报警系统：应用于小区域的火灾报警（几十个报警点），由区域火灾报警控制器和火灾探测器等组成,或由火灾报警控制器和火灾探测器等组成。这是一种功能简单的火灾自动报警系统,如图5-15(a)所示。

(2)集中报警系统:应用于中等区域的火灾报警(几百个报警点),由集中火灾报警控制器、区域火灾报警控制器和火灾探测器组成,或由火灾报警控制器、区域显示器和火灾探测器等组成。这是一种功能较复杂的火灾自动报警系统,如图5-15(b)所示。

(3)控制中心报警系统:应用于大区域的火灾报警(成千上万个报警点),由消防控制室的消防控制设备、集中火灾报警控制器、区域火灾报警控制器和火灾探测器等组成,或由消防控制室的消防控制设备、火灾报警控制器、区域显示器和火灾探测器等组成。这是一种功能复杂的火灾自动报警系统,如图5-15(c)所示。

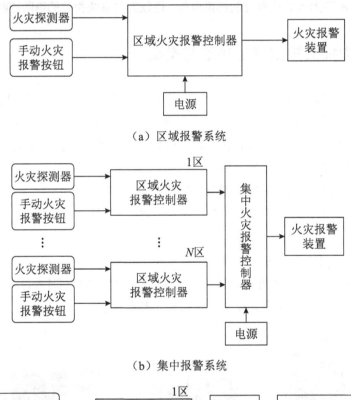

(a)区域报警系统

(b)集中报警系统

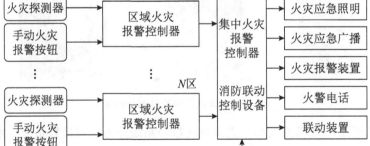

(c)控制中心报警系统

图5-15 火灾自动报警系统结构

5.4　消防联动控制系统

消防联动控制是指火灾探测器探测到火灾信号后，能自动切除报警区域内有关的空调器，关闭管道上的防火阀，停止有关换风机，开启有关管道的排烟阀，自动关闭有关部位的电动防火门、防火卷帘门，按顺序切断非消防用电源，接通事故照明及疏散标志灯，停运除消防电梯外的全部电梯，并通过控制中心的控制器，立即启动灭火系统，进行自动灭火。

5.4.1　消防联动控制系统设备

消防联动控制系统由消防联动控制器、消防控制室图形显示装置、消防电气控制装置（防火卷帘控制器、气体灭火控制器等）、消防电动装置、消防联动模块、消火栓按钮、消防应急广播设备、消防电话等设备和组件组成。在火灾发生时，联动控制器按设定的控制逻辑准确发出联动控制信号给消防泵、喷淋泵、防火门、防火阀、防排烟阀和通风等消防设备，完成对灭火系统、疏散指示系统、防排烟系统及防火卷帘等其他消防有关设备的控制功能。当消防设备动作后将动作信号反馈给消防控制室并显示，实现对建筑消防设施的状态监视功能。

1. 消防联动控制器

消防联动控制器是消防联动控制系统的核心组件。它通过接收火灾报警控制器发出的火灾报警信息，按预设逻辑对建筑中设置的自动消防系统（设施）进行联动控制。消防联动控制器可直接发出控制信号，通过驱动装置控制现场的受控设备；对于控制逻辑复杂且在消防联动控制器上不便实现直接控制的情况，可通过消防电气控制装置（如防火卷帘控制器、气体灭火控制器等）间接控制受控设备，同时接收自动消防系统（设施）动作的反馈信号。

2. 消防控制室图形显示装置

消防控制室图形显示装置用于接收并显示保护区域内的火灾探测报警及联动控制系统、消火栓系统、自动灭火系统、防烟排烟系统、防火门及卷帘系统、电梯、消防电源、消防应急照明和疏散指示系统、消防通信等各类消防系统及系统中各类消防设备（设施）运行的动态信息和消防管理信息，同时还具有信息传输和记录功能。

3. 消防电气控制装置

消防电气控制装置用于控制各类消防电气设备，一般通过手动或自动的工作方式来控制消防泵、防烟排烟风机、电动防火门、电动防火窗、防火卷帘、电动阀等各类电动消防设施及双电源互换装置，并将相应设备的工作状态反馈给消防联动控制器进行显示。

4. 消防电动装置

消防电动装置用于电动消防设施的电气驱动或释放，包括电动防火门窗、电动防火阀、电动防烟排烟阀、气体驱动器等电动消防设施的电气驱动或释放装置。

5. 消防联动模块

消防联动模块是用于消防联动控制器和其所连接的受控设备或部件之间信号传输的设备，包括输入模块、输出模块和输入/输出模块。输入模块的功能是接收受控设备或部件的信号反馈并将信号输入到消防联动控制器中进行显示。输出模块的功能是接收消防联动控制器的输出信号并发送到受控设备或部件。输入/输出模块则同时具备输入模块和输出模块的功能。

6. 消火栓按钮

消火栓按钮是手动启动消火栓系统的控制按钮。

7. 消防应急广播设备

消防应急广播设备由控制和指示装置、声频功率放大器、传声器、扬声器、广播分配装置、电源装置等部分组成，是在火灾或意外事故发生时通过控制功率放大器和扬声器进行应急广播的设备，它的主要功能是向现场人员通报火灾发生消息，指挥并引导现场人员疏散。

8. 消防电话

消防电话是用于消防控制室与建筑物中各部位之间通话的电话系统，由消防电话总机、消防电话分机、消防电话插孔构成。消防电话是与普通电话分开的专用独立系统，一般采用集中式对讲电话。消防电话的总机设在消防控制室，分机设置在建筑物中的各关键部位。消防电话总机能够与消防电话分机进行全双工语音通信。消防电话插孔安装在建筑物各处，插上电话手柄就可以和消防电话总机通信。

5.4.2　消防联动控制的功能

在数据中心的消防控制中心均设有消防设备联动控制装置，它接收来自火灾报警控制器的报警点数据，根据已输入的控制逻辑数据及火灾发生、发展的情况，完成对相应消防设备发送消防联动控制指令。

消防联动控制包括：联动开启报警区域的应急照明；联动开启相关区域的应急广播；视频监控系统将报警区域画面切换到主监视器，火灾所在分区的其他画面同时切换到副监视器；门禁系统将疏散通道上的门禁联动解锁，供人员紧急疏散；车库管理系统将提示并禁止车辆驶入，抬起出入口的自动挡车道栏杆，供车辆疏散等。

消防联动控制中心组成方式如图5-16所示。方式一是由火灾探测器与报警控制器单独构成火灾自动报警系统，然后再配以单独的联动控制系统，形成消防控制中心。系统中的火灾自动报警系统和联动控制系统之间，可以在现场设备或部件之间相互联系，也可以在消防控制中心组成联动。这种方式组成灵活，便于不同厂家的火灾报警系统和联动控制系统之间互配。方式二是以带联动控制功能的火灾报警系统为控制中心，既联系火灾探测器，又联系现场消防设备，联动关系是在报警控制器内部实现的，系统构建简单，联动功能强大。

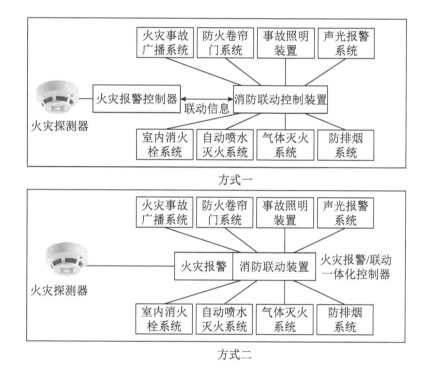

图 5-16　消防联动控制中心组成方式

智能消防系统作为 BAS 系统的一部分，通过网络实现远端报警和信息传送，向当地消防指挥中心及有关方面通报火灾情况，并可通过城市信息网络与城市管理中心、城市电力供配调度中心、城市供水管理中心等共享数据和信息。

下面分别介绍联动控制系统的各组成部分及功能。

1. 水喷淋系统

联动控制自动状态下火灾报警控制盘通过预先设置的信号输入模块接收到雨淋阀

上压力开关的动作反馈信号后，通过控制模块输出启动信号连锁自动启动水喷淋泵，并通过信号输入模块接收水喷淋泵的启动信号，在火灾报警控制盘上进行声光报警，并存储记录。集中控制室消防控制柜处设置用于硬接线形式的水喷淋泵直接启动、停止按钮和运行状态指示灯，用于水喷淋泵的控制和状态显示，消防水喷淋控制逻辑如图 5-17 所示。

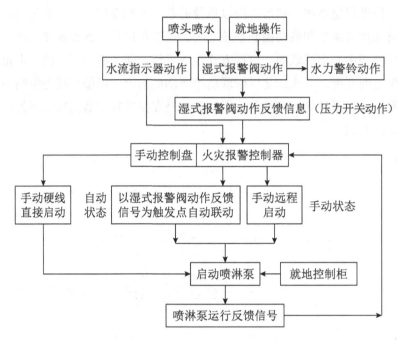

图 5-17 消防水喷淋控制逻辑

2. 气体灭火系统联动控制

当系统采用自动启动方式时，火灾探测报警主盘或区域盘应提供同一个防护区内两个独立的火灾探测报警信号给气体消防控制盘（即一级报警信号和二级报警信号），才能启动气体消防系统。

气体消防控制盘应能完成：接到两个独立的火灾探测报警信号后启动灭火系统，气体消防系统应在防护区内及入口处设置警铃和声光报警器，以提醒防护区内的人员现场发生火警和即将释放灭火剂，同时向火灾报警主盘或该防护区就地控制盘、瓶站气体消防控制盘发出声光报警，延时 30 秒（0～30 秒现场可调）后喷射灭火剂。这时管道上的压力信号器向气体消防控制盘和火灾报警主盘发出信号，确认已喷射灭火剂的防护区是否与发生火灾的防护区一致，同时将这个信号传至防护区入口处，发出正在喷射灭火剂的放气指示信号，该信号一直持续到确认火灾已经扑灭为止。气体灭火控制逻辑如图 5-18 所示。

气体消防控制盘上应有系统故障显示、电源显示、手动操作按钮等。

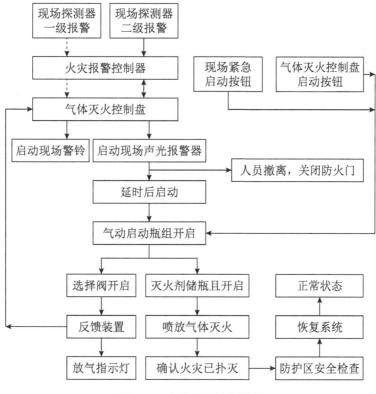

图 5-18　气体灭火控制逻辑

3. 消防应急广播系统

集中报警系统和控制中心报警系统应设置消防应急广播，在消防控制室应能手动或按预设控制程序联动控制选择广播分区，启动或停止应急广播系统，并能监听消防应急广播。在通过传声器进行应急广播时，应自动对广播内容进行录音。紧急广播应优先于业务广播、背景广播。

消防应急广播系统又称火灾应急广播系统，主要在发生火灾及其他灾难事故时，用于发布警报、指导人群疏散、事故警报的解释、警报解除和统一指挥等。消防应急广播通常由公共广播系统兼任，通过自动切换装置和火灾应急广播系统实现正常广播与火灾紧急广播之间的相互切换。火灾应急广播能自动或人工播放。自动播放时能报出火灾楼层、地点等信息。火灾应急广播应能用汉语、英语播放，火灾广播录音由广播系统完成。

在火灾应急广播系统中，背景音乐信号处于常闭状态，火灾广播信号处于常开状态。当强切继电器 K 接到来自消防中心的指令通电后，其辅助接点 K_1 断开，K_2 合上，从而完成火灾状态下的紧急广播信号切换。强切音控的功能是打开那些被现场音控器关闭了的扬声器，火灾状态下强切音控继电器动作，令 R 线同 N 线短接，使音量控制器旁通，扬声器正常广播。图 5-19 为火灾应急广播强切示意图。

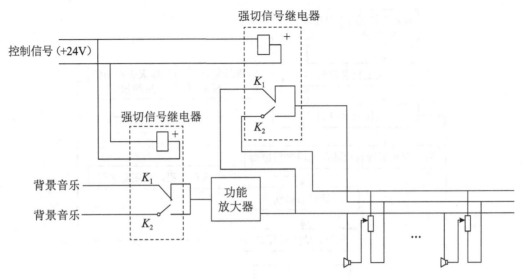

图 5-19　火灾应急广播强切示意图

火灾应急广播系统应在消防控制室（中心）控制，并能实现自动播音（与火灾自动报警系统联动，分区播发预定的录音）和手动播音两种方式。

火灾应急广播设备的用电，一类建筑应按一级负荷的要求供电，二类建筑应按二级负荷的要求供电。此外，还应设有直流备用电源（蓄电池），备用电源的容量应能保证网络在最大负荷下紧急广播 10 ～ 20 分钟。

4. 智能消防应急照明系统

智能消防应急照明系统主要用于各类建筑物在发生火灾等灾难性突发事件时，以外部信息为依据，根据预设的避烟避险疏散方案，进行局部疏散路径优化调整，为建筑内的人员疏散提供更安全、准确、迅速的疏散指引，使现场人员能够在最短时间内沿最短路线尽快逃离至安全地带，是避免造成群死群伤的重要安全措施，智能消防应急照明系统如图 5-20 所示。

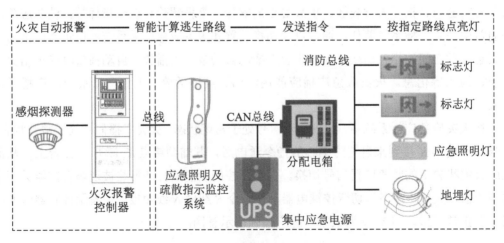

图 5-20　智能消防应急照明系统

应急照明系统采用专用回路双电源配电，并在末端互投；部分应急照明采用区域集中式供电（UPS），其连续供电时间不小于 120 分钟。应急照明系统的布线应符合消防设计的要求（具备足够的抗火灾能力），导线穿钢管或经阻燃处理的硬质塑料管暗埋于不燃烧体的结构层内，且保护层厚度不宜小于 30mm。

所有楼梯间及其前室、消防电梯前室、疏散走道、变配电室、水泵房、防排烟机房、消防控制室、通信机房、多功能厅、大堂等场所均设置备用照明。变配电室、水泵房、防排烟机房、消防控制室、通信机房的备用照明照度值按不低于正常照明照度值设置。多功能厅、大堂等场所的备用照明按不低于正常照明照度值的 50% 设置。

在大空间用房、走道、安全出口、楼梯间及其前室、电梯间及其前室、主要出入口等场所均设置疏散指示照明。保证疏散通道的地面最低水平照度不应低于 0.5lx，人员密集场所内的地面最低水平照度不应低于 1.0lx，楼梯间内的地面最低水平照度不应低于 5.0lx。

应急照明平时采用就地控制或由建筑设备监控系统统一管理，火灾时由消防控制室自动控制强制点亮全部应急照明灯。

5. 空调机组的控制

火灾报警系统预留有与空调系统联动控制的接口。当火警信号被火灾报警控制盘确认无误后，火灾报警控制盘按照预先设置的联动程序通过控制模块，以干接点或 DC24V 形式输出控制信号至空调控制系统，关闭空调机组。该空调机组被控制关闭信号通过对应的输入模块反馈至火灾报警控制盘进行声光报警，并存储记录。

6. 消防电梯的控制

当火警信号被确认无误后，火灾报警控制盘按照预先设置的联动程序通过控制模块以干接点或 DC24V 的形式输出控制信号至电梯控制系统，使电梯迫降到首层停止使用，有消防功能的客梯转换消防电梯，按消防电梯的要求运行。

信号反馈电梯运行状态信息和停于首层或转换层的反馈信号，应传送给消防控制室显示，轿厢内应设置能直接与消防控制室通话的专用电话。

7. 排烟系统的联动控制

防排烟系统可手动控制，应能在消防控制室内的消防联动控制器上手动控制送风口、电动挡烟垂壁、排烟口、排烟窗、排烟阀的开启或关闭及防烟风机、排烟风机等设备的启动或停止，防烟、排烟风机的启动、停止按钮应采用专用线路直接连接至设置在消防控制室内的消防联动控制器的手动控制盘，并应直接手动控制防烟、排烟风机的启动、停止。

排烟系统的联动控制要求如下：

（1）排烟系统的联动控制应以同一防烟分区内两只独立的火灾探测器的报警信号作为排烟口、排烟窗或排烟阀开启的联动触发信号，并应由消防联动控制器联动控制排烟口、排烟窗或排烟阀的开启，同时停止该防烟分区的空气调节系统。

（2）排烟系统的联动控制应以排烟口、排烟窗或排烟阀开启的动作信号作为排烟风机启动的联动触发信号，并应由消防联动控制器联动控制排烟风机的启动。

（3）信号反馈：送风口、排烟口、排烟窗或排烟阀开启和关闭的动作信号，防烟、排烟风机启动和停止及电动防火阀关闭的动作信号，均应反馈至消防联动控制器。排烟风机入口处的总管上设置的280℃排烟防火阀关闭后，应直接联动控制风机停止，排烟防火阀及风机的动作信号应反馈至消防联动控制器。

8. 防烟系统的联动控制

加压送风机的启动有几种方式：应能现场手动启动；通过火灾报警系统自动启动；消防控制室手动启动；系统中的任一常闭加压送风口开启时，加压送风机能自动启动。当防火分区内火灾确认后，应能在15秒内联动开启常闭加压送风口和加压送风机，并符合以下规定：

（1）排烟系统的联动控制应以加压送风口所在防火分区内两只独立的火灾探测器或一只火灾探测器与一只手动火灾报警按钮的报警信号作为送风口开启和加压送风机启动的联动触发信号，并应由消防联动控制器联动控制相关层前室等需要加压送风场所的加压送风口开启和加压送风机启动。

（2）排烟系统的联动控制应以同一防烟分区内且位于电动挡烟垂壁附近的两只独立感烟火灾探测器的报警信号作为电动挡烟垂壁降落的联动触发信号，并应由消防联动控制器联动控制电动挡烟垂壁的降落。

（3）排烟系统的联动控制应开启该防火分区内着火层及其相邻上下层前室及合用前室的常闭送风口，同时开启加压送风机。消防控制设备应显示防烟系统的送风机、阀门等设施的启闭状态。

9. 消防专用电话的设置要求

消防专用电话网络应为独立的消防通信系统，消防控制室应设置消防专用电话总机。多线制消防专用电话系统中的每个电话分机应与总机单独连接，电话分机或电话插孔的设置应符合下列规定：

（1）消防水泵房、发电机房、配变电室、计算机网络机房、主要通风和空调机房、防排烟机房、灭火控制系统操作装置处或控制室、企业消防站、消防值班室、总调度室、消防电梯机房及其他与消防联动控制有关且经常有人值班的机房应设置消防专用电话分机。消防专用电话分机应固定安装在明显且便于使用的部位，并有区别于普通电话的标识。

（2）手动火灾报警按钮或消火栓按钮等处，宜设置电话插孔，并宜选择带有电话插孔的手动火灾报警按钮。

（3）各避难层应每隔 20m 设置一个消防专用电话分机或电话插孔。

（4）电话插孔安装在墙上时，其底边距地面高度宜为 1.3～1.5m。

10. 防火卷帘的控制

防火卷帘控制方式根据防火卷帘门所在的位置分为以下两种方式：

（1）疏散通道上设置的联动控制方式：防火分区内任两只独立的感烟火灾探测器或任意一只专门用于联动防火卷帘的感烟火灾探测器的报警信号，应联动控制防火卷帘下降至距楼板面疏散通道上设置的 1.8m 处；任意一只专门用于联动防火卷帘的感温火灾探测器的报警信号应联动控制防火卷帘下降到楼板面。

（2）非疏散通道上设置的联动控制方式：应以防火卷帘所在防火分区内任两只独立的火灾探测器的报警信号作为防火卷帘下降的联动触发信号，并应联动控制防火卷帘直接下降到楼板面。

11. 消火栓系统联动控制

消火栓系统联动控制应以消火栓系统出水干管上设置的低压压力开关、高位消防水箱出水管上设置的流量开关或报警阀压力开关等信号作为触发信号，直接控制启动消火栓泵。联动控制不应受消防联动控制器处于自动或手动状态影响。

（1）联动控制方式：当设置消火栓按钮时，消火栓按钮的动作信号应作为报警信号及启动消火栓泵的联动触发信号。由消防联动控制器联动控制消火栓泵的启动。

（2）手动控制方式：应将消火栓泵控制箱（柜）的启动、停止按钮用专用线路直接连接至设置在消防控制室内的消防联动控制器的手动控制盘，并应直接手动控制消火栓泵的启动、停止，消火栓泵的动作信号应反馈至消防联动控制器。

12. 消防控制室图形显示装置的设置

消防控制室图形显示装置应设置在消防控制室内，并应符合火灾报警控制器的安装设置要求。

消防控制室图形显示装置与火灾报警控制器、消防联动控制器、电气火灾监控器、可燃气体报警控制器等消防设备之间，应采用专用线路连接。

5.5　灭火系统

灭火的基本原理就是破坏燃烧必须具备的条件。不管采用哪一种方法，只要能去掉一个燃烧条件，火就可被扑灭。灭火系统主要包括自动喷水灭火系统、消防栓给水系统、气体灭火系统、干粉灭火系统和泡沫灭火系统。

下面对灭火系统中的自动喷水灭火系统、消防栓给水系统、气体灭火系统做详细介绍。

5.5.1 自动喷水灭火系统

自动喷水灭火系统由洒水喷头、报警阀组、水流报警装置（水流指示器或压力开关）等组件，以及管道、供水设施组成。它是一种在发生火灾时能自动打开喷头喷水灭火，同时发出火警信号的消防灭火设施。

系统在火灾发生后能通过各种方式自动启动，同时通过加压设备将水送入管网维持喷头洒水灭火一定时间。

凡发生火灾时可以用水灭火的场所，均可采用自动喷水灭火系统。自动喷水灭火系统已有一百多年的历史，是当今世界上公认的最为有效的自救灭火系统，也是应用最广泛、用量最大的自动灭火系统。

国内外应用实践证明，该系统具有安全可靠、经济实用、灭火成功率高等优点，自动喷水灭火系统扑灭初期火灾的效率在 97% 以上，占已安装的自动喷水灭火系统总数的 70% 以上。

按喷头的开启形式分有闭式自动喷水灭火系统和开式自动喷水灭火系统，闭式喷头如图 5-21 所示。闭式自动喷水灭火系统又分湿式自动喷水灭火系统、干式自动喷水灭火系统、预作用自动喷水灭火系统。开式自动喷水灭火系统又分雨淋喷水灭火系统、水幕系统、水喷雾灭火系统。下面将详细介绍闭式自动喷水灭火系统和开式自动喷水灭火系统的各个组成部分和原理。

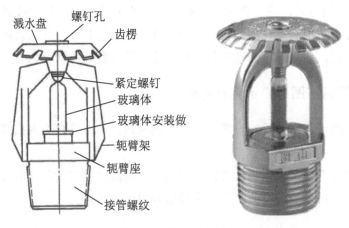

图 5-21 闭式喷头原理

1. 闭式自动喷水灭火系统

闭式自动喷水灭火系统由水源、管网、喷淋水泵及控制柜、闭式喷头、报警控制装置等组成，是一种能够自动探测火灾并自动启动喷淋水泵灭火的固定灭火系统。主要包括以下几种类型。

1）湿式自动喷水灭火系统

湿式自动喷水灭火系统由闭式喷头、湿式报警阀、延迟器、压力开关、水力警铃、水流指示器、末端检验装置、放水阀、过滤器等组成。由于该系统在报警阀的前后管道内始终充满着压力水，故称湿式喷水灭火系统。湿式系统必须安装在全年不结冰及不会出现过热危险的场所内，该系统在喷头动作后立即喷水，其灭火成功率高于干式系统。

湿式自动喷水灭火系统应用于环境温度不低于4℃、不高于70℃的建筑物或场所，其灭火系统原理图如图5-22所示。发生火灾时，火焰或高温气体使闭式喷头的热敏元件动作，喷头开启喷水灭火。此时管网中的水由静止变为流动使水流指示器动作，并通过报警总线将状态信号送至火灾报警控制器，在火灾报警控制器上指示某一区域已在喷水。由于喷头持续喷水泄压造成湿式报警阀的上部水压低于下部水压，在压力差的作用下，原来处于关闭状态的湿式报警阀就自动开启，压力水通过湿式报警阀流向灭火管网，同时通向水力警铃和压力开关的通道也被打开，水流冲击水力警铃和压力开关，压力开关动作。信号直接作用于启动喷淋泵，并通过报警总线将状态信号送至火灾报警控制器。为了保证可靠启泵，通常在报警阀前的管道上设置低压压力开关，这样在报警阀开启后，系统管网压力降低，低压压力开关动作，即可直接启动给水泵。

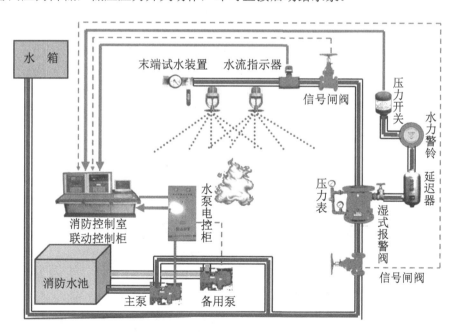

图5-22　湿式自动喷水灭火自动报警系统

（1）闭式喷头。

闭式喷头是自动喷水灭火系统的主要部件。闭式喷头实际上是一种由感温元件控制开启的常闭喷头，由喷头本体、感温元件、溅水盘等组成。当环境温度上升到足以引起感温元件动作而破裂时，管网里的压力水冲开喷口的密封片，水束冲击到溅水盘上，形成抛物面状均匀洒水、灭火。闭式喷头一经开启便不能恢复原状（保持常开）。喷头的开启温度（公称动作温度）用感温工作液色标表示。常用的是 68℃喷头，其他温度等级的喷头数据如表 5-1 所示。

表 5-1　常用闭式喷头色标和公称动作温度值

工作液色标	喷头公称动作温度 /℃	使用环境最高温度 /℃
橙色	57	27
红色	68	38
黄色	79	49
绿色	93	63
蓝色	141	111

湿式自动报警系统结构如图 5-23 所示。湿式自动报警系统结构各部件的构成及用途如图 5-24 所示。

图 5-23　湿式自动报警系统结构

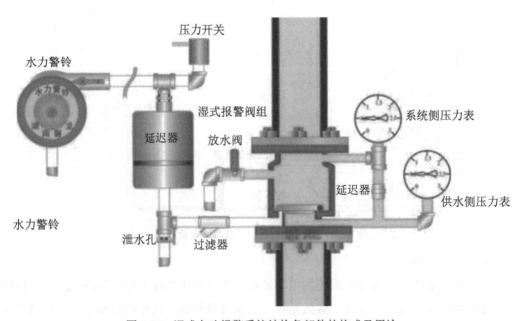

图 5-24　湿式自动报警系统结构各部件的构成及用途

（2）湿式报警阀。

湿式报警阀是只允许水单方向流入喷水系统并在规定流量下报警的一种单向阀。它在系统中的作用是接通或关断报警水流，并防止水倒流。喷头动作后，报警水流将驱动水力警铃和压力开关报警。在伺应状态下，由于旁路管和补偿器在供水压力波动的情况下可使阀瓣上部水压大于其下部水压，同时在结构上，阀瓣上承压面比下承压面面积大了约15%，故可有效地防止因水压波动打开阀瓣而形成误报警。当发生火灾时，喷头动作喷水而造成系统侧水压下降，而旁路管的节流作用不能立即使系统侧压力与供水侧压力平衡，这个压力差就将阀瓣打开并向已开启的喷头连续供水，实施灭火。

（3）延迟器。

延迟器是容积式部件，它可以消除自动喷水灭火系统因水源压力波动和水流冲击造成误报警。当湿式报警阀因压力波动瞬时开放时，水首先进入延迟器，这时由于进入延迟器的水量很少，会很快经延迟器底部排水口排出，水就不会进入水力警铃或压力开关，从而起到防止误报警的作用。

（4）压力开关。

压力开关安装在延迟器上部，将水压信号变换成电信号，从而实现电动报警或启动消防水泵。

（5）水力警铃。

水力警铃是水流过湿式报警阀使之启动后，能发出声响的水力驱动式报警装置，适用于湿式、干式报警阀及雨淋阀系统。它安装在延迟器的上部，当喷头开启时，系统侧排水口放水后 5～90 秒，水力警铃开始工作。

（6）水流指示器。

水流指示器一般安装在配水干管上，是靠管内压力水流动的推力而动作，从而推动微动开关发出报警信号，起到检测和指示报警区域的作用。

在自动喷水灭火系统中，水流指示器是一种把水的流动转换成电信号报警的部件，它的电气开关可以导通电警铃，也可直接启动消防水泵供水灭火。延时型水流指示器可克服由于水源波动引起的误动作，给延时电路供电，经过预设的时间后，延时继电器动作，通过一组无源常开触点发出报警信号。另外，也可与系统的其他组成部件联动，可控制消防泵的开启动作。

（7）末端检验装置。

末端检验装置用于自动喷水灭火系统等流体工作系统。该试水装置末端连接相当于一个标准喷头流量的接头，打开该试水装置，可进行系统模拟试验调试。利用此装置可对系统进行定期检查，以确定系统能正常工作。

（8）放水阀。

放水阀用于检修时放空管网中的余水。

（9）过滤器。

过滤器是确保水流的洁净度，保障湿式报警阀的正常运作。

2）干式自动喷水灭火系统

干式自动喷水灭火系统处于戒备状态时配水管道内充有压气体，因此使用场所不受环境温度的限制。与湿式系统的区别在于，采用干式报警阀组，并设置保持配水管道内气压的充气设施。该系统适用于有冰冻危险与环境温度有可能超过70℃并使管道内的充水汽化升压的场所。

干式自动喷水灭火系统由闭式喷头、管道系统、干式报警阀、报警装置、充气设备、排气设备和供水设备等组成。其管路和喷头内平时没有水，只处于充气状态，故称之为干式系统。其主要特点是，在报警阀后管路内无水，不怕冻结，不怕环境温度高。因此，该系统适用于环境温度低于4℃和高于70℃的建筑物和场所，如不采暖的地下停车场、冷库等。

干式自动喷水灭火系统原理如图5-25所示。火灾发生时，火源处温度上升，使火源上方喷头开启，首先排出管网中的压缩空气，灭火管网压力下降，干式报警阀阀前压力大于阀后压力，干式报警阀开启，水流向配水管网，并通过已开启的喷头喷水灭火。

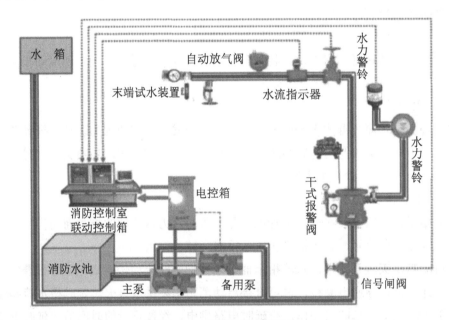

图 5-25　干式自动报警系统

图 5-26　干式报警阀结构

干式系统平时报警阀上下阀板压力保持平衡，当系统管网有轻微漏气时，由空压机进行补气，安装在供气管道上的压力开关监视系统管网的气压变化状况。

干式系统的缺点：发生火灾时，配水管道必须经过排气充水过程，因此推迟了开始喷水的时间，对于可能发生火灾蔓延速度较快的场所，不适宜采用此系统。干式报警阀结构如图5-26所示。

干式报警阀使用说明：

（1）干式报警阀与湿式报警阀的主要区别就是

其系统侧充满的是有压气体，因此其阀体上有供气管路来为系统侧加压供气。

（2）为防止系统侧从缝隙中泄露，在阀瓣以上使用一定高度的水进行液封。这部分液封的水在阀瓣关闭之后，通过阀体上的注水漏斗加注进入阀体，当加注水从注水排水阀流出时，即认为液封水位达到要求。此阀也可以作为报警阀测试管路。

（3）发生火灾后阀瓣开启，水流进入报警管路。当阀瓣开启后，根据干式报警阀阀瓣的前端结构，水流可以顺时针通过复位销，而无法逆时针使阀瓣自动复位。

（4）开启水力警铃试验阀，即可不开启阀瓣而测试报警功能。

（5）干式报警阀在试验结束或者火灾扑救完成后，停止消防水泵，将系统侧的水通过主排水管路全部放空（也是这个原因，要求阀瓣开启后不能自动闭合），更换喷头，拔出复位销，阀瓣落回阀座上。通过注水漏斗注入适量水进行液封，同时通过充气管路为系统侧进行充气加压，达到规定范围后停止，干式报警阀复位完成。

3）预作用自动喷水灭火系统

预作用自动喷水灭火系统在干式自动喷水灭火系统的基础上附加一套火灾自动报警系统，形成具有双重控制的水灭火系统。

预作用自动喷水灭火系统既兼有湿式、干式系统的优点，又避免了湿式、干式系统的缺点，在不允许出现误喷或管道漏水的重要场所，可替代湿式系统使用；在低温或高温场所中又可替代干式系统使用，避免喷头开启后延迟喷水的缺点。预作用自动喷水灭火系统启动流程如图 5-27 所示。

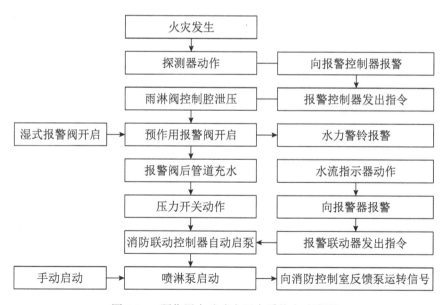

图 5-27　预作用自动喷水灭火系统启动流程

预作用自动喷水灭火系统主要由闭式喷头、管网系统、预作用阀组、充气设备、供水设备、火灾探测报警系统等组成，其工作流程原理如图 5-28 所示。

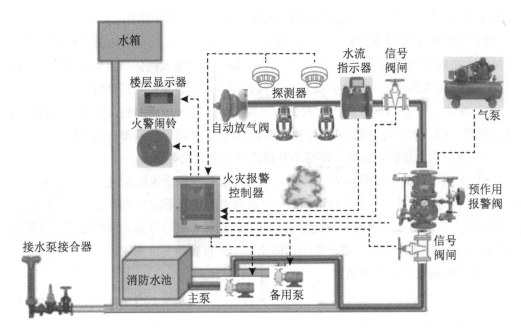

图 5-28 预作用工作原理

预作用报警阀组由雨淋阀和湿式报警阀上下串接而成，雨淋阀位于供水侧，湿式报警阀位于系统侧。预作用报警阀组如图 5-29 所示。

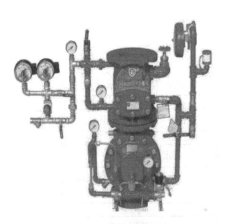

图 5-29 预作用报警阀组

预作用自动喷水灭火系统的原理：一旦发生火灾，安装在保护区的感烟火灾探测器发出火灾报警信号，火灾报警控制器接到报警信号后发出指令打开雨淋阀上的电磁阀，使雨淋阀开启，压力水流进入系统侧管网，变成湿式喷水系统，同时水力警铃响，压力开关动作并启动消防泵。此时喷头尚未释放，不会喷水。可主动地经管理人员采取适当行动将火扑灭，避免喷头动作喷水造成的损失。如果火灾控制不住继续发展，致使闭式喷头玻璃球动作喷水，水泵自动启动。火灾扑灭后，应将电磁阀关闭，使雨淋阀关闭，并排除管中的水使系统充气压力保持在 0.03 ～ 0.05MPa 范围内，恢复准工作状态。

当火源处温度继续上升，喷头开启迅速出水灭火。因此要求火灾探测器的动作先于喷头的动作，而且应确保当闭式喷头受热开放时管道内已充满了压力水。如果火灾探测器发生故障，没能发出报警信号启动预作用阀，而火源处温度继续上升，使得喷头开启，于是管网中的压缩空气气压迅速下降，由压力开关探测到管网压力骤降的情况，压力开关发出报警信号，通过火灾报警控制箱可以启动预作用阀，供水灭火。因此，即使火灾探测器发生故障，预作用系统仍能正常工作。

2. 开式自动喷水系统

自动喷水灭火系统喷头的形式为开式，喷头是敞开的（无易熔元件、可直接出水），这套系统就是开式系统，如雨淋系统、水幕系统、水雾系统。

1）雨淋系统

雨淋系统是开式自动喷水灭火系统的一种，系统所使用的喷头为开式喷头。开式喷头如图 5-30 所示。雨淋系统工作原理如图 5-31 所示。雨淋系统反应迅速，它是由火灾探测报警控制系统来开启的。雨淋系统灭火控制面积大，用水量大。雨淋系统采用的是开式喷头，发生火灾时，系统保护区域的所有喷头一起出水灭火，能有效地控制住火灾，防止火灾蔓延。

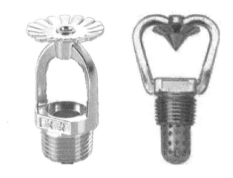

图 5-30　开式喷头

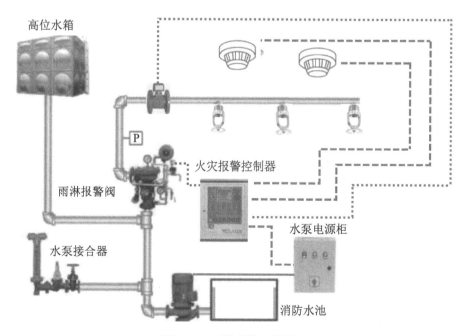

图 5-31　雨淋系统工作原理

雨淋系统适用于燃烧猛烈、蔓延迅速的严重危险建筑物或场所。雨淋系统的特点是采用开式洒水喷头和雨淋报警阀组,并由火灾报警系统或传动管联动雨淋阀和供水泵,使得与雨淋阀连接的开式喷头同时喷水,雨淋阀如图5-32所示。雨淋系统应安装在发生火灾时火势发展迅猛、蔓延迅速的场所,如舞台等。

2)水幕系统

水幕系统用于挡烟阻火和冷却分隔物。系统采用开式洒水喷头或水幕喷头,以及控制供水通断的阀门。可根据防火需要采用雨淋报警阀组或人工操作的通用阀门,小型水幕可用感温雨淋阀控制。水幕系统包括防火分隔水幕和防护冷却水幕两种类型。防火分隔水幕利用密集喷洒形成的水墙或水帘阻火挡烟,起到防火分隔的作用;防护冷却水幕则用水的冷却作用,配合防火卷帘等分隔物进行防火分隔。

水幕系统和雨淋系统基本类似,区别在于该系统喷头(开式或水幕)沿线状布置,喷水时形成一道水幕,发生火灾时主要起阻火、冷却、隔离作用。水幕喷头如图5-33所示。

图 5-32 雨淋阀

图 5-33 水幕喷头

水幕系统适用场所:需防火隔离的开口部位,如舞台与观众之间的隔离水帘、消防防火卷帘的冷却等。

3)水喷雾灭火系统

水喷雾灭火系统是开式雨淋自动喷水灭火系统的一种类型,它的组成和工作原理与雨淋系统基本一致,区别主要在于喷头的结构和性能不同。雨淋系统采用标准开式喷头,而水喷雾灭火系统则采用中速 $0.15 \sim 0.50$MPa 或高速 $0.25 \sim 0.80$MPa 喷雾喷头(水滴小于1mm),水喷雾喷头外形如图5-34所示。

图 5-34 水喷雾喷头外形

水喷雾灭火系统的灭火原理:该系统采用喷雾喷头把水粉碎成细小的水雾滴之后喷射到正在燃烧的物质表面,通过冷却、窒息以及乳化、稀释的同时作用实现灭火。水雾的自身具有电绝缘性能,可安全地用于电气火灾的扑救。水喷雾系统工作原理如图5-35所示。

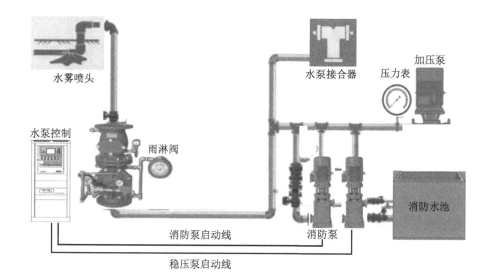

图 5-35　水喷雾系统工作原理

水喷雾灭火系统的应用范围：扑灭固体火灾、闪点高于 60℃ 的液体火灾和油浸电气设备火灾。

5.5.2　消防栓给水系统

用水灭火是当今主要的灭火手段。消防栓给水系统担负着城市的消防给水任务，为室内外消防给水设备提供消防用水。消火栓给水系统包括水枪、水带、消防栓、消防管道、消防水池、高位水箱、增压设备、水泵接合器、水源等。

1. 消防栓给水系统的分类

消防栓给水系统分为室外和室内消防栓给水系统。除此之外，还有以下几种分类方式。

1）按水源用途分类

按照水源用途不同，消防栓给水系统可分为生活消防合用给水系统、生产消防合用给水系统、生活生产消防合用给水系统和独立消防给水系统。

生活消防合用给水系统：水保持流动，水质不易变坏，便于检查保养，给水安全可靠，生活水量最大时，应保证全部消防水量。

生产消防合用给水系统：生产用水量达到最大用水量时，保证全部消防用水量。

生活生产消防合用给水系统：节约投资，维护安全可靠。

独立消防给水系统：当工业企业内生产、生活用水量较小而消防用水量较大，合并在一起不经济时，或者三种用水合并在一起技术上不可能时，或者生产用水可能被易燃、可燃液体污染时，常采用独立的消防给水系统。设置有高压带架水枪、水喷雾消防设施等的消防给水系统基本上都是独立的消防给水系统。

2）按管网布置分类

按照管网布置，消防栓给水系统可分为环式管网、枝状管网。

3）按担负室内消火栓设备给水任务分类

按照担负室内消火栓设备给水任务，消防栓给水系统可分为室内消防栓给水系统、高层建筑室内消火栓给水系统等。

2. 消火栓给水系统的工作原理及操作使用方法

当发现火灾后，由人打开消火栓箱门，按动火灾报警按钮，向消防控制中心发出火灾报警信号或远距离启动消防水泵，然后迅速拉出水带、水枪（或消防水喉），将水带一头与消火栓出口接好，另一头与水松子接好，展（甩）开水带，开启消火栓手轮，握紧水枪（最好两人配合），通过水枪（或水喉）产生的身流将水身向着火点实施灭火。

3. 消防栓给水系统的组成

消防栓给水系统由消防给水基础设施、消防给水管网、室内消火栓设备、报警控制设备及系统附件等组成。室内消防栓和室外消防栓如图 5-36 所示。室内消火栓设备如图 5-37 所示。其中，消防给水基础设施包括市政管网、室外消火栓、消防水池、消防水泵、消防水箱、增压稳压设备、水泵接合器等。

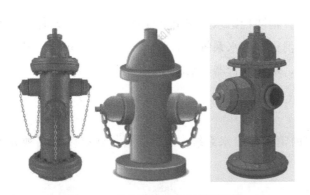

图 5-36 室内消防栓和室外消防栓

图 5-37 室内消火栓设备

消防栓给水系统的主要任务是为系统储存并提供灭火用水。

5.5.3 气体灭火系统

有些场所不能采用水来灭火，就只能改用其他更合适的灭火系统，如气体灭火系统、泡沫灭火系统。气体灭火系统采用一些特定的气体，如 CO_2 气体、七氟丙烷气体、烟烙尽气体等作为灭火介质。气体灭火系统所采用的气体不含水分，有良好的绝缘性，不会导电，也不会残留在所保护对象的表面或内部，因而不会在灭火的同时对所保护的对象造成更大的损失。因此，绝大多数不适宜用水来灭火的场所，都可以改用气体灭火系统。气体灭火系统的工作原理如图 5-38 所示。

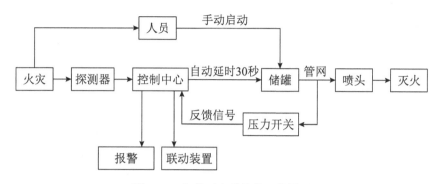

图 5-38 气体灭火系统的工作原理

当气体自动灭火系统的火灾探测器探测到火情时，即向火灾报警控制器发出报警信号，同时灭火控制器自动关闭防火门、窗，停止通风空调系统等，然后起动压力容器的电磁阀，放出灭火气体至喷嘴释放。与此同时，管道上压力继电器动作，通过控制器显示气体放出信号，警告人们切勿入内。气体自动灭火系统在报警和喷射阶段，应有相应的声光信号，并能手动切除声响信号。气体灭火系统的启动流程如图 5-39所示。

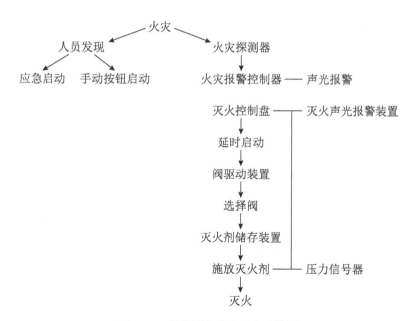

图 5-39 气体灭火系统的启动流程

气体灭火系统根据所使用的灭火剂的不同来区分，常用的灭火剂有二氧化碳（CO_2）、七氟丙烷（美国商标名称为 FM200）、烟烙尽（IG541）等。禁止使用卤代烷灭火剂，因为它会破坏臭氧层。

1. 二氧化碳气体灭火系统

二氧化碳被高压液化后灌装、储存，喷放时体积急剧膨胀并吸收大量的热，可降低火灾现场的温度，同时稀释被保护空间的氧气浓度达到窒息灭火的效果。二氧化碳是一种惰性气体，价格便宜，灭火时不污染火场环境，灭火后很快散佚、不留痕迹。应该注意的是，二氧化碳对人体有窒息作用，系统只能用于无人场所，在经常有人工作的场所安装使用，应采取适当的防护措施以保障人员的安全。

1）工作原理

二氧化碳灭火是通过向一个封闭空间喷入大量的 CO_2 气体后，将空气中氧的含量由正常的 21% 降低到 15% 以下，减少空气中氧气含量，从而达到窒息中止燃烧的目的，使其达不到支持燃烧深度，从而控制火情。

2）组成

二氧化碳灭火系统由瓶组架、灭火剂瓶组、检漏装置、容器阀、金属软管、单向阀（灭火剂管路）、集流管、安全泄放装置、选择阀、信号反馈装置、灭火剂输送管道、喷嘴、驱动气体瓶组、电磁型驱动装置、驱动管道、单向阀（驱动气体管路）等组成，是一种智能型自动灭火设备。根据不同应用场所使用要求，可组成单元独立系统、组合分配系统，采用全淹没灭火方式，实现对单防护区和多防护区的灭火保护，技术先进，灭火效率高，维护方便。设备具有自动、手动和机械应急操作三种启动方式。二氧化碳灭火系统如图 5-40 所示。

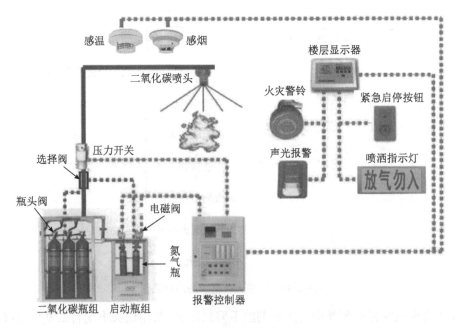

图 5-40 二氧化碳灭火系统

3）特点

二氧化碳灭火效果逊于卤代烷灭火剂；价格便宜；不污损物品，无水渍，不导电；

二氧化碳对人有窒息作用，其最小设计灭火浓度（34%）大大超过了人的致死浓度，危险性极大，故在经常有人的场所不宜使用。如要使用，在气体释放前，人员必须迅速撤离现场。二氧化碳灭火只能用于无人区域，有人区域必须采取保护措施。

2. 七氟丙烷气体灭火系统

七氟丙烷灭火剂是一种无色、几乎无味、不导电的气体，化学分式为 CF_3CHFCF_3，密度大约为空气的 6 倍，采用高压液化储存。

当 FM200 灭火气体应用于全淹没式的系统环境时，它能够结合物理和化学特性，反应过程迅速，有效地消除热能，阻止火灾的发生，FM200 的物理特性表现在其分子汽化阶段，能迅速冷却火焰温度；在化学反应过程中释放游离基，能最终阻止燃烧的连锁反应。

七氟丙烷是毒性较低、无色、无味、无二次污染的气体，对人体产生不良影响的体积浓度临界值为 9%，其最小设计灭火浓度为 7%，因此，正常情况下对人体不会产生不良影响，可用于经常有人活动的场所，特别是它不破坏大气臭氧层，符合环保要求。功能完善，工作准确可靠，长期储存不泄露。但其灭火系统也有自身的弱点：不能灭固体深位火灾，输送距离短，因为灭火剂的释放必须在十分钟之内完成，达到灭火浓度，否则产生的酸性分解物对人体有害，对被保护设施也有腐蚀性，灭火装置动作前，所有工作人员必须在延时期内撤离现场。灭火完毕，必须首先启动风机，将七氟丙烷气体排出后，工作人员才能进入现场。用于组合分配系统时，各防护区位置应相对集中。另外，灭火剂价格也较高。七氟丙烷气体灭火系统原理如图 5-41 所示。七氟丙烷气体灭火系统实物如图 5-42 所示。

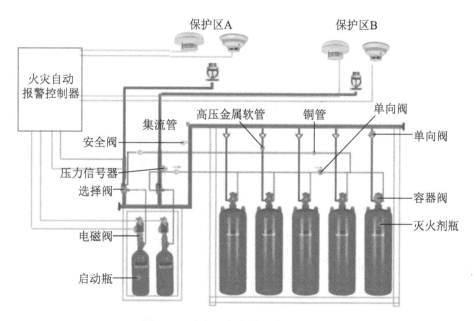

图 5-41 七氟丙烷气体灭火系统原理

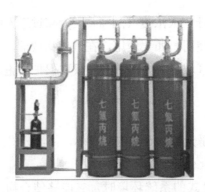

图 5-42　七氟丙烷气体灭火系统实物

3. 烟烙尽气体灭火系统

烟烙尽是一种绿色环保型灭火剂，烟烙尽药剂是由 52% 的氮气、40% 的氩气和 8% 的 CO_2 气体组成，它掺入了合适的气体混合物，使得人们在缺氧的气氛中能呼吸，它实际上增强了人吸收氧气的能力。

烟烙尽灭火机理：以物理灭火方式在 60 秒内将所有灭火剂喷放到防护区，释放后靠把防护区中的氧气浓度降低到不能支持燃烧，从而扑灭火灾。一般将氧气浓度由 21% 降到 12.5% 即可。

烟烙尽在灭火时不会发生任何化学反应，不污染环境，无毒、无腐蚀，具有良好的电绝缘性能，不会对保护设备构成危害，也无须延迟喷放，这是其他灭火剂所不具备的特点。

烟烙尽的无毒性反应浓度为 43%，有毒性反应浓度为 52%。烟烙尽设计浓度一般在 37% ～ 43%，在此浓度内人员短时停留不会造成生理影响，相对安全。烟烙尽灭火系统实物如图 5-43 所示。

图 5-43　烟烙尽灭火系统实物

通常状况下，房间内空气中氧气含量为 21%，CO_2 的含量约为 1%。当喷入烟烙尽灭火剂之后，房间内氧气的浓度降至约 12.5%，而 CO_2 的浓度则上升至 2% ～ 5%，通过人本身更深更快的呼吸来补偿环境中氧气浓度的降低，对未及时撤离的人来说是没有危害的。

第 6 章　数据中心的综合布线技术

现代社会对信息交换的需求急剧增加，通信设施建设越来越受到重视。从教育、保健和金融机构到医疗、政府和企业组织，每一次交易、通信和设施的运作，都通过驻留在信息网络中数量不断增长的终端设备和应用来完成。相应地，这些组织机构需要维护和管理遍及网络基础设施物理层里比以往更多的连接。尤其是在数据中心，数量不断增长的应用服务、虚拟服务器、存储设备和高密度的交换设备，同样需要在网络物理层的服务器和交换机之间有更多的交叉连接。所有这些从台式计算机到数据中心的不断增长的连接，形成了一个更加复杂的网络物理层结构，这都需要综合布线系统。综合布线系统作为"信息高速公路"，是智能化建设的基础。

6.1　综合布线系统的概念和特点

综合布线系统是针对计算机与通信的配线系统而设计的，这也表明它可满足各种不同的计算机与通信的要求。

6.1.1　综合布线系统的概念

综合布线系统是建筑物或建筑群内的传输网络，是建筑物内的"信息高速公路"。

1. 综合布线系统的起源

过去设计大楼内的语音及数据业务线路时，常使用各种不同的传输线、配线插座以及连接器件等。例如，用户电话交换机通常使用对绞电话线，而局域网络（LAN）则可能使用对绞线或同轴电缆，有线电视采用同轴电缆。这些不同的设备使用不同的传输线来构成各自的网络。同时，连接这些不同布线的插头、插座及配线架均无法互相兼容，相互之间根本不能共用。

随着全球社会信息化与经济国际化的深入发展，人们对信息共享的需求日趋迫切，这就需要一个适合信息时代的布线方案。美国电话电报（AT&T）公司贝尔（Bell）实验室的专家们经过多年的研究，在办公楼和工厂试验成功的基础上，于 20 世纪 80 年代末期率先推出 SYSTIMATMPDS（建筑与建筑群综合布线系统），现已推出结构化布线系统（Structure Cabling System，SCS）。在国家标准 GB/T 50311－2000 中将其命名为综合布线系统（Generic Cabling System，GCS）。

2. 综合布线系统概述

综合布线系统是一种模块化的、灵活性极高的建筑物内或建筑群之间的信息传输网络。它将语音、数据、图像和多媒体业务设备的布线网络组合在一套标准的布线系统上，以一套由共用配件所组成的单一配线系统，将不同制造厂家的各类设备综合在一起，使各设备互相兼容、同时工作，实现综合通信网络、信息网络和控制网络间的信号互联互通。应用系统的各种设备终端插头插入综合布线系统的标准插座内，再在设备间和电信间对通信链路进行相应的跳接，就可运行各应用系统了。这些子系统包括电话（音频信号）、计算机网络（数据信号）、有线电视（视频信号）、保安监控（视频信号）、建筑物自动化（低速监控数据信号）、背景音乐（音频信号）、消防报警（低速监控数据信号）等。

3. 综合布线系统的目的

在建筑物或建筑物群内部有多种信息传输业务需求，包括语音、数据、图像等传输业务需求。通常要根据所使用的通信设备和业务需求，采用不同生产厂家的各个型号系列的线缆、各个线缆的配线接口以及各个系列的出线盒插座。非综合布线系统示意图如图 6-1 所示。

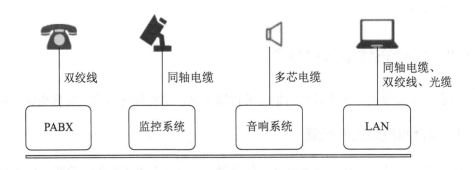

图 6-1　非综合布线系统示意图

在非综合布线系统中不同线缆彼此之间互不兼容，当建筑物内用户需要重新搬迁或布置设备时，还需重新布置线缆，装配各种设备所需的不同型号的插座、接头等。在这种传统布线网络方式下，为了完成重新布置或增加各种终端设备，肯定会耗费大量的资金和时间，同时也给系统后续传输网络设备的管理和维护工作带来了极大的困难。

综合布线系统应支持具有 TCP/IP 通信协议的视频安防监控系统、出入口控制系统、停车库（场）管理系统、访客对讲系统、智能卡应用系统、建筑设备管理系统、能耗计量及数据远传系统、公共广播系统、信息引导（标识）及发布系统等弱电系统的信息传输。综合布线系统将建筑物内各方面相同或类似的信息线缆、接续构件按一定的秩序和内部关系组合成整体，几乎可以为楼宇内部的所有弱电系统服务。

6.1.2 综合布线系统的特点

综合布线系统可以满足建筑物内部及建筑物之间的所有计算机、通信及建筑物自动化系统设备的配线要求，具有开放性、兼容性、可靠性、灵活性、先进性、模块化和标准化等特点。

1. 开放性

综合布线系统采用开放式体系结构，符合各种国际上现行的标准，因此它几乎可以对所有著名厂商的产品都是开放的，如计算机设备、交换机设备等，并对相应的通信协议也是支持的。

2. 兼容性

综合布线系统将所有语音、数据与图像及多媒体业务设备的布线网络经过统一的规划和设计，组合到一套标准的布线系统中传送，并且将各种设备终端插头插入标准的插座。在使用时，用户不用定义某个工作区的信息插座的具体应用，只须把某种终端设备（如个人计算机、电话、视频设备等）插入这个信息插座，然后在电信间和设备间的配线设备上做相应的接线操作，这个终端就被接入各自的系统中了。

3. 可靠性

综合布线系统采用高品质的材料和组合的方式构成了一套高标准的信息传输通道。所有线槽和相关连接件均通过 ISO 认证，每条通道都采用专用仪器测试以保证其电气性能。应用系统布线全部采用点到点端接，任何一条链路故障均不影响其他链路的运行，这就为链路的运行维护及故障检修提供了方便，从而保障了应用系统的可靠运行。

4. 灵活性

综合布线系统采用标准的传输线缆和相关连接硬件，模块化设计。因此，所有通道都是通用与共享的，设备的开通及更改均不需要改变布线，只需增减相应的应用设备以及在配线架上进行必要的跳线管理即可。另外，组网也可灵活多样，甚至在同一房间为用户组织信息流提供了必要条件。

5. 先进性

综合布线系统采用光纤与双绞线电缆混合布线方式，极为合理地构成一套完整的布线。所有布线均符合国标，采用 8 芯双绞线，带宽在 16 ~ 600MHz。根据用户的要求可把光纤引到桌面（FTTD），适用于 100Mbit/s 以太网、155Mbit/s ATM 网、千兆位以太网和万兆位以太网，并完全具有适应未来的语音、数据、图像、多媒体对传输带宽的要求。

6. 模块化

综合布线系统中除去固定于建筑物内的水平线缆外，其余所有的设备都应当是可任意更换插拔的标准组件，以方便使用、管理和扩充。

7. 标准化

综合布线系统采用和支持各种相关技术的国际标准、国家标准及行业标准，使得作为基础设施的综合布线系统不仅能支持现在的各种应用，还能适应未来的技术发展。

6.2 综合布线系统的组成和拓扑结构

综合布线系统的拓扑结构是一个网络布局的实际逻辑表示，这个网络由各种布线部件、导线、电缆、光缆和连接硬件等组成。计算机网络拓扑结构是组成计算机网络及各种构件所完成的功能的精确定义，是计算机网络的各层（物理层、数据链路层、网络层、运输层、会话层、表示层、应用层）及其协议的集合。

6.2.1 综合布线系统的组成

目前对综合布线系统的组成及各子系统说法不一，甚至在国内标准中也不一样。在国家标准《综合布线系统工程设计规范》（GB/T 50311—2016）中将综合布线系统分为工作区子系统、配线子系统、干线子系统、建筑群子系统、设备间、进线间、管理系统7 部分，而在通信行业标准《大楼通信综合布线系统》（YD/T 926.1—2009）中规定综合布线系统由建筑群主干布线子系统、建筑物主干布线子系统和水平布线子系统三个布线子系统构成，工作区布线因是非永久性的布线方式，由用户在使用前随时布线，在工程设计和安装施工中一般不列在内，所以不包括在综合布线系统工程中。可见上述两种标准有明显的差别。

造成差别的主要原因在于，目前综合布线系统的产品、工程设计以及安装施工中所遵循的标准有两种：一种是国际标准化组织 / 国际电工委员会标准《信息技术——用户房屋综合布线系统》（ISO/IEC 11801），另一种是美国标准《商用建筑电信布线标准》（ANSI/TIA/EIA 568）。我国按照国际标准制定了《大楼通信综合布线系统》（YD/T 926.1—2009），同时又按照美国标准制定了《综合布线系统工程设计规范》（GB/T 50311—2016）。国际标准将其划分为建筑群主干布线子系统、建筑物主干布线子系统和水平布线子系统三部分，而美国国家标准把综合布线系统划分为建筑群子系统、干线子系统、配线子系统、设备间子系统、管理子系统和工作区子系统，共6个独立的子系统。

在我国，通常将通信线路和接续设备组成整体与完整的子系统。划分界线极为明确，这样有利于设计、施工和维护管理。如按美国国家标准将设备间子系统和管理子系统与干线子系统和配线子系统分离，会造成系统性不够明确，界限划分不清，因子系统过多，出现支离破碎的情况，在具体工作时会带来不便，尤其是在工程设计、安装施工和维护管理工作中产生难以划分清楚的问题。例如，管理子系统本身不能成为子系统，它是分散在各个接续设备上的线缆连接管理工作，不能形成一个较为集中体现、具有系统性的有机整体。设备间本身是一个专用房间名称，不是综合布线系统本身固有的组成部分。

《综合布线系统工程设计规范》（GB/T 50311—2016）和《大楼通信综合布线系统》（YD/T 926.1—2009）都将综合布线系统由三个子系统为基本组成，但在《综合布线系统工程设计规范》（GB/T 50311—2016）中是三个子系统和7个部分同时存在。

综合布线系统采用模块化结构，按照每个模块的作用，依照国家标准《综合布线系统工程设计规范》（GB/T 50311—2016），综合布线系统应按7个部分进行设计，综合布线系统的立体组成如图6-2所示。

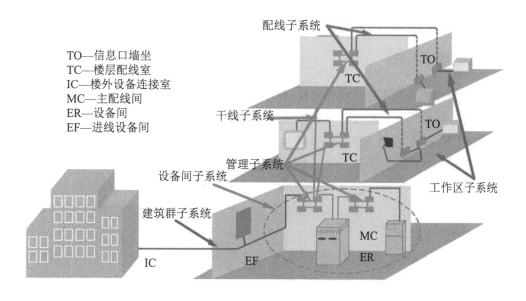

图6-2　综合布线系统的立体组成

下面对国家标准《综合布线系统工程设计规范》（GB/T 50311－2016）中综合布线系统的 7 个组成部分进行详细介绍。综合布线系统的基本构成如图 6-3 所示。

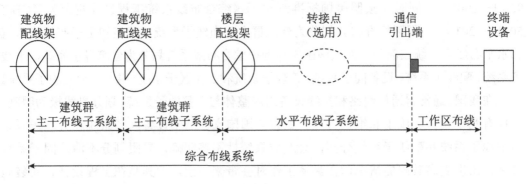

图 6-3　综合布线系统的基本构成

1. 工作区子系统

工作区子系统是包括办公室、写字间、作业间、机房等需要电话、计算机或其他终端设备（Terminal Equipment，TE）（如网络打印机、网络摄像头、监视器、各种传感器件等）设施的区域或相应设备的统称。

工作区子系统由终端设备至信息插座（Telecommunication Outlet，TO）的连接器件组成，包括跳线、连接器或适配器等，实现用户终端与网络的有效连接。工作区子系统的布线一般是非永久的，用户根据工作需要可以随时移动、增加或减少布线，既便于连接，也易于管理。

根据标准的综合布线设计，每个信息插座旁边要求有一个单相电源插座，以备计算机或其他有源设备使用，且信息插座与电源插座的间距不得小于 20cm。

2. 配线子系统

配线子系统应由工作区的信息插座模块、信息插座模块至电信间配线设备的配线电缆和光缆、电信间的配线设备及设备线缆和跳线等组成。

配线子系统通常采用星形网络拓扑结构。它以电信间楼层配线架（Floor Distributor，FD）为主节点，各工作区信息插座为分节点，二者之间采用独立的线路相互连接，形成以 FD 为中心向工作区信息插座辐射的星形网络。

配线子系统的水平电缆、水平光缆宜从电信间的楼层配线架直接连接到通信引出端（信息插座）。

在楼层配线架和每个通信引出端之间允许有一个转接点（TP）。进入和接出转接点的电线缆对或光纤芯数一般不变化，应按 1:1 连接以保持对应关系。转接点处的所有电缆、光缆应做机械终端。转接点只包括无源连接硬件，应用设备不应在这里接。

配线子系统通常由超 5 类、6 类、6A 类 4 对非屏蔽双绞线组成，由工作区的信息插座连接至本层电信间的配线柜内。当然，根据传输速率或传输距离的需要，也可以采用多模光纤。配线子系统应当按楼层各工作区的要求设置信息插座的数量和位置，设计并布放相应数量的水平线路。

3. 干线子系统

干线子系统（又称建筑物主干布线子系统、垂直子系统）是指从建筑物配线架（Building Distributor，BD）（设备间）至楼层配线架（电信间）之间的线缆及配套设施组成的系统。该子系统包括屋内的建筑物主干电缆、主干光缆及其在建筑物配线架和楼层配线架上的机械终端和建筑物配线架上的接插软线和跳线。

建筑物主干电缆、主干光缆应直接将终端连接到有关的楼层配线架，中间不应有转接点和接头。

通常情况下，干线子系统主干线缆、语音电缆通常采用大对数电缆，数据电缆可采用超 5 类或 6 类、6A 类双绞线电缆。如果考虑可扩展性或更高传输速率等，则应当采用光缆。干线子系统的主干线缆通常敷设在专用的上升管路或电缆竖井内。

4. 建筑群子系统

大中型网络中都拥有多幢建筑物，建筑群子系统用于实现建筑物之间的各种通信。建筑群子系统(又称建筑群主干布线子系统)是指建筑物之间使用传输介质(电缆或光缆)和各种支持设备(如配线架、交换机)连接在一起，构成一个完整的系统，从而实现语音、数据、图像或监控等信号的传输。建筑群子系统包括建筑物之间的主干布线及建筑物中的引入口设备,由楼群配线架(Campus Distributor,CD)及其他建筑物的楼宇配线架(BD)之间的线缆及配套设施组成。

建筑群子系统的主干线缆采用多模或单模光缆，或者大对数双绞线，既可采用地下管道敷设方式，也可采用悬挂方式。线缆的两端分别是两幢建筑的设备间中建筑群配线架的接续设备。在建筑群环境中，除了需在某个建筑物内建立一个主设备间外，还应在其他建筑物内都配一个中间设备间（通常和电信间合并）。

5. 设备间

设备间是在每幢建筑物的适当地点进行网络管理和信息交换的场地。对于综合布线系统工程设计，设备间主要安装建筑物配线设备、电话交换机、计算机主机设备及入口设施，也可与配线设备安装在一起。

设备间是一个安放共用通信装置的场所，是通信设施、配线设备所在地，也是线路管理的集中点。设备间子系统由引入建筑的线缆、各个公共设备（如计算机主机、各种控制系统、网络互联设备、监控设备）和其他连接设备（如主配线架）等组成，把建筑物内公共系统需要相互连接的各种不同设备集中连接在一起，完成各个楼层配线子系统之间的通信线路的调配、连接和测试，并建立与其他建筑物的连接，从而形成对外传输的路径。

6. 进线间

进线间是建筑物外部信息通信网络管线的入口部位，也可作为入口设施和建筑群配线设备的安装场地。

7. 管理系统

管理系统是针对布线系统工程的技术文档及工作区、电信间、设备间、进线间的配线设备、线缆、信息插座模块等设施按一定的模式进行标识、记录，内容包括管理方式、标识、色标、连接等。这些内容的实施，将给今后维护和管理带来很大的方便，有利于提高管理水平和工作效率。特别是较为复杂的综合布线系统，如采用计算机，其效果将十分明显。

6.2.2 综合布线系统的拓扑结构

综合布线系统的拓扑结构如图 6-4 所示，是一个分层的星形拓扑。这种拓扑结构正是电话通信网和计算机网络的拓扑结构。如果在图 6-4 中的 FD、BD、CD 节点用交换（通信）设备替换，它就是一个智能建筑的电话网和计算机网络。

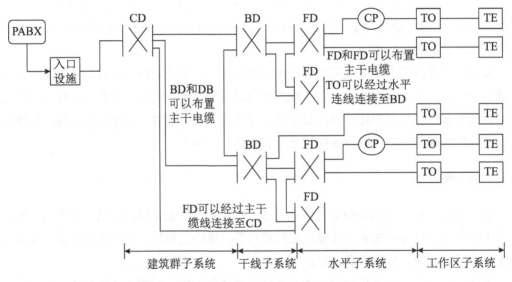

图 6-4　综合布线系统的拓扑结构

可以这样理解综合布线系统的拓扑结构的重要性：如果某通信业务网络不是星形拓扑，则不能有效地纳入综合布线系统中。例如，采用总线拓扑的有线电视网络。

6.3 综合布线系统设计

综合布线系统是计算机网络系统集成的主要业务，而方案设计则是系统集成商前期首要的、基本的工作。

6.3.1 综合布线系统设计的原则

综合布线系统设计的原则主要包括以下内容：

（1）综合布线系统的设施及管线建设，应纳入建筑与建筑群相应城区的规划之中。

（2）综合布线系统工程在建筑改建、扩建中要区别对待，设计时既要考虑实用，又要兼顾发展，在功能满足需求的情况下，尽量减少工程投资。

（3）综合布线系统应与大楼的信息网络、通信网络、设备监控与管理等系统统筹规划，按照各种信息的传输要求，做到合理使用，并应符合相关的标准。

（4）综合布线工程设计时，应根据工程项目的性质、功能、环境条件和近远期用户要求，进行综合布线系统设施和管线的设计。必须保证综合布线系统的质量和安全，考虑施工和维护方便，做到技术先进、经济合理。

（5）综合布线系统工程设计时，必须选用符合国家或国际有关技术标准的定型产品。

（6）综合布线系统工程设计时，必须符合国家现行的相关强制性或推荐性标准规范的规定。

（7）综合布线系统作为建筑的公共电信配套设施，在建设期应考虑一次性投资建设，能满足多家电信业务经营者提供通信与信息业务服务的需求，保证电信业务在建筑区域内的接入、开通和使用，使得用户可以根据自己的需要，通过对入口设施的管理选择电信业务经营者，避免造成将来建筑物内管线的重复建设而影响建筑物的安全与环境。

6.3.2 工作区子系统设计

在综合布线系统中，一个独立的、需要设置终端设备的区域称为一个工作区。工作区是指办公室、写字间、工作间、机房等需要电话和计算机等终端设施的区域。

工作区子系统由终端设备连接到配线子系统的信息插座之间的连线组成，它包括装配软线、连接器和连接所需的扩展软线，并在终端设备和输入/输出之间搭接。

工作区子系统在设计时的步骤一般为，首先与用户进行充分技术交流，了解建筑物的用途；其次进行工作区信息的统计；最后确定工作区信息点的位置。

工作区布线系统由工作区内的终端设备连接到信息插座的连接线缆（3m 左右）和

连接器组成，起到工作区的终端设备与信息插座插入孔之间的连接匹配作用，工作区子系统如图 6-5 所示。

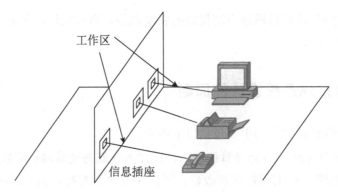

图 6-5　工作区子系统

工作区子系统设计的主要任务就是确定每个工作区信息点的数量。每个工作区信息点数量可按用户的性质、网络构成和需求来确定。当网络使用要求尚未明确时，可参照表 6-1 所示进行配置。

表 6-1　信息点数量配置表

建筑功能区	信息点数量			备注
	电话	网络	光纤	
办公区（一般）	1 个	1 个		
办公区（重要）	1 个	2 个	1 个	数据信息量较大
大客户区	2 个或 2 个以上	2 个或 2 个以上	1 个或 1 个以上	整个区域配置量；大客户区域也可以是公共场地，如商场、会议中心、会展中心等
政务工程	2～5 个	2～5 个	1 个或 1 个以上	涉及外网或者是内网

工作区信息插座的数量并不只是根据当前的网络使用需求来确定，综合布线系统是通过冗余布信息插座（点），以达到设备重新搬迁或新增设备时不需重新布置线缆及插座，不会破坏装修环境。

6.3.3　配线子系统设计

配线（水平）子系统是综合布线结构的一部分，它由每层配线间至信息插座的配线电缆和工作区的信息插座等组成。

1. 配线子系统的设计

配线子系统又称水平布线子系统。配线子系统从工作区的信息点延伸到电信间的管理子系统，由工作区的信息插座、信息插座至电信间配线设备（FD）的水平电缆或光缆、电信间配线设备（FD）、设备线缆和跳线等组成。因此，在设计配线子系统时，应充分考虑线路冗余、网络需求和网络技术的发展。配线子系统的设计涉及配线子系统的网络拓扑结构、布线路由、管槽设计、线缆类型选择、线缆长度确定、线缆布放、设备配置等内容。

配线子系统通常采用星形网络拓扑结构，它以电信间楼层配线架（FD）为主节点，各工作区信息插座为分节点，二者之间采用独立的线路相互连接，形成以 FD 为中心向工作区信息插座辐射的星形网络，配线子系统如图 6-6 所示。

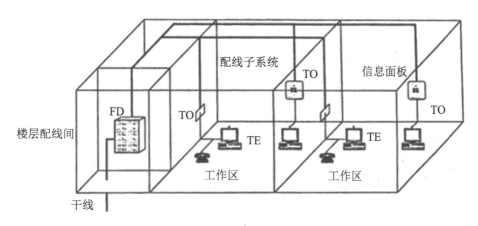

图 6-6　配线子系统

2. 配线子系统线缆选择

选择配线子系统的线缆，要根据建筑物信息的类型、容量、带宽和传输速率来确定。按照配线子系统对线缆及长度的要求，在配线子系统电信间到工作区的信息点之间，对于计算机网络和电话语音系统，应优先选择 4 对非屏蔽双绞线电缆；对于屏蔽要求较高的场合，可选择 4 对屏蔽双绞线电缆；对于要求传输速率高、保密性要求高或电信间到工作区超过 90m 的场合，可采用室内多模光缆或单模光缆直接布设到桌面的方案。

根据 ANSI TIA/EIA 568B 标准，配线子系统中推荐采用的线缆型号如下：

- 4 线对 100Ω 非屏蔽双绞线（UTP）对称电缆。
- 4 线对 100Ω 屏蔽双绞线（STP）对称电缆。
- 50/125μm 多模光缆。
- 62.5/125μm 多模光缆。
- 8.3/125μm 单模光缆。

3. 线缆长度划分

综合布线系统中水平线缆与建筑物主干线缆及建筑群主干线缆之和所构成信道的总长度不应大于 2000m，建筑物或建筑群配线设备之间（FD 与 BD、FD 与 CD、BD 与 BD、BD 与 CD 之间）组成的信道出现 4 个连接器件时，主干线缆的长度不应小于

15m。配线子系统线缆长度应符合如图 6-7 所示的划分，并应符合下列要求：

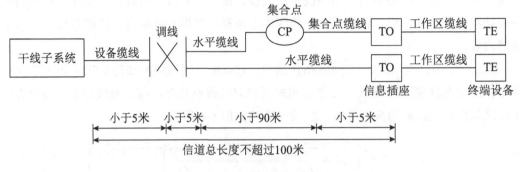

图 6-7 配线子系统线缆长度划分

（1）配线子系统信道的最大长度不应大于 100m。

（2）工作区设备线缆、电信间配线设备的跳线和设备线缆之和不应大于 10m。当大于 10m 时，水平线缆长度（90m）应适当减小。

（3）楼层配线设备（FD）跳线、设备线缆及工作区设备线缆各自的长度不应大于 5m。

4. 水平布线管槽系统设计

管槽系统是综合布线系统的基础设施之一，对于新建筑物，要求与建筑设计和施工同步进行。在新建的建筑物中已将配线子系统所需的暗敷管路或槽道等支撑结构建成，所以选择水平线缆的路由会受到已建管路等的限制。目前，常用的水平线缆敷设方法有天花板吊顶内敷设和在地板下敷设两大类。

1）天花板吊顶内敷设线缆

这类方法是在天棚或吊顶内敷设线缆，通常要求有足够的操作空间，以利于安装施工和维护、检修以及扩建、更换。天花板吊顶内敷设线缆方式适合于新建筑物和有天花板吊顶的已建建筑的综合布线系统工程。通常有分区方式、内部分线方式和电缆槽道方式三种。天花板吊顶内敷设线缆如图 6-8 所示。

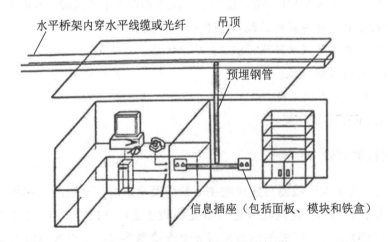

图 6-8 天花板吊顶内敷设线缆

2）地板下敷设线缆

在地板下敷设线缆是综合布线系统中使用较为广泛的方式，尤其是新建和改建的房屋建筑。线缆敷设在地板下面，既不影响美观，施工、安装、维护和检修均在地面，具有操作空间大、劳动条件好等优点，深受施工和维护人员欢迎。

目前，在地板下的布线方式主要有暗埋管布线法、地面线槽布线法、高架地板布线法等。可根据客观环境条件予以选用。上述几种方法既可单独使用，也可混合使用，地板吊顶内敷设线缆如图 6-9 所示。

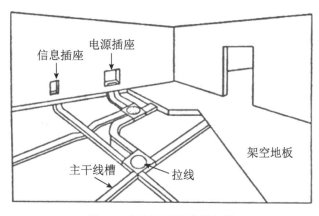

图 6-9　地板吊顶内敷设线缆

5. 楼层配线和跳接

楼层配线和跳接相当于一个信道接通或拆线的作用，楼层配线和跳接原理示意图如图 6-10 所示。综合布线工程一般不包括通信交换设备，当然更不包括终端设备。所以，楼层配线间的跳接工作并不是在综合布线工程中完成的，而是最终用户根据实际通信业务、终端设备的位置、通信交换设备来进行跳接，这个步骤也就是网络的管理工作。

楼层配线间的配线架可分为面向水平子系统的配线架和面向干线子系统的配线架。面向水平子系统的配线架主要有超 5 类 UTP 配线架、6 类 UTP 配线架和光纤配线架。面向干线子系统的配线架除上述之外，还有针对电话网应用的 110 系列配线架。楼层配线间的配线架通常称为 IDF（又称中间配线架）。电信间 FD 的连接方式如图 6-11 所示。

6. FD 的规划

在进行综合布线系统设计时，如何合理规划 FD 是一个关键。一个 FD 所能容纳的水平布线数量并没有限制，主要是满足任一工作区的信息点至 FD 的布线距离不能超出 90m 的限制条件。如果出现某些信息点至 FD 的布线距离超出 90m 的情况，解决方法有两种：一是在那些信息点附近增加一个新的 FD，使其重新满足布线距离限制条件；二是使用光缆。

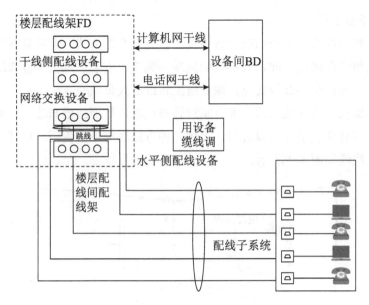

图 6-10　楼层配线和跳接原理示意图

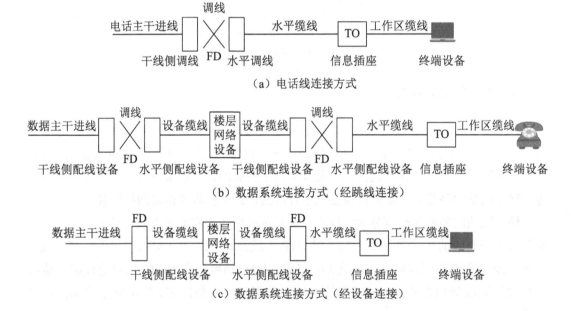

图 6-11　电信间 FD 的连接方式

　　一般情况下，在建筑物的每一层相对中心位置设置一个 FD。对于大型的建筑，每一层可在 4 个方位设置多个 FD。对于小型的建筑，每 2～3 层可共设一个 FD。也有一些小型建筑不设 FD，而将 FD 和 BD 合二为一。总之，需要针对实际的应用灵活处理。

7. 支持以太网在线供电

　　支持以太网在线供电（Power Over Ethernet，POE）是指在现有的以太网布线基础架构不做任何改动的情况下，在为一些基于 IP 的终端（如 IP 电话机、无线局域网接入点 AP、网络摄像机等）传输数据信号的同时，还能为此类设备提供直流供电的技术。POE 技术能在确保现有结构化布线安全的同时保证现有网络的正常运作，最大限度地降低成本。

POE 的核心就是将 48V 的额定电压通过以太网电缆传输给受电设备。IP 电话就是受电设备的一种，其他还有 Wi-Fi 设备和蓝牙接入点、网络摄像机等（实际上，任何功率不超过 13W 的设备都可以从 RJ-45 插座获取相应的电力）。IEEE 802.3af 标准是基于以太网供电系统 POE 的新标准，它定义了两种供电方法：一种称作"中间跨接法"，使用以太网电缆中没有被使用的空闲线对来传输直流电（4、5 脚连接为正极，7、8 脚连接为负极）；另一种方法是"末端跨接法"，是在传输数据所用的芯线上同时传输直流电（线对 1、2 和线对 3、6 可以为任意极性），其输电采用与以太网数据信号不同的频率。标准不允许电源提供设备同时应用以上两种方法，但是电源应用设备必须能够同时适应两种情况。

配线子系统选择 5 类、超 5 类、6 类 UTP 线缆均能支持以太网在线供电。

6.3.4 干线子系统设计

干线子系统由设备间的建筑物配线设备和跳线以及设备间至各楼层配线设备的干线电缆组成，以提供设备间总（主）配线架与楼层配线间的楼层配线架（箱）之间的干线路由，干线子系统如图 6-12 所示。干线子系统所需要的电缆总对数和光纤总芯数应满足工程的实际需求，并留有适当的备份容量。主干线线缆宜设置电缆与光缆，并互相作为备份路由。综合布线主干线线缆组成如图 6-13 所示。

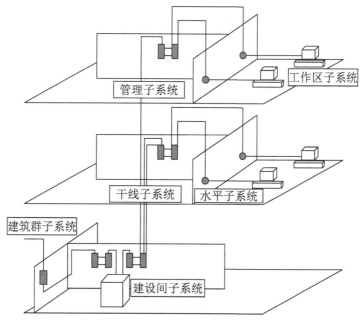

图 6-12 干线子系统

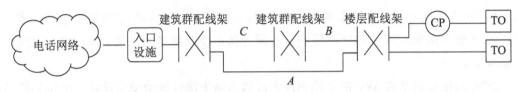

对绞电缆：A≤800m；B≤500m；C≤300m
多模光缆：A≤2000m；B≤300m；C≤1700m
单模光缆：A≤3000m；B≤300m；C≤2700m

图6-13　综合布线主干线线缆组成

1. 干线子系统线缆类型的选择

通常情况下应根据建筑物的结构特点以及应用系统的类型，决定所选用的干线线缆类型。在干线子系统设计时通常使用以下线缆：62.5/125μm 多模光缆；50/125μm 多模光缆；8.3/125μm 单模光缆；100Ω 双绞线电缆，包括 4 对和大对数（25 对、50 对、100 对等）。

在下列场合，应首先考虑选择光缆：带宽需求量较大，传输距离较长，如大型厂区或校园网主干线；保密性、安全性要求较高，如保密、安全国防部门等系统的干线；雷电、电磁干扰较强的场合，如工厂环境中的主干布线。

2. 干线线缆用量的确定

干线子系统所需要的对绞电缆根数、大对数电缆总对数及光缆光纤总芯数，应满足工程的实际需求与线缆的规格，并应留有备份容量。

干线子系统主干线线缆宜设置电缆或光缆备份及电缆与光缆互为备份的路由。

一般而言，在确定每层楼的干线类型和数量时，都是根据配线子系统所有的各个语音、数据、图像等信息插座的需求与数量来进行推算的。主干线线缆包括大对数语音及数据电缆、多模光纤和单模光纤、4 对双绞线电缆。它们的两端分别连接至 FD 与 BD 干线侧的模块，线缆与模块的配置等级与容量须保持一致。

对于语音业务，大对数主干电缆的对数应按每 1 个电话 8 位模块通用插座配置 1 对线，并应在总需求线对的基础上预留不小于 10% 的备用线对。对于数据业务，应按每台以太网交换机设置 1 个主干端口和 1 个备份端口配置。当主干端口为电接口时，应按 4 对线对容量配置；当主干端口为光端口时，应按 1 芯或 2 芯光纤容量配置。

当工作区至电信间的水平光缆需延伸至设备间的光配线设备（BD/CD）时，主干光缆容量应包括所延伸的水平光缆光纤的容量。

主干线线缆侧的配线设备容量应与主干线线缆的容量相一致；设备侧的配线设备容量应与设备应用的光、电主干端口容量一致或与干线侧配线设备容量相等，也可考虑少量冗余量，并根据支持的业务种类选择相应连接方式的配线模块。

6.3.5 设备间设计

设备间主要是楼层安装配线设备（为机柜、机架、机箱等安装方式）和楼层计算机网络设备（HUB 或 SW）的场地，可考虑在该场地设置线缆竖井、等电位接地体、电源插座、UPS 配电箱等设施。在场地面积满足的情况下，也可设置建筑物诸如安防、消防、建筑设备监控系统、无线信号覆盖等系统的布线缆线槽和功能模块的安装。如果综合布线系统与弱电系统设备合设于同一场地，从建筑的角度出发，称为弱电间。

1. 设备间设计要求

设备间又称楼层配线间、楼层交接间，主要为楼层配线设备（如机柜、机架、机箱等安装方式）和楼层计算机网络设备（交换机等）的场地，可考虑在该场地设置线缆垂井、等电位接地体、电源插座、UPS 配电箱等设施。

1）设备间的位置和数量

楼层配线间的主要功能是供水平布线和主干布线在其间相互连接。设备间最理想的位置是位于楼层平面的中心，各楼层设备间、竖向线缆管槽及对应的竖井宜上下对齐。设备间内不应设置与安装的设备有无关的水、风管及低压配电线缆管槽与竖井。

设备间应与强电间分开设置，以保证通信安全。设备间内信息通信网络系统设备及布线系统设备宜与弱电系统布线设备分设在不同的机柜内。当各设备容量配置较少时，也可在同一机柜内作空间物理隔离后安装。

设备间的数量应按所服务的楼层范围及工作区信息点密度与数量来确定。同楼层信息点数量不大于 400 个，水平线缆长度在 90m 范围以内，宜设置一个设备间；水平电缆的长度，应缩小管辖和服务范围，以保证通信传输质量。当每个楼层的信息点数量较少，且水平线缆长度不大于 90m 时，宜几个楼层合设一个设备间。

2）设备间的面积和布局

一般情况下，综合布线系统的配线设备和计算机网络设备采用 19 英寸标准机柜安装。如果建筑物每个楼层按 1000m² 面积计算，那么可考虑配置电话和数据信息各 200 个。大约需要有两个 19 英寸（42U）的机柜，以此测算设备间面积至少应为 5m²（2.5m×2m）。也可根据工程中配线设备和网络设备的容量进行调整。

3）设备间的供电

设备间的网络有源设备应由设备间或机房不间断电源（UPS）供电。为了便于管理，可采用集中供电方式，应设置至少两个 220V、10A 带保护接地的单相电源插座，但不作为设备供电电源。

2. 设备间配线设备

设备间的配线模块（FD）分为水平侧、设备侧和干线侧等几类模块，模块可以采用 IDC 连接模块（以卡接方式连接线对的模块）和快速插接模块（RJ-45）。FD 在配置时应按业务种类分别加以考虑，设备间的 BD、CD 也可参照以下原则配置。

配线模块选择原则：连接至设备间的每一根水平电缆 / 光缆应终结于相应的配线模块，配线模块与线缆容量相适应。设备间 FD 主干侧各类配线模块应按电话交换机、计算机网络的构成及主干电缆、光缆的所需容量要求及模块类型和规格的选用进行配置。根据现有产品情况配线模块可按以下原则选择。

多线对端子配线模块：多线对端子配线模块可以选用 4 对或 5 对卡接模块，每个卡接模块应卡接 1 根 4 对对绞电缆。一般 100 对卡接端子容量的模块可卡接 24 根（采用 4 对卡接模块）或卡接 20 根（采用 5 对卡接模块）4 对对绞电缆。

25 对端子配线模块：25 对端子配线模块可以卡接 1 根 25 对大对数电缆或 6 根 4 对对绞电缆。

回线式配线模块（8 回线或 10 回线）：回线式配线模块可以卡接 2 根 4 对对绞电缆或 8/10 回线。回线式配线模块的每一回线可以卡接 1 对入线和 1 对出线。回线式配线模块的卡接端子可以为连通型、断开型和可插入型三类不同的型号。

RJ-45 配线模块（由 24 个或 48 个 8 位模块通用插座组成）：RJ-45 配线模块每 1 个 RJ-45 插座应可卡接 1 根 4 对对绞电缆。

光纤连接器件：光纤连接器件每个单工端口应支持 1 芯光纤的连接，双工端口则支持 2 芯光纤的连接。

各配线设备跳线可按以下原则选择和配置：电话跳线宜按每根 1 对或 2 对对绞电缆容量配置，跳线两端连接插头采用 IDC 或 RJ-45 型。数据跳线宜按每根 4 对对绞电缆配置，跳线两端连接插头采用 IDC 或 RJ-45 型。光纤跳线宜按每根 1 芯或 2 芯光纤配置，光跳线连接器件采用 ST、SC 或 FC 型。

3. 模块选择

综合布线经常使用的模块有 110 型、25 对卡接式和 8 回线或 10 回线模块等。

1）110 型

一般容量为 100 对至几百对卡接端子，此模块卡接水平电缆和插入跳线插头的位置均在正面。通常，水平电缆与跳线之间的 IDC 模块有 4 对和 5 对两种。语音通信通常采用此类模块。

2）25 对卡接式模块

此种模块呈长条形，具有 25 对卡线端子。卡接水平电缆与插接挑线的端子处于正反两个部位，每个 25 对模块最多可卡接 6 根水平电缆。

3）回线式（8 回线或 10 回线）端接模块

回线式端接模块的容量有 8 回线和 10 回线两种。每回线包括 2 对卡线端子，1 对端子卡接进线，1 对端子卡接出线，称为 1 回线。按照两排卡线端子的连接方式可以分为断开型、连通型和可插入型三种。

RJ-45 配线模块选择：此种模块以 12 口、24 口、48 口为单元组合，通常以 24 口为一个单元。RJ-45 端口有利于跳线的位置变更，经常使用在数据网络中。该模块有 5 类、5e 类、6 类。

6.3.6　进线间设计

进线间实际就是通常称的进线室，是建筑物外部通信和信息管线的入口部位，可作为入口设施和建筑群配线设备的安装场地。

1．进线间的位置

一栋建筑物宜设置一个进线间，通常提供给多家电信运营商和业务提供商使用，一般位于地下一层。外部管线宜从两个不同的路由引入进线间，这样可保证通信网络系统安全可靠，也方便与外部地下通信管道沟通成网。进线间与建筑物红外线范围内的入孔或手孔采用管或通道的方式互连。

2．进线间面积的确定

进线间应满足室外引入线缆的敷设与成端位置及数量、线缆的盘长空间和线缆的弯曲半径等要求，并应提供安装综合布线系统及不少于三家电信业务经营者入口设施的使用空间及面积。进线间面积不宜小于 10m²。

3．线缆配置要求

建筑群主干电缆和光缆、公用网和专用网电缆、光缆及天线馈线等室外线缆进入建筑物时，应在进线间成端转换成室内电缆、光缆，并在线缆的终端处可由多家电信业务经营者设置入口设施，入口设施中的配线设备应按引入的电缆、光缆容量配置。

电信业务经营者或其他业务服务商在进线间设置安装入口配线设备应与 BD 或 CD 之间敷设相应的连接电缆、光缆，实现路由互通。线缆类型和容量应与配线设备相一致。

4．入口管孔数量

进线间应设置管道入口。在进线间线缆入口处的管孔数量应满足建筑物之间、外部接入各类信息通信业务、建筑物智能化业务及多家电信业务经营者线缆接入的需求，并应留有不少于 4 孔的余量。

5．进线间的设计要求

进线间宜设置在建筑物地下一层邻近外墙，以便于管线引入的位置，其设计应符合下列规定：

（1）管道入口位置应与引入管道高度相对应。

（2）进线间应防止渗水，宜在室内设置排水沟，并与附近设有抽排水装置的集水坑相连。

（3）进线间应与电信业务经营者的通信机房、建筑物内配线系统设备间、信心接入机房、信息网络机房、用户电话交换机房、智能化总控室等及垂直竖井之间设置互通的管槽。

（4）进线间应采用相应防火级别的外开防火门，门净高不应小于 2.0m，净宽不应小于 0.9m。

6.3.7　综合布线管理

随着组织数字化转型的加速，对信息化基础架构的要求越来越高，如何实现基础架构的精细化管理，以提高信息化基础架构的安全性、可靠性，提高运维效率，降低运维成本等问题日渐突显，管理尤为重要。

1. 综合布线管理的内容

管理是针对设备间、进线间和工作区的配线设备、线缆等设施，按一定的模式进行标识和记录，内容包括管理方式、标识、色标、连接等，如图 6-14 所示。这些内容记录资料将给今后的维护和管理工作带来很大的便利，有利于提高管理水平和工作效率。

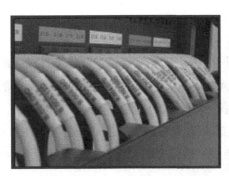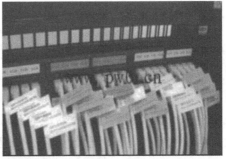

图 6-14　综合布线管理内容示意图

2. 综合布线系统相关设施状态信息

综合布线系统相关设施的工作状态信息包括设备和线缆的用途、使用部门、组成局域网的拓扑结构、传输信息速率、终端设备配置状况、占用器件编号及色标、链路与信道的功能和各项主要指标参数及其完好状况、故障记录等，还应包括设备位置和线缆走向等内容。

综合布线的各种配线设备，应用色标区分干线电缆、配线电缆或设备端点，同时还应采用标签表明端接区域、物理位置、编号、容量、规格等，以便维护人员在现场一目了然地加以识别。综合布线施工的状态信息：

（1）综合布线系统工程宜采用计算机进行文档记录与保存，简单且规模较小的综合布线系统工程可按图纸资料等纸质文档进行管理，并做到记录准确、及时更新、便于查阅，文档资料要用中文说明。

（2）综合布线的每一电缆、光缆、配线设备、端接点、接地装置、敷设管线等组成部分均应给定唯一的标识符，并设置标签。标识符应采用相同数量的字母和数字等标明。

（3）电缆和光缆的两端均应标明相同的标识符。

（4）设备间、工作区、进线间的配线设备宜采用统一的色标区别各类业务与用途的配线区。

6.4　综合布线系统的布线线缆及其连接器件

在综合布线系统工程中，使用最频繁的传输介质就是计算机网络。计算机网络通信分为有线通信和无线通信两大类。有线通信系统是利用电缆或光缆来作为信号的传输载体，通过连接器、配线设备及交换设备将计算机连接起来，形成通信网络；而无线通信系统则是利用卫星、微波、红外线来作为信号的传输载体，借助空气来进行信号的传输，通过相应的信号收发器将不同的通信设备连接起来，形成通信网络。

在有线通信系统中，线缆主要有铜缆和光缆两大类。铜缆又可分为对绞电缆和同轴电缆两种，光缆可分为单模光纤和多模光纤两种。

在综合布线系统中，除传输介质外，传输介质的连接也非常重要。不同区域的传输介质要通过连接件连接后才能形成通信链路。

6.4.1　对绞电缆

对绞电缆（Twisted Pair Wire，TP）是综合布线系统工程中常用的有线通信传输介质，它是由一对或多对以一定绞距并按反时针方向相互缠绕在一起的外面包裹着绝缘护套层的金属导体对构成的。电缆护套层起电绝缘的作用，可以保护其中的导体线对免遭机械损伤和其他有害物质的损坏，也能提高电缆的物理性能和电气性能。

在对绞电缆内，不同线对具有不同的扭绞长度，并按逆时针方向扭绞。把两根绝缘的铜导线按一定密度互相绞合在一起，每一根导线在传输中辐射出来的电波会被另一根导线上发出的电波抵消，从而提高了抗系统本身电子噪声和电磁干扰的能力，但不能防止周围的电子干扰。一般扭线越密其抗干扰能力就越强。

1. 非屏蔽对绞电缆

按对绞电缆是否包缠有金属屏蔽层分为非屏蔽对绞电缆和屏蔽对绞电缆。

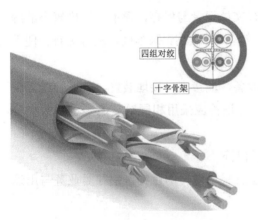

图 6-15　非屏蔽对绞电缆

非屏蔽对绞电缆（Unshielded Twisted Pair，UTP）是指不带任何屏蔽物的对绞电缆。具有重量轻、体积小、易安装和价格便宜等优点，但抗外界电磁干扰的性能较差，不能满足电磁兼容（EMC）规定的要求。同时，这种电缆在传输信息时宜向外辐射泄漏，安全性差，图 6-15 所示为一条 5e 类 4 对 8 芯非屏蔽对绞电缆。

2. 屏蔽对绞电缆

电缆屏蔽层的设计有屏蔽整个电缆、屏蔽电缆中的线对和屏蔽电缆中的单根导线三种形式。

电缆屏蔽层由金属箔、金属丝或金属网构成。屏蔽对绞电缆与非屏蔽对绞电缆一样，电缆芯是铜对绞电缆，护套层是塑橡皮，只不过在护套层内增加了金属层。按金属屏蔽层数量和金属屏蔽层绕包方式，屏蔽对绞电缆可分为以下几种：

（1）电缆金属箔屏蔽对绞电缆（F/UTP），图 6-16 所示为 F/UTP 横截面结构图。

（2）线对金属箔屏蔽对绞电缆（U/FTP）。

（3）电缆金属箔编织网屏蔽加金属箔屏蔽对绞电缆（SF/UTP），图 6-17 所示为 SF/UTP 横截面结构图。

（4）电缆金属箔编织网屏蔽加线对金属箔屏蔽对绞电缆（S/FTP）。

图 6-16　F/UTP 横截面结构

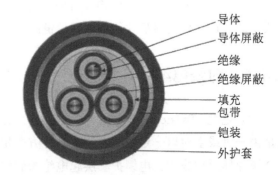

导体
导体屏蔽
绝缘
绝缘屏蔽
填充
包带
铠装
外护套

图 6-17　SF/UTP 横截面结构

不同的屏蔽电缆会产生不同的屏蔽效果。一般认可金属箔对高频、金属编织网对低频的电磁屏蔽效果为佳。如果采用双重屏蔽（SF/UTP 和 S/FTP）则屏蔽效果更为理想，可以同时抵御线对之间和来自外部的电磁屏蔽辐射干扰，减少线对之间及线对对外部的电磁辐射干扰。

为了起到良好的屏蔽作用，屏蔽布线系统中的每一个元件（双绞线、水晶头、信息模块、配架等）必须全部是屏蔽结构，且接地良好。

3. 对绞电缆对数

通常将对绞电缆分为 4 对对绞电缆和大对数（25 对、50 对、100 对）线缆。

1）4 对对绞电缆

在综合布线工程中，配线布线通常用到的是 4 对对绞电缆，为了便于安装与管理，每对双绞线有颜色标识。4 对 UTP 电缆的颜色分别是蓝色、橙色、绿色、棕色。在每个线对中，其中一根的颜色为线对颜色加一个白色条纹或斑点（纯色），另一根的颜色是白色底色加线对颜色的条纹或斑点，即电缆中的每一对对绞电缆都是互补颜色。4 对束的 UTP 电缆颜色编码如表 6-2 所示。

表 6-2　4 对束的 UTP 电缆颜色编码

线　对	颜 色 编 码	线　对	颜 色 编 码
1	白 - 蓝	3	白 - 绿
1	蓝	3	绿
2	白 - 橙	4	白 - 棕
2	橙	4	棕

2）大对数线缆

大对数线缆线对较多，电缆接续或者成端上架前，要按照电缆轧带进行分组，每组按照色标分对数，才能保证电缆两端线对一一对应，电缆颜色编码如表 6-3 所示。

表 6-3　电缆颜色编码

1	2	3	4	5	6	7	8	9	10	11	12	13	14	15	16	17	18	19	20	21	22	23	24	25
白					红					黑					黄					紫				
蓝	橙	绿	棕	灰	蓝	橙	绿	棕	灰	蓝	橙	绿	棕	灰	蓝	橙	绿	棕	灰	蓝	橙	绿	棕	灰
1	2	3	4	5	6	7	8	9	10	11	12	13	14	15	16	17	18	19	20	21	22	23	24	25
白					红					黑					黄					紫				
蓝	橙	绿	棕	灰	蓝	橙	绿	棕	灰	蓝	橙	绿	棕	灰	蓝	橙	绿	棕	灰	蓝	橙	绿	棕	灰

大对数线缆即大对数干线电缆，通常有 10 对、20 对、25 对、50 对和 100 对等型号，大对数线缆只有 UTP 电缆。5 类、5e 类、6 类一般只有 25 对线缆，3 类才有 25 对、50 对、100 对、300 对等型号线缆。其中 5e 类、6 类大对数可支持到 1000Mbit/s，并向下兼容。5 类和 3 类常用于语音通信的干线子系统，通常每一门电话使用 1 对芯线。

为便于安装和管理，大对数线缆采用 25 对国际工业标准彩色编码进行管理。每个线对束都有不同的颜色编码，同一束内的每个线对又有不同的颜色编码。25 线对束的 UTP 电缆颜色编码方案如表 6-4 所示。

表 6-4　25 线对束的 UTP 电缆颜色编码方案

1	2	3	4	5	6	7	8	9	10	11	12	13	14	15	16	17	18	19	20	21	22	23	24	25
白					红					黑					黄					紫				
蓝	橙	绿	棕	灰	蓝	橙	绿	棕	灰	蓝	橙	绿	棕	灰	蓝	橙	绿	棕	灰	蓝	橙	绿	棕	灰

主色：白、红、黑、黄、紫；辅色：蓝、橙、绿、棕、灰。

任何综合布线系统只要使用超过 1 对的线对，就应该在 25 个线对中按顺序分配，不要随意分配线对。

6.4.2　同轴电缆

同轴电缆曾经应用于各种类型的网络，目前更多地使用于有线电视或视频（监控和安全）等网络应用中。

1. 同轴电缆的结构

同轴电缆由两个导体组成，其结构是一个外部圆柱形空心导体围裹着一个内部导体。同轴电缆的组成由里向外依次是导体、绝缘层、屏蔽层和护套，同轴电缆结构截面如图 6-18 所示。内部导体可以是单股实心线也可以是绞合线，外部导体可以是单股线也可以是编织线。内部导体的固定用规则间隔的绝缘环或者用固体绝缘材料，外部导体用一个罩或者屏蔽层覆盖。因为同轴电缆只有一个中心导体，所以它通常被认为是非平衡传输介质。中心导体和屏蔽层之间传输的信号极性相反，中心导体为正，屏蔽层为负。

中心导体和电缆屏蔽层以同一个轴为对称中心构成了两个同心圆结构，可以保证中心导体处在中心位置，并保证它与屏蔽层之间的距离的准确性，这两个电缆部件用绝缘层隔开。

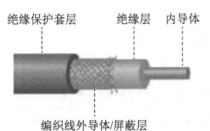

图 6-18　同轴电缆结构截面

目前，进行综合布线系统时已经不再使用同轴电缆。

2. 同轴电缆的类型

常用的同轴电缆有 RG-6/RG-59 同轴电缆、RG-8 或 RG-11、RG-58/U 或 RG-58C/U、RG-62。计算机网络一般选用 RG-8（粗缆）和 RG-58（细缆），但随着局域网速率的提高和 UTP 光缆价格的降低，已经不再用于计算机网络。

6.4.3　光纤传输介质

光纤是光导纤维的简称，光导纤维是一种传输光束的细而柔软的媒质，是数据传输中最有效的一种传输介质。光缆由2芯或以上光纤组成。裸光纤结构图如图6-19所示。

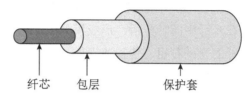

图6-19　裸光纤结构图

1. 光纤的结构

计算机网络中的光纤主要是用石英玻璃（SiO_2）制成的横截面很小的双层同心圆柱体。裸光纤由光纤芯、包层和涂覆层三部分组成。最里面的是光纤芯，包层将光纤芯围裹起来，使光纤芯与外界隔离，以防止与其他相邻的光导纤维相互干扰。包层的外面涂覆一层很薄的涂覆层，涂覆材料为硅酮树脂或聚氨基甲酸乙酯，涂覆层的外面套塑（或称二次涂覆），套塑的原料大都采用尼龙、聚乙烯或聚丙烯等塑料。

光纤芯是光的传导部分，包层的作用是将光封闭在光纤芯内。光纤芯和包层的成分都是玻璃，光纤芯的折射率高，包层的折射率低，这样可以把光封闭在光纤芯内。

2. 光纤的分类

光纤的分类很多，可以根据构成光纤的材料、光纤的制造方法、光纤的传输总模数、光纤横截面上的折射率分布和工作波长进行分类。

1）按构成光纤的材料分类

按照构成材料，光纤一般可分为以下三类：

（1）玻璃光纤：光纤芯与包层都是玻璃，损耗小，传输距离长，成本高。

（2）胶套硅光纤：光纤芯是玻璃，包层是塑料，损耗小，传输距离长，成本较低。

（3）塑料光纤：光纤芯与包层都是塑料，损耗大，传输距离很短，价格很低。多用于家电、音响以及短距离的图像传输。

2）按传输模式分类

按照光纤的传输模式分类，有单模光纤（Single Mode Fiber，SMF）和多模光纤（Multi Mode Fiber，MMF）两种。

（1）单模光纤：单模光纤对给定的工作波长只能传输一个模式。单模光纤采用固定激光器作为光源，若入射光的模样为圆形光斑，射出端仍能观察到圆形光斑，即单模光纤只允许一束光传输，没有模分散特性，因此，单模光纤的光纤芯相应较细、传输频带宽、容量大，传输距离长。单模光纤的光纤芯直径很小，为 4 ～ 10μm，包层直径为 125μm。目前，常见的单模光纤主要有 8.3/125μm、9/125μm、10/125μm 等规格。单模光纤通常用在工作波长为 1310nm 或 1550nm 的激光发射器中。由于单模光纤只传输主模，从而避免了模态色散，使得这种光纤的传输频带很宽，传输容量大，适用于大容量、长距离的光纤通信。

（2）多模光纤：多模光纤采用发光二极管作为光源。多模光纤可以传输若干个模式，多模光纤允许多束光在光纤中同时传播，形成模分散，模分散限制了多模光纤的带宽和距离，因此，多模光纤的光纤芯粗、传输速率低、距离短、整体的传输性能差，但其成本一般较低，特别适合于多接头的短距离应用场合。多模光纤的光纤芯直径一般在 50 ～ 75μm，包层直径为 125 ～ 200μm。在综合布线系统中常用光纤芯直径为 50μm、62.5μm，包层均为 125μm，也就是通常所说的 50μm、62.5μm。多模光纤的光源一般采用 LED（发光二极管），工作波长为 850nm 或 1300nm。多模光纤常用于建筑物内干线子系统、水平子系统或建筑群之间的布线。

3. 光缆及其结构

光纤传输系统中直接使用的是光缆而不是光纤。光缆结构的主旨在于想方设法保护内部的光纤，不受外界机械应力和水、潮湿环境的影响。在光缆设计、生产时，需要按照光缆的应用场合、敷设方法设计光缆结构。光纤的最外面是缓冲保护层、光缆加强元件和光缆护套，光缆的结构如图 6-20 所示。

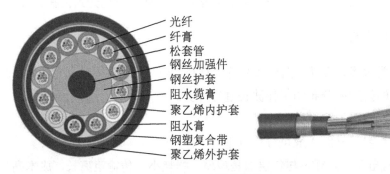

光纤
纤膏
松套管
钢丝加强件
钢丝护套
阻水缆膏
聚乙烯内护套
阻水膏
钢塑复合带
聚乙烯外护套

图 6-20　光缆的结构

1）光纤
光缆的核心是光纤，光纤在前面章节中已经介绍过，这里不再重复。

2）缓冲保护层
在光纤涂覆层外面还有一层缓冲保护层，给光纤提供附加保护。在光缆中这层保护分为紧套管缓冲和松套管缓冲两类。

（1）紧套管缓冲：紧套管是直接在涂覆层外加的一层塑料缓冲材料，约 650μm，与涂覆层合在一起，构成一个 900μm 的缓冲保护层。紧套管缓冲光缆主要用于室内布线。由于它的尺寸较小，所以使用灵活，在安装过程中允许有大的弯曲半径，使得安装起来比较容易。

（2）松套管缓冲：松套管缓冲光缆使用塑料套管作为缓冲保护层，套管直径是光纤直径的几倍，在这个大的塑料套管的内部有一根或多根已经有涂覆层保护的光纤。光纤在套管内可以自由活动，并且通过套管与光缆的其他部分隔离开来。

松套管缓冲一般用于室外布线，光缆的结构可以防止室外电缆管道内的长距离牵引带来的损害，同时还可以适应室外温度变化较大的环境特点。此外，大多数厂家还在松套管上加了一层防水凝胶，以利于光纤隔离外界潮湿环境。

3）光缆加强元件

为保护光缆的机械强度和刚性，光缆通常包含一个或几个加强元件。在光缆被牵引的时候，加强元件使得光缆有一定的抗拉强度，同时还对光缆有一定的支持保护作用。光缆加强元件有芳纶砂、钢丝和纤维玻璃棒三种。

4）光缆护套

光缆护套是光缆的外围部件，它是非金属元件，作用是将其他的光缆部件加固在一起，保护光纤和其他光缆部件免受损害。

5）光缆的物理性能和环境性能

光缆的传输性能是由光缆中光纤的质量决定的，而光缆的物理性能和环境性能则是由护套层来决定的。

（1）光缆的物理性能：光缆的物理性能应能保证光缆为光纤提供足够的保护，使光纤在运输、施工及运行维护期内不会遭受损坏，并能保持光纤的优良传输性能。

（2）光缆的环境性能：光缆的环境性能是指光缆的高低温性能、渗水性能和滴流性能。敷设在室外的光缆，其性能与周围环境的变化有关。

6.5　双绞线连接器件

在综合布线系统中除了需要使用传输介质外，还需要与传输介质对应的连接器件。这些器件用于端接或直接连接电缆，从而组成一个完整的信息传输通道。

双绞线的主要连接器件有配线架、信息插座和接插软线（跳接线）。信息插座采用信息模块和 RJ-45 连接头连接。在电信间，对绞电缆端接至配线架，再用跳接线连接。

1. RJ-45 连接器

RJ-45 连接器（8 针）是一种塑料接插件，又称 RJ-45 水晶头。它用于制作双绞线跳线，实现与配线架、信息插座、网卡或其他网络设备（如集线器、交换机、路由器等）的连接。

根据端接的双绞线的类型，分为 5 类、5e 类、6 类 RJ-45 连接器。非屏蔽 RJ-45 连接器如图 6-21 所示，用于和非屏蔽双绞线端接。屏蔽 RJ-45 连接器如图 6-22 所示，用于和屏蔽双绞线端接。

图 6-21　非屏蔽 RJ-45 连接器　　　图 6-22　屏蔽 RJ-45 连接器

2. 双绞线跳线

在使用对绞电缆布线时，通常要使用双绞线跳线来完成布线系统与相应设备的连接。所谓双绞线跳线，是指两端带有 RJ-45 连接器的一段对绞电缆，双绞线跳线如图 6-23 所示。在计算机网络中使用的双绞线跳线有直通线、交叉线、反接线三种类型。制作双绞线跳线时可以按照 TIA/EIA 568A 或 TIA/EIA 568B 两种标准之一进行，但在同一工程中只能按照同一个标准进行，我国行业一般采用 TIA/EIA 568B 标准。

3. 信息插座

信息插座通常由信息模块、面板和底盒三部分组成。信息模块是信息插座的核心，对绞电缆与信息插座的连接实际上是与信息模块的连接。信息模块所遵循的标准，决定着信息插座所适用的信息传输通道。面板和底盒的不同，决定着信息插座所适用的安装环境。信息插座的结构如图 6-24 所示。

图 6-23　双绞线跳线　　　　　　　图 6-24　信息插座结构

1）RJ-45 信息模块

信息插座中的信息模块通过配线子系统与楼层配线架相连，通过工作区跳线与应用综合布线的终端设备相连。信息模块的类型必须与配线子系统和工作区跳线的线缆类型一致。RJ-45 信息模块是根据国际标准 ISO/IEC 11801、TIA/EIA 568 设计制造的，该模块为 8 线式插座模块，适用于对绞电缆的连接。RJ-45 信息模块除了安装到信息插座外，还可以安装到模块化配线架中。

RJ-45 信息模块用于端接水平电缆，模块中有 8 个卡口与电缆导线连接的接线。RJ-45 信息模块的结构如图 6-25 所示。

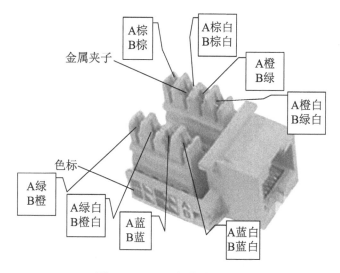

图 6-25 RJ-45 信息模块结构

RJ-45 信息模块也可分为非屏蔽信息模块和屏蔽信息模块。图 6-26 所示是非屏蔽信息模块，图 6-27 所示是屏蔽信息模块。

图 6-26 非屏蔽信息模块

图 6-27 屏蔽信息模块

RJ-45 信息模块根据打线方式可分为打线式信息模块和免打线式信息模块。打线式信息模块需要用专用的打线工具将双绞线导线压到信息模块的接线块里，而免打线式信息模块只需用连接器帽盖将双绞线导线压到信息模块的接线块里（也可用专用的打线工具）。

屏蔽对绞电缆和非屏蔽对绞电缆的端接方式相同，都是利用 RJ-45 信息模块上的接线块通过线槽来连接对绞电缆的，底部的锁定弹片可以在面板等信息出口装置上固定 RJ-45 信息模块。当安装屏蔽电缆系统时，整个链路都必须屏蔽，包括电缆和连接器。屏蔽双绞线的屏蔽层和连接硬件端接处屏蔽罩必须保持良好接触。电缆屏蔽层应与连接硬件屏蔽罩 360 度圆周接触，接触长度不宜小于 10mm。

2）信息插座面板

信息插座面板用于在信息出口位置安装固定信息模块。插座面板有单口型号和双口型号，也有三口或四口型号。面板一般为平面插口，也有斜口插口的，信息插座面板如图 6-28 所示。

图 6-28　信息插座面板

3）信息插座底盒

信息插座底盒一般为塑料材质，预埋在墙体里的底盒也有金属材料的。底盒都预留了穿线孔，有的底盒穿线孔是通的，有的底盒在多个方向预留有穿线位，安装时凿穿与线管对接的穿线位即可。信息插座单接线底盒如图 6-29 所示。

图 6-29　信息插座单接线底盒

4）信息插座的分类

信息插座根据所采用信息模块的类型不同，以及面板和底盒的结构不同有很多种分类方法。在综合布线系统中，通常是根据安装位置的不同，把信息插座分成墙面型、桌面型和地面型等几种类型。

（1）墙面型插座：墙面型插座多为内嵌式插座，安装于墙壁内或护壁板中，主要用于与主体建筑同时完工的综合布线工程。为了防止灰尘，目前使用的大部分墙面型插座都带有扣式防尘盖或弹簧防尘盖。

（2）桌面型插座：桌面型插座适用于主体建筑完成后进行的综合布线工程。桌面型插座有多种类型，一般可以直接固定在桌面上。

（3）地面型插座：在地板上进行信息插座安装时，需要选用专门的地面型插座。地面型插座多为铜质。铜质地面型插座有旋盖式、翻扣式和弹起式三种，其中弹起式地面型插座应用最为广泛，弹起式地面型插座如图 6-30 所示。

图 6-30　弹起式地面型插座

4. 对绞电缆配线架

配线架是电缆或光缆进行端接和连接的装置。在配线架上可进行互联或交接操作。建筑群配线架是端接建筑群干线电缆、干线光缆的连接装置。建筑物配线架是端接建筑物干线电缆、干线光缆并可连接建筑群干线电缆、干线光缆的连接装置。楼层配线架是端接水平电缆、水平光缆与其他布线子系统或设备相连接的装置。这里介绍的都是铜缆配线架，光纤配线架在后面章节中再介绍。

铜缆配线架系统分 110 型配线架系统，也称 IDC 配线架和模块式快速配线架系统。IDC 配线架需要和 110 连接块配合使用，用于端接配线电缆或干线电缆，并通过跳线连接配线子系统和干线子系统。IDC 配线架是由高分子合成阻燃材料压模而成的塑料件，它的上面装有若干齿形条，每行最多可端接 25 对线。双绞电缆的每根线压入齿形条的槽缝里，利用充压工具就可以把线压入 110 连接块上。

1）110A 型配线架

110A 型配线架配有若干引脚，以便为后面的安装电缆提供空间；配线架侧面的空间，可供垂直跳线使用。110A 型配线架可以应用于所有场合，特别是大型语音点和数据点线缆管理，也可以应用在交接间接线空间有限的场合。110A 型配线架通常直接安装在二级交接间、电信间或设备间墙壁的胶木板上。每个交连单元的安装角使接线块后面留有线缆走线用的空间。110A 型线对的接线块应在现场端接。图 6-31 所示为机架式 110A 型配线架。

图 6-31　机架式 110A 型配线架

2）110P 型配线架

110P 型配线架有 300 对和 900 对两种型号，由 300 对线的 188B2 垂直底板和相对应的 188E2 水平过线槽组成的 110P 型配线架，安装在一个金属背板支架上，底部有一个半封闭状的过线槽。图 6-32 所示为机架式 110P 型配线架。

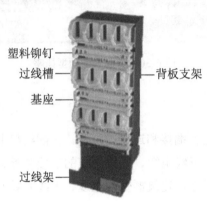

塑料铆钉

过线槽 —————— 背板支架

基座

过线架

图 6-32　机架式 110P 型配线架

110P 型配线架没有支撑腿，不能安装在墙上，只能用于某些空间有限的特殊环境，如装在 19 英寸的机柜内。在 110P 型配线架上配有 188C2 和 188D2 垂直底板，分别配有分线环，以便为 110P 型终端块之间的跳线提供垂直通路；188E2 底板为 110P 型配线架终端块之间的条线提供水平通路。

3）110 连接块

110 连接块是一个单层耐火的塑料模密封器，内含熔锡快速接线夹子，当连接块被推入配线架的齿形条上时，夹子就切开连线的绝缘层建立起连接。连接块的顶部用于交叉连接，顶部的连线通过连接块与齿形条内的连线相连。常用的连接块有 4 对线和 5 对线两种规格，图 6-33 为常用的连接块（A：4 对；B：5 对）。

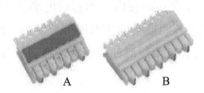

A　　　　　　　B

图 6-33　常用的连接块（A：4 对；B：5 对）

4）模块化快速配线架

模块化快速配线架又称快接式（插拔式）配线架、机柜式配线架，是一种 19 英寸的模块化嵌座配线架。它通过背部的卡线连接水平或垂直干线，并通过前面的 RJ-45 水晶头将工作区终端连接到网络设备。

按安装方式不同，模块化快速配线架有壁挂式和机架式两种。常用的配线架，通常在 1U 或 2U 的空间可以提供 24 个或 48 个标准的 RJ-45 接口。24 口模块化快速配线架如图 6-34 所示。

图 6-34 24 口模块化快速配线架

6.6 光纤连接器件

光纤连接器件主要有配线架、端接架、接线盒、光缆信息插座、各种连接器（如 ST、SC、FC 等）以及用于光缆与电缆转换的器件。它们的作用是实现光线缆路的端接、接续、交连和光缆传输系统的管理，从而形成综合布线系统中的光缆传输系统通道。

1. 光纤连接器

光纤连接器是光纤通信中使用量最多的光无源器件，是用来端接光纤的。光纤连接器的首要功能是把两条光纤的芯子对齐，提供低损耗的连接。大多数的光纤连接器由三部分组成，即两个光纤接头和一个耦合器。耦合器是把两条光缆连接在一起的设备，使用时把两个连接器分别插到光纤耦合器的两端。耦合器的作用是把两个连接器对齐，保证两个连接器之间有一个低的连接损耗。耦合器多配有金属或非金属法兰，以便于连接器的安装固定。光纤连接器使用卡口式、旋拧式、n 型弹簧夹和 MT-RJ 等方法连接到插座上。光纤连接器分为以下几种。

ST 型光纤连接器：ST（Stab and Twist）型光纤连接器外壳呈圆形，是双锥形连接器。ST 型光纤连接器采用卡口式锁定机构。在新的布线工程中不推荐使用 ST 型光纤连接器。

SC 型光纤连接器：SC（Subscriber Cable）型光纤连接器外壳呈矩形，紧固方式采用插拔销闩式，轻微用力就可插入或拔出，不需旋转，适用于工作区、水平布线和管理区。

FC 型光纤连接器：FC（Ferrule Connector）型光纤连接器外部采用金属套，紧固方式为螺丝扣。此类连接器结构简单，操作方便，制作容易，多用于电信光纤网络。

LC 型光纤连接器：LC（Lucent Connector）型光纤连接器是著名的 Bell 研究所研究开发出来的，是一款新型的 SFF 产品。采用操作方便的模块化插孔闩锁机理制成，所采用的插针和套筒的尺寸是普通 SC、FC 等，这样可以提高光缆配线架中光纤连接器的密度，主要应用于 SFP 模块连接。图 6-35 所示为光纤连接器。

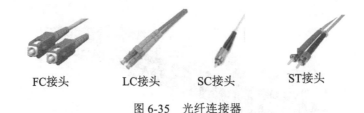

FC接头　　　　LC接头　　　SC接头　　　ST接头

图 6-35　光纤连接器

2. 光纤跳线和光纤尾纤

1）光纤跳线

光纤跳线由一段 1 ～ 10m 的互联光缆与光纤连接器组成，用在配线架上交接各种链路。光纤跳线有单芯和双芯、单模和多模之分。由于光纤一般只是单向传输，需要进行全双工通信的设备需要连接两根光纤来完成收发工作，因此如果使用单芯跳线，就需要两根跳线。

根据光纤跳线两端的连接器的不同类型，光纤跳线有以下多种类型：

（1）ST-ST 跳线：两端均为 ST 型光纤连接器的光纤跳线，如图 6-36 所示。

（2）SC-SC 跳线：两端均为 SC 型光纤连接器的光纤跳线。

（3）FC-FC 跳线：两端均为 FC 型光纤连接器的光纤跳线，如图 6-37 所示。

（4）LC-LC 跳线：两端均为 LC 型光纤连接器的光纤跳线，如图 6-38 所示。

图 6-36　ST-ST 光纤跳线　　　图 6-37　FC-FC 光纤跳线　　　图 6-38　LC-LC 光纤跳线

（5）ST-SC 跳线：一端为 ST 型光纤连接器，另一端为 SC 型光纤连接器的光纤跳线。

（6）ST-FC 跳线：一端为 ST 型光纤连接器，另一端为 FC 型光纤连接器的光纤跳线。

（7）FC-SC 跳线：一端为 FC 型光纤连接器，另一端为 SC 型光纤连接器的光纤跳线。

2）光纤尾纤

光纤尾纤只有一端有光纤连接器，另一端是一根光缆纤芯的断头，通过熔接可与其他光缆纤芯相连。它常出现在光纤终端盒内，用于连接光缆与光纤收发器。同样有单芯和双芯、单模和多模之分。一条光纤跳线剪断后就形成两条光纤尾纤。

3. 光纤适配器

光纤适配器又称光纤耦合器，实际上就是光纤的插座，它的类型与光纤连接器的类型对应，有 LC、SC、ST、FC、MU 等几种，光纤耦合器如图 6-39 所示。光纤耦合器一般安装在光纤终端箱上,提供光纤连接器的连接固定。市场上有单售的光纤耦合器,供网络布线人员在现场将其安装到终端盒上。也有的厂家在光电转换器、光纤网卡上已经安装了光纤耦合器,用户只需插入光纤连接器即可。

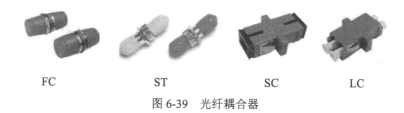

FC   ST   SC   LC

图 6-39 光纤耦合器

一根光纤安装光纤连接器后插入光纤耦合器的一端,另一根光纤安装光纤连接器后插入光纤耦合器的另一端(光纤连接器和光纤耦合器的类型须对应),插接好后就完成了两根光纤的连接。

4. 光纤配线设备

光纤配线设备主要分为室内配线设备和室外配线设备两大类。其中,室内配线设备包括机架式、机柜式和壁挂式,室外配线设备包括光缆交接箱、光纤接续盒、光缆终端盒(也可用于室内)。这些配线设备主要由配线单元、熔接单元、光缆固定开剥保护单元、存储单元及连接器件组成。

1)机架式光纤配线架

光纤配线架是用于室内光缆与光设备的连接设备,具有光缆的固定、分支、接地保护,以及光纤的分配、组合、连接等功能。随着目前光纤配线架终端技术的改进,光纤配线架在配线中的应用越来越普遍,机架式光纤配线架如图 6-40 所示。

图 6-40 机架式光纤配线架

2)光缆交接箱

光缆交接箱是一种为主干层光缆、配线层光缆提供光缆成端、跳接的交接设备。光缆引入光缆交接箱后,经固定、端接、配纤后,使用跳纤将主干层光缆和配线层光缆连通。光缆交接箱如图 6-41 所示。

光缆交接箱是安装在室外的连接设备,对它最根本的要求就是能够抵受剧变的气候和恶劣的工作环境。它要具有防水汽凝结、防水和防尘、防虫害和鼠害、抗冲击损坏能力强的特点。

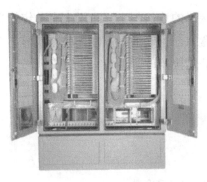

图 6-41　光缆交接箱

光缆交接箱的容量是指光缆交接箱最大能成端纤芯的数目。实际上，通常所说的光缆交接箱的容量应该是指它的配纤容量，即主干光缆配纤容量与分支光缆配纤容量之和。光缆交接箱的容量实际上应包括主干光缆直通容量、主干光缆配线容量和分支光缆配线容量三部分。

3）光纤接续盒

在光缆布线中有时需要将两根光缆连接起来，也是采用将光缆剥开露出光纤，然后进行熔接的方法，并对光纤熔接点进行保护，防止外界环境的影响，这时就要用到光纤接续盒。光纤接续盒的功能是将两段光缆连接起来，它具备光缆固定和熔接功能，内设光缆固定器、熔接盘和过线夹。光纤接续盒分为室内和室外两种类型，室外光纤接续盒可以防水，但也可以用到室内。光纤接续盒如图 6-42 所示。

4）光纤配线箱

光纤配线箱适用于光缆与光通信设备的配线连接，通过配线箱内的适配器，用光跳线引出光信号，实现光配线功能。适用于光缆和配线尾纤的保护性连接，也适用于光纤接入网中的光纤终端点采用，如图 6-43 所示。

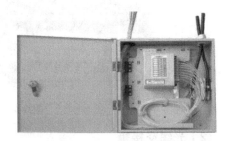

图 6-42　光纤接续盒　　　　　　　　　　　　图 6-43　光纤配线箱

5）光缆终端盒

光缆终端盒主要用于光缆终端的固定，光缆与尾纤的熔接及余纤的收容和保护，如图 6-44 所示。

6）光纤数字综合配线架

光纤数字综合配线架将数字配线架和光纤配线架融为一体，具有光纤配线和数字配线综合功能，光纤数字综合配线架如图 6-45 所示。

图 6-44　光缆终端盒　　　　　　　图 6-45　光纤数字综合配线架

5. 光纤信息插座

光纤到桌面时，需要在工作区安装光纤信息插座。光纤信息插座的作用和基本结构与使用 RJ-45 信息模块的双绞线信息插座一致，是光缆布线在工作区的信息出口，用于光纤到桌面的连接，光纤面板如图 6-46 所示，它实际上就是一个带光纤耦合器的光纤面板。光缆敷设到光纤信息插座的底盒后，光缆与一条光纤尾纤熔接，尾纤的连接器插入光纤面板上的光纤耦合器的一端，光纤耦合器的另一端用光纤跳线连接计算机。

图 6-46　光纤面板

为了满足不同应用场合的要求，光纤信息插座有多种类型，有 SC 信息插座、LC 信息插座、ST 信息插座等。

6.7　机柜

机柜具有增强电磁屏蔽、削弱设备工作噪声、减少设备地面面积占用的优点，被广泛应用于综合布线配线设备、网络设备、通信设备等安装工程中。

1. 机柜的结构和规格

综合布线系统一般采用 19 英寸宽的机柜，称为标准机柜，用以安装各种配线模块和交换机等网络设备。标准机柜结构简洁，主要包括基本框架、内部支撑系统、布线系统和散热通风系统。

2. 机柜的分类

从不同的角度可以将机柜进行不同的分类。根据外形可将机柜分为立式机柜（图 6-47）、挂墙式机柜（图 6-48）和开放式机架三种。

图 6-47　立式机柜

图 6-48　挂墙式机柜

6.8　光纤熔接

两根光纤可以被熔接在一起形成坚实的连接。熔接方法形成的光纤和单根光纤基本相同，仅有一点衰减。光纤熔接需要十分精密的设备和人员操作才能完成，图 6-49 所示为光纤熔接实例图。光纤本身很脆弱，易折断，图中所示接头处有一根热缩管来固定，同时纤芯被盘绕固定在熔接盒内。

图 6-49 光纤熔接实例图

除了永久性地连接两根光缆外,光纤熔接被广泛用于光缆与光纤连接器(又称为尾纤)的连接。

光缆和设备连接时,通过熔接机把光缆和光缆终端箱尾纤熔接在一起,光纤跳线一端接在光纤终端盒,另一端连接至光电收发器光端口,转换成电信号,再通过双绞线来连接交换机端口。光缆和设备连接关系如图 6-50 所示。

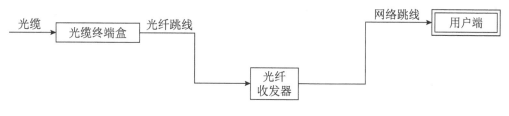

图 6-50 光缆和设备连接关系

6.9 智能布线子系统

传统布线系统的管理只能依靠手工对管理记录进行更新,设备和连接的改动往往很难在第一时间反映在管理文档中,这样会产生很多误差。智能布线管理解决方案旨在通过实时监测布线系统状态,为配线、跳线管理提供帮助,弥补了网管系统在物理层管理监测中的不足,使管理人员能够实施 7 层网络协议的全面管理。

6.9.1 智能布线子系统的特点

智能布线子系统的特点包括:一是实时性,避免管理的时间延;二是逻辑性,避免管理的低效率;三是集中性,避免人力资源的过多投入;四是安全性,侦测非法设备的侵入。

智能布线系统是一种将传统布线系统与智能管理联系在一起的系统。通过智能布线系统，将网络连接的架构及其变化自动传给系统管理软件，管理系统将收到的实时信息进行处理，用户通过查询管理系统，可随时了解布线系统的最新结构。通过电子化管理布线系统，可以实现直观、实时和高效的无纸化管理。

智能管理系统由电子配线架、信号接收或采集设备和管理软件三部分组成。其中，电子配线架（组）即电子配线架或电子配线架组，信号接收或采集由一台或多台设备完成，管理软件包含了数据库。

6.9.2 智能布线系统的硬件和软件

智能布线系统通常包括硬件和软件两个部分。硬件由电子配线架和电子配线架控制器组成，配线信息的更新以及实时监测、运维人员配线资料的查找都是通过管理软件实现的。

1. 铜缆或光缆的电子配线架

电子配线架支持的电线缆种类很多，如 CAT5E、CAT6、CAT6A 非屏蔽电缆与屏蔽电缆以及多模光缆和单模光缆，也支持常用电缆 RJ-45 与光缆 LC、ST、SC 和 MTRJ等连接器件。

2. 电子配线架的控制器

电子配线架的控制器通过分析仪的 I/O 传输电缆连接到智能配线架的方式，收集智能配线架上的连接信息。

3. 布线管理软件

布线管理软件把综合布线系统中的连接关系、产品属性、信息点的位置都存放在数据库中，并用图形的方式显示出来。使网管人员通过对数据库的操作，就能详细地了解布线系统的结构、各信息点及端口的属性，并可方便地改变跳线的连接，而不必担心拔错了跳线。网管人员通过对数据库软件操作，实现数据录入、网络更改、系统查询等功能，使用户随时拥有更新的电子数据文档。总之，布线管理软件是现有综合布线系统管理的更新和补充，可以缩短查找布线链路的时间，提高综合布线系统管理的效率，降低维护成本。

6.9.3 智能布线监控

智能布线为综合布线系统的管理提供了更为便捷、人性化及智能化的解决方案。该系统的核心是物理层的管理，包括整条物理链路连接与断开状态的监控。智能布线监控的主要内容包括以下几方面。

1. 实时智能监控

智能监测包含连接通断实时监测、端口变更实时监测、识别终端的非法接入等。

连接通断实时监测：当连接配线架端口的跳插线发生中断时，系统能实时检测并报警。如原来跳插线连接 A 配线架的 1 端口和 B 配线架的 1 端口，现在将跳插线拔出，系统将发生告警信息。

端口变更实时监测：当连接配线架端口的跳插线发生变更时，系统能实时检测并报警。如原来跳插线连接 A 配线架的 1 端口和 B 配线架的 1 端口，现在将跳插线拔出并连接 A 和 B 配线架的其他端口，系统将发生告警信息。

识别终端的非法接入：管理员可以先在软件中进行设置，一些特定的链路只允许个别 MAC 设备接入，当接入设备的 MAC 地址不属于被授权范围时，系统将发生告警信息。

2. 图形化显示

用户可以通过打开 CAD 或 VISIO 图形界面显示某个园区、楼层、房间或机柜。用户可以通过该界面全局浏览所有被管理的布线元素，如机柜及其内部的设备、跳线连接、终端插座和终端设备等。

如果想继续浏览设备的情况，可以通过点击该设备放大视图，如打开配线架或终端插座，就可以看到端口连接的情况（如用不同的颜色显示来区分端口连接与否），既可以显示全部端口的连接情况，也可以显示任意端口的连接情况。点击任意一个链路内的设备，如终端设备、终端插座和配线架的端口，网络设备的端口、线缆和跳插线，就可以显示和该设备相关的该链路的连接情况。

3. 数据库检索

用户可以搜索数据库中被管理的元素，如输入名称进行搜索。可供搜索的被管理的元素包括地点信息（建筑物、楼层和房间等）、机柜或机架、理线器、配线架、终端插座、线缆、跳插线、网络设备、终端设备和智能布线管理设备等。同时，还包括工单信息、日志信息和用户信息。

4. 网络资产管理

在网络权限许可的情况下，用户可以对有源的网络设备和终端设备进行管理。可以读取网络设备的信息，将相应信息反馈到管理软件，软件将更新数据库信息，并根据用户的要求提供告警。

5. 远程管理

用户可以远程登录系统进行远程管理。

6. 资产报告

软件能提供如下资产报告，并输出相应文件。这里，资产包括机柜或机架、理线器、配线架、终端插座、线缆、跳插线、网络设备、终端设备、智能布线管理设备等。

7. 报警功能

告警信息可以明显的方式显示在用户界面，并发送告警邮件到指定的邮箱地址。管理软件可对如下情况提供报警：

（1）智能布线管理设备连接或断开。

（2）非工单设定的跳插线的连接和断开。

（3）被管理的终端设备的连接和断开。

（4）被管理的网络设备的连接和断开（需开放网络权限）。

（5）对指定链路非法终端设备的接入（与设定的 MAC 不匹配）。

（6）网络和设备网络扫描失败。

8. 工单处理

当用户需要插拔跳插线时，将该指令在管理软件中生成工单。在用户需要执行该工单时，需要到现场激活该工单，并根据配线架上的指示灯或者智能布线管理设备的显示屏的指令进行操作。如果工单操作不正确，管理软件将告警，并提示用户如何正确操作。当用户正确执行上一个工单之后，管理软件才会提示操作下一个工单。

9. 向上接口

智能布线系统提供集成接口，开放的接口分为两种类型：一种是数据库开放，建立数据库接口；另一种是通过相关的标准协议进行通信。

智能布线系统通过 SNMP 协议与网络设备连接，以便自动获取终端设备的信息，比对预设的 MAC 信息和网络设备提供的 MAC 信息来判定是否有非法侵入的设备。

将智能布线系统集成至监控管理系统，方便数据中心的统一管理。目前常用的接口是 OPC。

第 7 章　数据中心的监控技术

数据中心监控系统能够以较低成本保证数据中心的可用性，这是数据中心管理的根本目标。数据中心建设完成后，在数据中心生命周期的运行阶段，监控管理（监、控、管）就是日常工作。流程化、信息化、自动化、智能化、可视化的监控管理工具，能帮助运行维护团队高效地做好日常工作，实现管理目标。

监控是管理的基础，管理是监控的目的。只有覆盖面足够的监测信息，才能实现准确的控制、高效的管理。在当前的数据中心监控系统设计建设实践中，还大量存在监控系统信息孤岛。一个数据中心的基础设施监控子系统有时竟多达十几个，不但增加了建设、集成成本，而且其使用、维护和升级扩容难度大，还降低了监控系统性能与可靠性。基础设施监控与 IT 系统监控一体化、监控与管理一体化是监控管理系统的发展趋势。

7.1　监控系统的架构、功能与集成

监控管理系统是数据中心工作人员的信息化工具，系统架构设计应考虑与数据中心组织管理架构相对应，以便相关人员履行岗位职责，系统功能必须满足数据中心工作人员对数据中心进行监控、维护与管理的需要。

监控管理系统应用计算机软件技术、网络通信技术、数据库技术、工业自动控制技术和传感技术等，通过采集、处理数据中心各种智能型和非智能型的设备或系统的运行状态、参数及信息，对数据中心基础设施进行全面监控，并通过分析处理监控信息驱动管理与决策，从而及时高效地做好运行维护，保证数据中心的可用性。

7.1.1　监控系统的架构

监控管理系统首先是一个多系统集成的综合系统，这是由它监控的对象及其特征所决定的。数据中心的监控对象包括数据中心供配电动力状况及其相关设备、机房环境状况及其相关设备、机房空间物理安全状况及其相关设备。这些设备在数据中心承担不同

的功能，而且它们自身也可以组成一个个相对独立的硬件系统。因此，通过一个统一的监控管理平台集成这些系统，就可以组成一个完整的监控管理系统。

监控管理系统也是一个数据采集、加工处理及统计分析的数据管理平台。系统监测的数据，一方面用来实时反映基础设施当前的运行状态指标，以便数据中心机房维护管理人员第一时间发现问题，及时消除隐患，避免对数据中心所支撑的各个业务应用产生影响；另一方面，按照一定的原则和要求，保存历史监控数据，用于日后事故追踪、查询统计和趋势分析。监测的数据经过加工，驱动管理。

物理架构规定了物理元素，物理因素之间的关系，以及人们部署硬件的策略。物理架构可以反映出软件系统动态运行时的组织情况，随着分布式系统的流行，"物理层"的概念已得到业界认同，物理层和分布有关，通过将一个整体的软件系统划分为不同的物理层，可以把它部署到分布在不同位置的多台计算机上，从而为远程访问和负载均衡等提供了可能，数据中心监控系统的物理架构如图 7-1 所示。

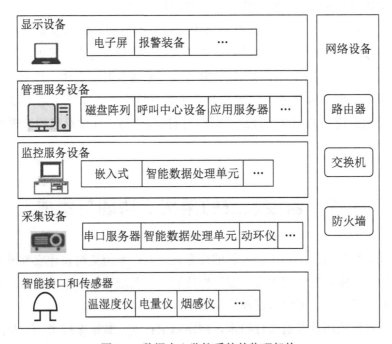

图 7-1　数据中心监控系统的物理架构

物理架构的硬件会在监控系统基础构件与技术一节中详细讲解。

7.1.2　监控系统的功能

数据中心监控系统的核心功能按照逻辑关系可划分为四个部分：监控系统功能、运行管理功能、总控中心功能、系统服务功能。监控系统及其监控管理对象概览如图 7-2 所示，系统的主要监控管理对象如表 7-1 和表 7-2 所示。下面分别对这些功能和监控对象进行介绍。

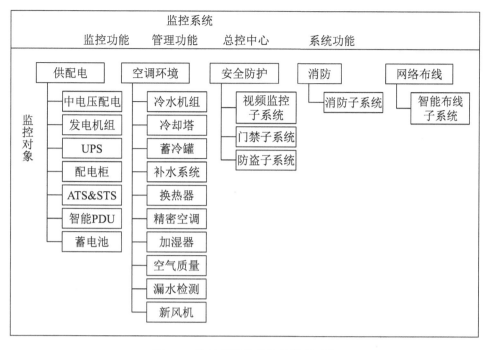

图 7-2 监控系统及其监控管理对象

表 7-1 供配电主要监控管理对象一览表

供配电类对象			
发电机组	低压进线总柜	APS 自动切换开关	空调配电柜
UPS 输出	蓄电池组	UPS 输入配电柜	UPS 不间断配电柜电源
防雷	智能列头柜	智能 PDU	STS 静态切换开关

表 7-2 环境空调类对象

冷冻水系统						
冷水机组	冷冻水泵	冷却塔	冷却水泵	板式换热器	蓄冷罐	补水系统
空调系统						
精密空调		普通空调		加湿器		
环境						
漏水检测	新风机	空气质量	机房温湿度		机房正压	

1. 监控系统功能

数据中心基础设施监控功能主要完成数据采集、分析处理、存储及展示，使用户能实时掌控数据中心的基础设施运行情况。下面介绍监控系统的主要功能。

1）数据采集功能

监控系统通过对监控对象各种协议进行解析，完成数据采集，然后将采集到的数据统一格式上传到数据处理层进行统一处理。数据中心环境错综复杂，干扰在所难免，监控系统从智能接口或者传感器采集到数据，并将数据进行基本过滤，避免错误报警。

2）数据传输功能

监控系统可以将采集到的信息在网络中各个节点间流转，并支持多种传输策略和数据处理方式。监控数据流的传输可以兼容传统的轮询式采集传输方式，也支持更高效的主动上报传输方式。为保证信息系统的安全，对监控数据流，特别是对敏感数据，系统可以进行加密。

3）数据处理功能

监控系统采集到信息后，还可以根据业务需要进行运算处理，从智能接口或者传感器采集到数据后，还需要进行数据处理，如通过区域内的多个温湿度传感器采集值，计算出区域实时平均温湿度、区域温湿度最大值；通过各个支路的能耗传感器数据，计算区域实时能源使用效率（PUE）等。监控管理系统可以自由定制数据计算规则、复杂事件处理规则，以满足各种处理要求。

4）数据存储功能

监控系统采集的数据需要进行存储，作为数据处理子系统和运行管理系统的信息输入源。数据处理子系统需要进行高速的实时运算，如针对实时事件进行在线的实时复杂事件分析过滤等，这要求存储系统具备很高的实时性。在监控系统中，一般由实时数据库将这些实时数据存储到内存中，以保证实时性。运行管理系统需要对历史的采集数据进行统计分析，形成数据中心运营管理的相关报表，为数据中心的运营决策提供依据。在监控系统中，一般由历史数据库将采集到的实时数据按照时间序列永久存储到磁盘介质中，供运行管理系统随时调用。

5）调节与控制功能

监控系统可以远程对基础设施设备的工作模式、状态进行远程控制，这种控制既可以是手动的也可以是自动的。对于非核心设备，为适应数据中心日常管理、节能和紧急事故预案的需要，可以根据采集到的设备状态，按照预先定义的联动策略进行联动控制。典型的联动控制，如用于数据中心节能的空调群控、非法闯入联动录像和报警、火灾联动录像和开门等。

除了采用某种自动控制手段外，监控系统还可以通过远程终端，对监控设备进行远程浏览、手动控制。如远程电话或者短信开门、远程电话或者短信查询关键设备当前工作状态等。

6）系统告警功能

监控系统根据采集到的信息和预先设置的告警规则，可以在条件达到之前、之后分别形成预警信息、告警信息，并通过交互层的各种告警终端（如短信、电话、邮件和声光等）迅速告知用户。告警功能按照一条告警事件的生命周期，可以分为过滤、分析、预警、告警及恢复几种功能。

为及时发现监控管理系统可能出现的宕机，还可以使用系统告警功能扩展出"定时报平安"功能。该功能通过定期给用户推送监控管理系统的健康状态和关键设备的状态信息，让用户能实时把握监控管理系统本身的运行情况和关键设备运行情况。

7）系统接口

监控系统需提供向上集成接口，通过该接口与更高层级的系统进行数据交互（被集成）。为使各种异构系统能实现集成，系统一般提供了标准的接口协议，如 OPC、SNMP 和 Web Service 等。

2. 运行管理系统功能

数据中心运行管理的目标是用较少的运行成本实现数据中心尽可能高的可用性。围绕这一目标，监控管理系统需要配置运维管理、资产管理、容量管理和能耗管理等基本管理功能模块来构成运行管理子系统。运行管理子系统主要从监控子系统与总控中心子系统获得管理所需信息，实现管理功能与目标。

1）运维管理功能

运维管理是对基础设施出现故障前后的运维工作的管理，是提高数据中心基础设施可用性的基本管理功能，主要包括定期维保与定时巡检管理、故障管理、服务台、知识管理、服务合同与供应商管理、SLM、值班管理及 KPI 等功能模块。通过有序的事故预防管理，实现防患于未然，可有效降低基础设施的故障率；通过流程化的事件管理，能使发生的故障在尽可能短的时间内恢复等。

2）资产管理功能

资产生命周期管理是数据中心 IT 管理者日常的基础性管理工作之一。资产管理主要包括对 IT 资产的入库/出库、入机房/出机房、领用/退回、维修、盘点和报废等资产生命周期中关键节点上的规范化、流程化以及信息化管理。采用电子标签技术，使每个物理独立的资产都有唯一的电子标签，能实现资产定位并提高资产盘点的效率。

3）容量管理功能

数据中心基础设施的容量主要是空间（S）、电力（P）和制冷容量（C），统称缩写为 SPC。通过采集机房空间、电力制冷数据与相关额定数据比较，数据中心管理人员能全面了解中心、大楼、楼层、物理机房、虚拟机房、列和机柜各层面的 SPC 容量；快速明确如何部署 IT 设备到合适位置而不影响系统安全余量（如冗余、热备份）；明确是否可利用现有的动力和冷却容量来部署高密度服务器，或是否需要分散部署刀片服务器；明确 SPC 容量预警信息，以便及时扩充容量；明确容量使用的历史信息，分析容量变化，作为容量计划的依据。

4）能耗管理功能

通过能耗监控信息计算数据中心 PUE，准确了解机房能耗构成，能耗变化情况，实现数据中心能效指标的可视化监测；建立数据中心能效指标体系和对标库，构建数据中心各管理层面和主要耗能设备的能效指标分析、评价模型，提高对数据中心能效指标的汇总分析能力和能效统计模式的智能化水平；采用数据挖掘技术对数据中心能耗数据进行深入分析，获取数据中心的耗能模式和耗能规律，以此为依据为数据中心提出合理的节能建议。

3. 总控中心系统功能

总控中心（监控管理中心或 ECC）是数据中心运维管理人员对数据中心进行运行监控、履行值守、联络、调度和事件处置等日常工作的场所。通常，基础设施运维人员与 IT 运维人员作为数据中心的运维团队共同使用总控中心的场所与设施，图 7-3 所示为总控中心。

图 7-3　总控中心

在总控中心，一般配置监控管理信息显示（2D、3D）、通信调度（呼叫、多方通话及视频会议）、服务台、多屏展示与控制、声光报警等功能模块。支撑以上模块的硬件设备与各种监控管理服务器一起可就近放在机房区，也可以放置在总控中心设备间内，以满足设备可靠运行的环境要求。

总控中心内的基础环境设施设备包括配电系统、接地、空调系统、消防系统、安防摄像、门禁系统和装修等。

总控中心是运维管理驱动信息的重要入口，特别是为 IT 用户提供"一站式服务"的窗口。总控中心系统是总控中心必须配置的基础工具，包括服务台（含语音通信）、大屏展示（监控管理信息可视化）、报表、告警告知等功能模块，与运维管理系统一起保证数据中心的可用性。

1）服务台功能

总控中心值守人员通过服务台接收来自用户的系统异常信息，弥补监控系统覆盖不够所造成的异常运行信息遗漏的不足。通过监控信息的可视化展示系统获取异常信息，作为事件关联规则外的管理驱动信息。值守人员利用该功能进行常见问题答复与处理，服务请求登记、分发，服务过程与质量跟踪、回访等，保证运维工作按质量要求完成。

2）展示功能

展示功能具体包括以下几点：

（1）组态仿真显示：监控系统采集处理需要的信息后，通过友好的人机仿真交互界面提供给用户进行浏览，以便实时掌握监控到的基础设施状态。监控系统提供界面组态功能，可以由用户自由地用各种图元，如曲线、流水线、柱状图、仪表和机柜等器件组合成仿真效果，并能在数据中心发生变更时进行相应的变更。通过仿真实际机房结构布局，让用户能更清晰、准确地定位故障点。

（2）大屏展示系统：屏幕是监控管理系统人机交互的窗口，数据中心运行值守人员通过电子屏幕获取监控管理系统与监控管理对象的运行信息。对于大型、超大型数据中心，要监控的对象与内容较多，逻辑关系复杂，往往需要在多个屏幕上同时显示具有一定逻辑关系的设备运行信息，以便值守人员完整、清晰、准确地把握数据中心运行情况，合理调配运维资源，这时就需要配置具有拼接、分屏功能的多屏显示系统。

（3）3D展示：3D展示功能是展示数据中心运行信息的重要载体。3D展示对于数据中心物理结构相关的信息具有更加直观的展示效果，用于展示制冷设施与管道、温度场、资产和容量等与设施的位置相关的信息，它提高了用户的可视化体验效果，是2D展示的有效补充。

（4）监控管理报表：随着监控系统和管理系统结合的紧密度越来越高，报表系统也逐渐发展成一个公共的、统一的报表平台，不仅完成监控业务报表，同时也完成管理系统的管理报表。监控管理系统报表功能对设备运行的历史数据和报警事件进行统计、分析，得到数据中心电力和环境等运行情况，运维管理的系统操作、故障处理统计报告，并以图表形式进行展示，为数据中心管理决策提供直观、可靠的依据。

监控管理系统的报表功能具备以下功能：

①自定义计算公式：为完成复杂报表的统计和分析，报表系统提供内置的计算公式，如求和、求平均值、求最大值和求最小值等；对于系统中不包含的计算公式，用户也可以自行编写，扩充计算公式库，完成对复杂数据的加工。

②导出和打印：报表系统可以将查询结果导出为Excel、PDF等格式文件，作为数据存档和报告依据；报表系统可以与打印机直接相连进行打印，方便查看。

③报表发布：将报表的制作和发布浏览进行分离。报表管理员通过报表组态制作报表模板，然后将该模板发布给授权用户，授权用户通过浏览器登录到报表系统，即可看到报表管理员授权的报表，使用对应的报表完成授权信息的查看。

④自动报表推送：报表系统定时自动生成报表，如每天、每周、每月及每年等；通过自定义推送策略，将定时生成的报表发送到指定人员的邮箱。

⑤报表样式组态：报表系统通过报表样式设计器进行报表模板自定义组态，快速构建报表数据和图表样式模板，实现表格、条形图、柱状图、折线图、饼图、雷达图和仪表盘等各种展示方式的组合报表。

（5）告知告警功能：监控管理系统在监测到监控对象出现告警、对运维过程节点需要通告时，需要在总控中心系统中以统一的系统组件、尽可能多的方式，通知到值班与运维及其管理人员，以便他们能在尽可能短的时间内对告警、告警信息做出响应。总控中心的告警告知功能，除了传统的通过屏幕获知告警信息外，还可通过短信、电话、邮件和声光等形式，对告警信息进行展示。

（6）Web移动终端：随着互联网技术和智能终端技术的发展，监控管理系统也可以通过智能移动终端进行浏览展示。可以通过平板电脑、智能手机直接查看监控对象的实时数据，管理和处理报警，查看机房PUE、运行报表，响应运维任务等。

4. 系统服务功能

系统服务主要给监控管理系统各个模块提供公共功能，主要的公共功能是分组统计。数据中心的设备可以按不同维度来分组，例如物理位置、逻辑关系和系统所属关系。通过自定义分组，允许用户按照任意的维度进行分组来统计数据，从多个维度去展示数据，如按楼层统计用电量，按机房统计温湿度，按门禁系统统计报警事件，按机柜、区域和机房统计PUE，按子系统统计功耗等。系统服务功能还包括以下几个方面。

1）系统日志功能

监控管理系统包含统一的日志记录功能。日志记录系统中硬件、软件和系统问题的信息，同时还可以监视系统中发生的事件。用户可以通过它来检查错误发生的原因，或者寻找受到攻击时攻击者留下的痕迹。系统日志记录用户对监控管理系统的所有操作，是进行事故追溯、安全审计的必需工具。系统日志可以记录到文件、数据库、窗口甚至网络中每一个节点，并可以对日志信息进行检索。

2）用户和权限管理功能

监控管理系统具备安全的用户和权限管理功能，系统中的用户可以按权限组进行分级管理。可以按监控管理系统的操作动作、操作对象范围任意划分成多个权限组，从而实现多级权限管理。

监控管理系统应支持多种用户认证的方式，除了传统的密码验证外，根据安全等级的需要，可以使用电子密钥或者二者混合认证方式。

监控管理系统的多个子系统之间或者和第三方集成系统之间的权限认证应支持单点登录（Single Sign On，SSO），即只需要在一个系统中登录，即可在另外的系统中使用同一个登录账号信息。

3）系统维护功能

监控管理系统提供了方便的维护工具和手段。随着数据中心的扩容，监控管理系统也需要进行对应的变更，在线扩容可以在不停止监控管理系统的前提下，增加监控对象或者管理功能。对于老化设备的更新换代，故障设备的维修，监控系统可以进行采集屏蔽，避免重复报警。

对于重要的数据，监控管理系统提供手动、自动两种备份方式，可以在监控管理系统出现灾难性故障时迅速恢复。

4）双机热备功能

根据数据中心可用性等级设计要求，高可用性等级的数据中心的监控管理系统必须配备双机热备功能。该功能可以使监控管理系统在一台主机出现故障时，自动将监控业务切换到备机，从而保障监控业务的持续性。

7.1.3 监控系统的集成

监控管理系统的监控对象除了供配电、空调环境、安防三类设备或子系统外，在BAS系统划分中还包括第三方的消防系统、智能布线等子系统的集成，以达到统一监控的目的。同样，监控管理系统也应具备被另外的集成平台集成的能力。系统集成方法常见的有三种：界面集成、功能集成和数据集成。

1. 监控集成的系统

监控管理系统需要充分覆盖数据中心监控管理对象，且要有足够的兼容性，能支持各相对独立的专用系统的集成，满足用户灵活选配各种监控子系统的要求。

1）中压监控子系统

在数据中心应用中，中压配电柜不但担负着将来自电网的电力供应给数据中心使用，还必须确保数据中心用电不会对上游电网产生不利影响。因此，中压配电柜的监控对维系数据中心安全、可靠运行起着至关重要的作用。中压监控集成的内容如下：

（1）数据中心各进/出线的继电保护装置应能提供电流、电压、频率、有功功率和无功功率、功率因数和电能等电气测量参数，以及断路器分闸位置、合闸位置、工作位置、试验位置、备用位置、抽出位置、储能位置、接地位置、本地/远方控制选择、跳闸回路监视、外部复位、外部跳闸和外部报警等状态。

（2）中压开关柜的控制、监控功能应该适合现场运行人员就地监控及操作。数据采集部分客户端为多行液晶显示器，可显示三相电流实时有效值、整定值、命令和输出，显示正常及故障状态测量值；液晶显示器显示中文菜单，以方便进行调试和维护；有可由用户自定义的LED信号指示及状态指示灯，所有保持式LED的复归有当地复归、接点输入复归和远方复归；具有用于菜单检索、数据输入、浏览阅读及开关操作等操作按钮及功能键。

（3）保护装置应该可靠地将发生故障的一次设备尽快从供电系统中退出，以最大限度地减少对一次设备的损坏，降低对供电系统安全供电的影响；具有开机自检和连续在线自检功能，装置中任一元件损坏，不造成保护误动作，且应该发出装置异常信号，故障标志达到模块级；具备可靠的硬件闭锁功能，可保证在任何情况下不误动，只有在发生故障，保护装置启动时才允许开放跳闸回路。具有自复位电路，发生"死机"现象可通过复位电路恢复正常工作，在进行抗高频干扰试验时，不允许自复位操作。

（4）继电保护装置有两个独立并同时工作的采用国际标准 Modbus 和 SNMP 通信协议的标准通信接口：一个用于连接当地 PC（RS-232），实现各种调试功能，对保护进行就地访问、编程等；另一个用于与数据中心监控系统的集成。

2）蓄电池组监控子系统

阀控铅酸（VRLA）蓄电池作为数据中心电源系统主要的储能设备，在数据中心后备电源方面发挥着极其重要的作用。但铅酸蓄电池组故障率较高，包括容量劣化、备用时间不足，实际使用寿命低于设计寿命；由蓄电池故障引发的爆炸、起火等恶性事故时有发生，是数据中心的一个安全隐患。蓄电池故障成为电源系统的明显短板，给数据中心安全运行带来了巨大风险。

传统的蓄电池电压巡检不能及时识别早期故障电池，不能满足数据中心对电池可靠性的要求。采用自动化在线蓄电池监测设备对蓄电池系统进行实时监测，可以及时发现并排除电池故障隐患，保证数据中心在市电停电时 UPS 系统能正常供电。蓄电池组监控子系统的监测方法、原理和接口如下：

（1）电压监测与欧姆值监测系统：在线电池组检测设备通常有两类，一类是电压检测系统，检测单体电池的电压、电流及温度，在蓄电池放电时记录放电数据，在放电过程中找出落后电池，常用于可用性等级不高的数据中心的电源系统；另一类是欧姆值监测系统，除检测电压、电流及温度外，还检测每节电池内阻，能在电池处于浮充状态下发现落后及故障电池，具有更好的实时性，能及时发现问题电池。

（2）在线蓄电池监测系统欧姆值测试原理：目前使用的蓄电池类型主要是阀控铅酸蓄电池，研究发现蓄电池内部的极板腐蚀、活性物质脱落、电池自放电、硫酸盐化及电解液干枯等都会造成电池的内阻变化，主要是内阻变大。电池容量曲线如图 7-4 所示。在 IEEE 1188－1996 文献中有这样的分析结果：当电池内阻趋势变大到基准值的 125% ～ 130% 时，对应的电池容量将下降到 80%。欧姆值监测系统根据内阻测试间隔时间又分为每天监控型、每周监控型及每月监控型。

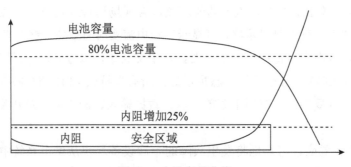

图 7-4　电池容量曲线

（3）集成接口：数据中心普遍采用监控管理系统，设计时应考虑上一级的监控平台。现在比较常用的数据接口包括 Modbus、TCP/IP 或者 RS-485 接口等。

3）消防监控子系统

根据数据中心监控消防系统部分"只监不控"的原则，按照国标《数据中心设计规范》（GB 50174－2017）、《城市消防远程监控系统技术规范》（GB 50440－2007）的要求配置消防报警与灭火系统。

消防监控子系统设置有向上的集成接口。根据我国各地方性法规及相应的管理方式，消防系统具有一定的独立性，只能以弱集成的方式接入监控管理系统，以便统一值守与管理。根据"只监不控"的原则，智能消防系统常以智能接口（提供通信协议）的方式向监控系统传送（如火灾告警、灭火气体释放及联动系统状态等）重要信息，非智能消防系统则以干接点方式向监控系统发送重要消防信息。

消防监控子系统在第5章已做过详细介绍，这里不再赘述。

4）安防监控子系统

作为信息化的重要基础设施，数据中心安全防护系统通常由视频监控系统、出入口控制管理系统、入侵报警系统、电子巡更系统和安全防范集成管理系统组成。安防监控子系统设置有向上的集成接口，安防监控子系统在第4章已做过详细介绍，这里不再赘述。

5）楼宇自控子系统

对于一般大型、超大型数据中心（整栋大楼甚至建筑群都是数据中心），当大楼或建筑群的一切基础设施（包括原本属于楼宇控制概念的大楼空调系统、消防系统和安防系统等）基本上都是为数据中心的IT系统服务，且楼宇自控系统也完全在数据中心运维团队的统一管理之下时，将BAS集成到监控管理系统才有意义。如果数据中心只占某栋大楼的较小比例，且另有团队管理楼宇，则没有必要把楼宇系统集成到监控管理系统里。

楼宇自控子系统设置有向上的集成接口，楼宇控制系统的组成和功能在第3章讲过，这里不再赘述。

6）智能布线子系统

传统布线系统的管理只能依靠手工对管理记录进行更新，设备和连接的改动往往很难在第一时间反映在管理文档中，这样会产生很多误差。智能布线管理解决方案旨在通过实时监测布线系统状态，为配线、跳线管理提供帮助，弥补了网管系统在物理层管理监测中的不足，使管理人员能够实施7层网络协议的全面管理。

《数据中心设计规范》（GB 50174－2017）中提出要求：机房布线宜采用实时智能管理系统，可以随时记录配线的变化，在发生配线故障时，可以在很短的时间内确定故障点，是保证布线系统可靠性和可用性的重要措施之一。

智能布线子系统的组成和功能在第6章中已经讲解，这里不再赘述。

2．一体化监控

监控各部分相互关联，是一个有机整体，监控的一体化设计尤为重要。基础设施的一体化监控是指对所有基础设施监控对象（传感器、设备和子系统）不分专业类别，按物理区域（机房模块）就近接入采集设备的基本原则采集运行数据，实现一体化监控，一体化监控系统组网示意图如图 7-5 所示，而不是按设施的技术专业门类分别构建多个独立监控子系统后再集成监控。

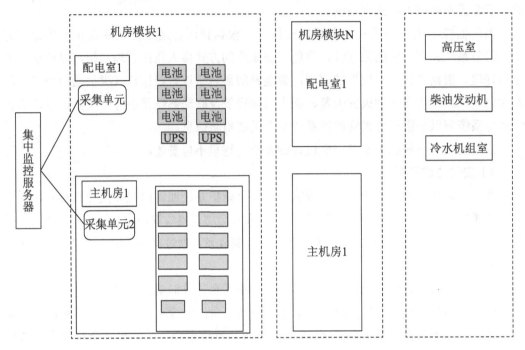

图 7-5 一体化监控系统组网示意图

大量实践表明，如果采用独立监控子系统再集成监控的解决方案（表 7-3），则会因各子系统间的信息交互效率低、升级扩容难度大、大量相似功能软件重复开发、设备重复投入与网络重复建设等问题，最终损害客户利益。

表 7-3 某数据中心独立监控子系统一览表

	系 统 名 称	接 口 形 式
1	建筑设备监控系统（楼宇）	Bancnet
2	油机监控系统	Modbus，TCP/IP
3	电力监控系统	Modbus
4	蓄电池监控系统	Modbus，TCP/IP
5	动力环境监控系统	TCP/IP
6	防盗报警系统	IP2000
7	视频监控系统	SDK
8	门禁管理系统	OPC
9	极早期火灾报警系统	Modbus
10	漏电电气火灾报警系统	Modbus
11	火灾报警系统	Modbus
12	Wi-Fi 网络监控系统	TIP/IP
13	集成监控管理系统	

一体化监控系统很容易在交互层通过页面设计与系统权限配置,按空间域与逻辑域（子系统）两个维度来呈现信息,带给用户良好的操作体验。用户可以选择按专业门类进行独立的监控管理。实际上,数据中心是一个有机整体,监控、运维人员在履行自己专业范围职责时,了解相关专业系统运行情况也是非常必要的,这有利于提高他们分析、处理问题的时效,提高数据中心整体可用性。

客观上,数据中心任何专业门类的众多产品都是由不同厂家生产的,如供配电部分包括中高压变压与配电、发电机、并机控制柜、低压配电、UPS、直流电源、蓄电池组、智能列头柜和智能 PDU,可能还有其他新能源设备等,空调环境包括冷冻水机组、水冷机组、风冷机组、自然冷却机组、列间空调、柜式精密空调、新风机、恒湿机与环境等。这些系统或设备都有自己的监控系统或智能接口,把供配电部分统一监控起来做成所谓独立监控子系统与把供配电、空调环境一体化地监控起来没有任何区别。事实上,除消防、门禁等少数几个系统外,很少有厂家就每一个专业门类都对应地做一个独立的上下游拉通的独立监控子系统。况且,如果客户已经选择了这些子系统,只要其开放北向接口协议,也可以像采集单元一样直接接入统一的监控服务器。

当然,对于有法规要求（如消防监控）,没有大量数据交互（如安防监控）且集成难度不大,有独立管理要求的系统或设备,可以做成独立子系统再集成。表 7-4 为一体化监控管理系统。

表 7-4　一体化监控管理系统一览表

序号	系统名称	监 控 内 容				
1	基础设施监控系统	供配电监控	中低压配电	UPS	高压直流	油机	蓄电池
2		空调环境监控	冷冻、冷却水系统	精密空调	温湿度	漏水	新风系统
3		基础设施监控系统	集成项 IT 设施监控	IT 资产	IT 设备主要硬件运行状态	防盗报警系统	安防视频监控系统、门禁管理系统
4		消防集成项	极早期火灾报警系统	火灾报警系统			

7.2　监控系统的基础构件与技术

数据中心监控系统是一个软件和硬件结合的复杂性系统,本节将对监控管理系统的核心软件模块的组成、硬件设备及其功能、技术、应用等进行讲述。

7.2.1　监控软件系统的基础构件

监控管理软件由四大系统组成:监控系统、运行管理系统、总控中心系统和基础服务模块。

1. 监控系统

监控系统由两大子系统组成：信息采集子系统和信息处理子系统。

1）信息采集子系统

为实现模块化设计、分布式部署，提高监控管理系统稳定性，信息采集子系统基本已经硬件化，即由一个硬件设备或者硬件模块，代替了传统的用纯软件方式来实现信息采集功能。

采集模块的主要功能：一是提供各种形式的接口，以便接入各种不同的监控管理对象；二是实现各种采集信息的协议解析；三是将解析后的信息按统一格式上传至处理单元。

2）信息处理子系统

信息处理子系统是监控管理系统中完成监控功能的核心子系统，要求实时、灵活、准确地加工、运算、存储大规模数据。

信息处理子系统主要有两个模块：复杂事件分析处理模块和调节与控制模块。

（1）复杂事件分析处理模块：先捕获各种基础事件，然后分析整理，找出更有意义的事件。其中事件的分析整理，找出复合事件，正是复杂事件分析处理模块的核心。复杂事件分析处理模块的工作原理如图7-6所示。实时数据作为事件源接入事件处理总线，复杂事件分析处理模块引擎通过指定的规则，处理这些实时数据和缓存的历史数据，并通过事件处理总线将有意义的事件提供给事件消费方。

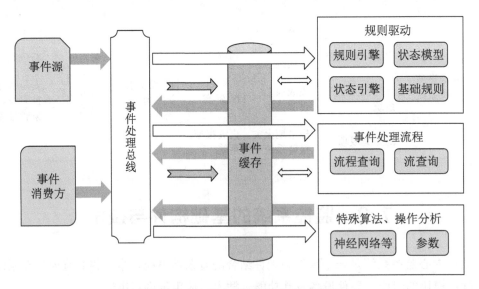

图 7-6　复杂事件分析处理模块的工作原理

复杂事件分析处理模块需要处理海量事件，处理压力大。复杂事件分析处理技术不同于传统的数据库数据处理，由实时产生的数据流驱动事件处理逻辑，在内存中完成所有计算，性能有数量级提升，能满足实时处理要求。复杂事件分析处理模块的事件匹配规则是提高处理的有效性。使用中，当监控对象的逻辑关系发生改变时，必须维护事件匹配规则，以保证处理的正确性。

（2）调节与控制模块：总控中心系统对于影响到用户业务系统安全的设备都是采取"只监不控"的原则，对于非核心业务和系统，如环境监测设备（如新风机、灯光照明）、安防系统（如闭路视屏监控系统、门禁考勤系统）等，可以接收控制输入。利用这一特性，通过调节与控制模块对数据中心进行精细化、智能的管理。

调节与控制模块的工作方式有两种：一种是手动调节与控制，另一种是自动调节与控制。手动调节与控制相对比较简单，由人来进行判断、决策，形成控制指令，通过监控系统下发到对应的设备，达到调节和控制的目的。此时，系统的调节和控制完全依赖个人经验，随机性比较强。常见的手动调节与控制方式有远程开门，根据机房温度，手动调节每个空调的设定温度等。手动调节与控制不仅通过监控数据中心监控系统、系统基础构件与技术系统来完成，也可以通过电话、短信等方式进行操作，如可以通过电话开门、短信查询关键设备状态等。

自动调节与控制区别于手动的地方在于，将人的经验数据内置到了监控系统中。监控系统根据这些经验数据形成调节与控制逻辑。当监控系统采集到的数据流入该调节与控制逻辑单元时，该单元形成预期的调节与控制指令，下发到对应的设备，从而实现了无人值守的自我调节。该技术最常见的一种应用是联动控制，如消防火灾联动门禁开门、门禁开门联动视频录像、消防火灾联动实时视频播放等。

2. 运行管理系统

运行管理系统包含资产管理模块、IT资产管理范围、容量管理模块、运维管理模块和能耗管理模块。

1）资产管理模块

资产管理是资产与配置管理的一部分。在实际工作中，通常把数据中心物理形态的资产包括IT资产的新增、入库、领用、上线（进机房）、下线（维修）和减少（报废、丢失）等的管理定义为基础设施监控管理系统的资产管理，即对数据中心物理资产的生命周期的管理。

2）IT资产管理范围

IT资产分类如图7-7所示。IT资产按形态主要分为两大类，即软件与硬件。软件主要包括系统软件、工具软件和应用软件，硬件主要包括服务器、网络、存储、IT办公及场地设施相关设备。

（1）资产管理的范围。

资产管理范围除包括软件和硬件外，还包括资产与基础设施运维管理。

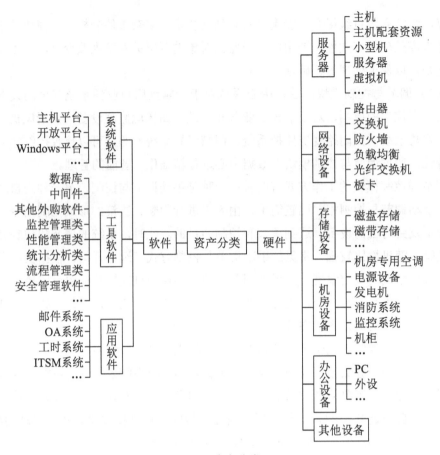

图 7-7 资产分类

相关的属性信息如下：

①基本属性：此属性用于记录资产或设备的基本信息，包括生产厂商、型号、功耗、高度、质量、购买时间、价格、责任人或部门等内容，针对不同类型的设备，还可能有专有的属性，以便适应其专业特点。

②用户属性：此属性用于记录资产或设备上用户管理相关的信息，包括用户名、用户分类、权限等级和所属部门等内容。此外还包括密码属性，以便支持安全管理过程中密码的发放、回收和定期变更等活动。

③硬件配置信息：此属性用于记录设备硬件配置相关的信息，包括配置的硬盘、网卡和光纤卡等配件。

④维保信息：此属性用于记录设备的维保信息，包括服务提供商、服务范围、服务级别和服务考核等信息，用于服务合同管理相关的活动和功能模块。

（2）主要功能模块。

基于资产管理所涵盖的范围，资产管理需要实现如下功能模块：

①机房资产管理模块：用于记录、查询、更新运维服务相关的软硬件资产信息，包括各类服务器、网络设备、存储设备、光交换设备等。借助射频技术还可以实现对资产设备的进出机房控制、快速定位、定期盘点等功能。

②库存资产管理模块：用于记录和管理库存资产、设备、耗材等方面，包括出入库管理、查询和盘点等活动。

③介质管理模块：用于记录和管理服务相关的介质信息，包括光盘、磁带等介质的标签、存放位置、存储内容和物理介质快速定位等。

④耗材管理模块：用于记录和管理服务相关的耗材信息和相关的活动，如网线、光纤等，控制耗材的申领、使用、储备等活动，还可以实现储备预测、消耗分析等功能，以便增强对有关内容的管控。限于服务器、交换机等在架设备、质量、购买时间、价格、责任人或部门等内容,针对不同类型的设备，还可能有专有的属性，以便适应其专业特点。

常规的资产管理方式存在诸多问题：

■ 资产管理采用人工操作方式记录（有的采用一维条码，易污损，识读困难）、人工整理汇总，时间长，效率低，差错率高。

■ 实物信息与管理信息、系统信息无法同步，无法实时了解资产当前实际所处地点、状态（闲置、正常使用、维修及报废）。

■ 难以及时获得准确的资产信息（往往通过烦琐的定期人工盘点方式更新资产信息）等。

针对以上问题，可以采用基于电子标识码的资产管理。电子标识技术具有读取速度快，无须人为干预读取数据过程等优势，可以快速进行资产识别、盘点，准确、快速地掌握重要固定资产信息的目的。

采用电子标识将资产实时监测与资产管理有效地整合在一起，从而达到实物信息与系统信息的实时同步，实现资产全生命周期自动追踪管理，为企业投资决策和资产合理调配等提供准确、科学的参考依据，从而达到资产管理中人、地、时、物同步管理，有效降低和控制日常管理和生产成本，节约了每年投入大量人力、物力进行资产盘点和无谓调拨的成本，避免了因各种因素造成的资产流失，提高了企业管理效益。

3）容量管理模块

容量是指数据中心所能提供的能力。容量管理旨在将各类基础架构的处理能力或系统容量进行细分和量化，根据业务需求进行调整和配置，从而在满足主要业务需求的前提下实现资源利用合理化，负荷均衡，确保业务目标的达成。基础设施监控管理系统的容量管理主要针对数据中心的空间、电力和制冷等基础设施的支持能力，即 SPC 容量管理。

（1）容量管理的构成。SPC 容量管理主要包括如下几个方面：

①性能管理：此活动旨在测量、监控和调整基础架构或组件的性能以期达到最佳性能。

②应用适配：此活动旨在给应用、设备分配合适的资源以适应当前及未来规划的业务需求。

③容量建模：此活动旨在识别容量管理所涉及的各因素及对应的权重等信息，并借助信息技术建立对应的容量模型。

④负荷管理：此活动旨在监控、测量负荷的变化，以便获取实时的容量使用情况，指导容量规划和扩展。

⑤容量规划：此活动用于创建和规划容量计划，以便适应业务发展的需要。

⑥需求管理：此活动旨在通过调整不同系统的负荷或分流高峰时的业务负荷，以期更加合理地利用系统支持能力和有关资源。

（2）主要功能模块。基于 SPC 容量管理所定义的范围，SPC 容量管理需要实现如下一些功能模块：

① SPC 容量模型管理：包括容量模型的创建、节点信息维护、参数设置等，此外还包括监控所需的动态关联。

② 资源预分配管理：包括可用资源的搜索，预占和取消预占等功能。在进行资源搜索和预占时，需要综合考虑 SPC 容量类型所定义的各要素，出于管理的需要，还需要提供预占审核、设备上线、项目信息管理等功能。

③ 报表与统计：包括报表的定制、使用状况统计、趋势分析和优化建议等功能，主要用于容量状况分析及容量规划。

（3）系统管理功能。包括权限管理、用户管理和历史数据管理等，用于支撑容量管理有关功能的运行。

4）运维管理模块

运维管理是数据中心稳定运行的保障，也是数据中心日常管理的主要内容，它支撑着数据中心的故障处理、日常检修、定期巡检及人员值班管理等活动。运维管理模块是运维管理的支撑平台，为运维管理活动的开展提供了电子化支撑平台。下面对运维管理模块做简单描述和说明。

（1）运维管理的范围。一般来说，运维管理的范围涵盖如下内容：

①故障响应与处理：包括各类设备故障的监测、响应、派单及工单管理等内容。

②预防性维护管理：包括定期巡检管理、移动巡检管理和日常巡检等内容。

③统计分析：包括服务团队的运作效率、工单处理情况和工作量等指标，运行情况的统计分析等。

④知识共享和积累：包括故障处理经验沉淀、归档及共享，系统基础资料，应急预案等。

（2）主要功能模块。根据运维管理的范围和主要活动，需要包括如下功能模块以匹配和支撑对应的运维活动：

①事件管理：用于故障的响应、分析、派单及后续的工单管理等活动，支撑和控制服务管理中所定义的各级处理团队的协作和故障单流转，是运维管理所依赖的基本功能。

②预防性维护管理：主要是定期巡检和移动巡检，用于设备的预防性维护，通过

周期性的巡检和维护，在设备出现异常之初就进行修复和维护，从而防止重大故障的发生。

③知识库管理：对于日常故障管理，需要提供信息共享平台，以便保存和共享有关的处理经验，提高协作的效率。

④服务级别管理：用于确保和量化整体的服务交付质量符合与客户签订的服务合同，包括响应时间、解决时间和解决率等。

⑤系统管理：包括用户管理、部门管理、角色管理和权限管理等内容，用于支撑其他功能的实现。

⑥统计分析：用于日常工单的统计、分析，以便分析处理效率、响应能力和工作量等指标，便于运维服务的优化和考核。

5）能耗管理模块

随着能源价格上升，数据中心能耗成本所占运营成本的比重随之上升，使得数据中心的能耗管理成为热点话题，"低碳"理念开始为数据中心管理者所接受与重视。为了推动数据中心节能减排、工信部《工业节能"十二五"规划》提出"到2015年，数据中心PUE值需下降8%"，发改委组织的"云计算示范工程"要求数据中心PUE降到1.5以下。这些都需要做好能耗管理。

（1）能效测评：数据中心PUE是目前国际国内比较一致认可的能效参数，定义为数据中心总能耗与IT设备能耗的比。"云计算发展与政策论坛"在2012年3月16日发布的《数据中心能效测评指南》中指出，能效测评除了考虑PUE，还需要考虑制冷负荷系数（Cooling Load Factor，CLF）、供电负荷系数（Power Load Factor，PLF）和可再生能源利用率（Renewable Energy Ratio，RER）等参数，更为精细地反映数据中心的能耗状况。

能耗管理的关键在能耗状况的监测和分析，通过监测获取真实、连续的功耗数据，然后以这些数据为基础，按照科学的计算方法得到数据中心的能效数据。

（2）能耗指标的监测和计算：为了实现能耗监测与分析，监控管理系统还应包含能耗监测与分析系统。该系统通过分布在数据中心供配电系统各重要节点的采集设备监测电量、电流和电压等参数，对采集的参数进行分析和统计，以报表的形式展示数据中心各能效评估域的能耗评估结果，供能耗优化和调整时参考。使用该系统不但可以了解数据中心的能耗状况，还可以对能耗管理的结果进行横向、纵向比较。

3. 总控中心系统

总控中心系统对于影响到用户业务系统安全的设备都是采取"只监视不控"的原则，对于非核心业务和系统，如环境监测设备（如新风机、灯光照明）、安防系统（如闭路视屏监控系统、门禁考勤系统）等，可以接收控制输入。可以利用这一特性，通过调节与控制模块对数据中心进行精细化、智能化管理。

总控中心系统包含告警模块和大屏控制模块两个重要模块。

1）告警模块

告警模块在系统或者监控对象出现告警时，能以短信、电话、邮件和声光等形式，及时通知用户，使故障得到快速解决。一般监控管理系统都会统一集中告警，因此告警模块一般提供开放式的访问接口，如 Socket、Web Service 等，以供监控管理系统中其他子模块调用其告警服务。告警模块的告警信息输出，往往提供短信、电话、邮件及声光等方式，还可以和企业的短信网关进行对接，通过统一的信息平台发布告警信息。

告警模块作为信息交互的终端，其交互信息的准确性很重要。如果通过告警模块发出的告警信息过多，往往会将真正重要的信息淹没，导致重大事故产生。因此，输入到告警模块中的信息必须经过有效性过滤，也就是说，在告警信息发出之前，必须经过复杂事件分析模块的分析处理。复杂事件分析模块的有效性，决定了告警模块信息交互的有效性。

告警模块作为告警有效信息的重要输出载体，保证信息的目标可达性至关重要。在告警模块运行过程中，程序的崩溃、网络故障、机器宕机等都会导致告警信息的丢失，贻误故障处理的有效时机。因此，告警模块应具备容错机制，包括重发、断点恢复续传等。根据数据中心等级建设的要求，告警模块也需要进行对应的冗余设计。同时，由于告警方式的不可靠性，如电话有可能无法接通、邮箱服务器可能发生故障等，为保证信息的送达，一般还需要在告警模块中设计告警升级功能，如根据服务等级，对于高等级的事件、超时未处理的事件应进行各种条件的告警升级处理。升级处理包括告警对象的升级处理，如值班人员 A 未拨通电话，重试失败后升级到值班人员 A 的主管。还包括告警方式的升级，从总控中心现场的声光告警，升级到短信、电话报警。复杂情况下，还包括两种升级方式的组合。

2）大屏控制模块

总控中心是中大型数据中心运维团队进行运行监控值守的场所，运行维护值守人员主要依托监控管理系统的总控中心大屏展示的信息来了解、获知，以分析庞大、复杂的系统和设备的运行情况。由于监控管理对象的复杂性，很多情况下，值守人员需要从不同维度同时了解、分析数据中心运行情况，这就需要从不同维度展示运行情况的多个显示屏幕。显然在一套大屏上从多个维度集中展示的监控、故障相关信息越丰富、越清晰明了，越有助于运维人员及时发现和快速解决问题。因此，在监控管理中心（或ECC）都配备有多个屏幕拼接组成的大屏显示系统。大屏显示系统应用示意图如图 7-8所示。

大屏幕展示模块在数据中心的应用一般有两种方式：一种是采用专业的智能屏控系统，另一种是采用简单的液晶屏组合系统。

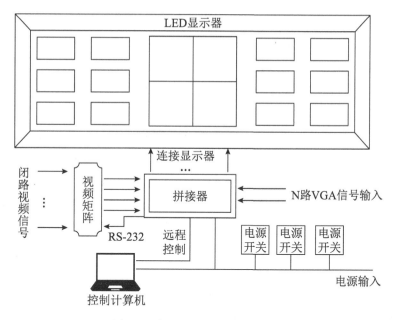

图 7-8　大屏显示系统应用示意图

（1）智能屏控系统：智能屏控系统也称多屏拼接处理器，是大屏显示系统的核心功能单元。大屏幕拼接墙系统一般包含屏幕控制软件和拼接墙处理器，以便完成大屏幕的分屏、合屏等屏显功能。

智能屏控系统采用超大规模现场可编程门阵列的纯硬件架构，以高带宽网络交换技术为手段，以基于像素的图像缩放引擎为基础，采用分布式的模块化设计，从而实现大屏幕拼接墙灵活、方便及高性能的显示控制。

智能屏控系统支持即插即配、海量信号管理，支持 DVI、VGA、HDMI 和 Video等信号源接入，支持多显示墙、多屏信号共享和多屏联动，支持自由拼接、单独开窗拼接和信号任意拖拽，支持图像任意缩放，跨屏、漫游、叠加、超大分辨率底图、超高分辨率动态图像的大屏显示，大屏回显录播，数字标牌上屏，支持多组显示方案预设，支持多用户，操控灵活。

对于总控中心的大屏显示系统，仅有大屏控制功能是不够的，为了使各屏显示的内容具有相关性、互补性与互动性，还需要监控管理软件本身的显示页面支持多窗口显示与显示联动控制。智能屏控系统一般使用在中大型数据中心的总控中心。

（2）简易多屏拼接系统：对于中小型的数据中心的监控室，以经济实用为原则，不一定需要智能屏控系统。此时可通过多屏输出显卡和几个显示器完成一个小型的拼接墙系统。由于多屏显卡的输出端子有限，因此该方案一般支持的视窗是有限的。使用 Windows 管理液晶屏组合展示时，可以将多个液晶显示器映射成一个虚拟大液晶显示器，通过分屏展示模块完成业务视图的显示分割、布局；也可以将多个液晶显示器映射成独立显示单元，每个液晶显示器显示独立的业务视图，此时和大屏幕拼接墙系统一样，仅要求分屏展示软件模块能提供对应的多个业务视图窗口。

大屏展示模块根据业务需要，可以配置出多种不同应用场景的展示组合。大屏展示模块的应用具体包括以下方面。

①监控信息展示：对于全局的监控视图，如全国联网的数据中心网点监控状态监控视图，可以设计成主画面，使用4个显示单元组合显示；其他的监控管理子业务系统使用1个显示单元显示，设计成从画面。这样对整个监控管理系统的全局到局部都能进行实时监控。每个监控管理子业务系统还可以设计页面轮询策略，轮流显示每个关键监控指标。一旦某个监控画面发生报警，则停留在该画面，并提示当前的报警信息。

同时，监控管理系统的主画面与从画面之间，从画面和从画面之间还可以设置联动，如对主画面中的某个业务子系统进行操作时，该业务子系统显示单元便切换到该业务子系统指标监控画面。也可以利用屏控模块的预设功能，设定多种监控显示模板，供使用者根据使用场景灵活调用。

②告警信息展示与分析：当某个故障发生需要进行分析、会诊时，可用一个屏幕3D展示该设备的物理位置信息（有必要时再用一个屏幕展示其视频信息，实现虚拟与现实结合展示），一个屏幕用2D展示其逻辑关系信息（如拓扑关系），一个屏幕展示其故障详细信息，一个屏幕展示相关知识库信息或应急预案信息等。通过这种故障信息的关联展示，有助于快速分析定位故障根源，组织运维力量准确处理，提高数据中心的可用性。

③管理信息展示与分析：当需要横向比较各机房模块的能耗时，可以把各机房单元的PUE、CLF、PLF分别在不同屏幕上显示出来；当需要全域了解所有机房SPC容量时，可以把每个机房的SPC分别在不同屏幕上显示出来；当需要做运行分析时，可以把月度、季度及年度的运行情况，同比、环比情况，汇总情况分别在不同的屏幕上显示出来。这些常见显示场景可以用预设功能固定下来以备需要时调用，有利于提高工作效率。

4. 基础服务模块

基础服务器模块有数据库模块和双机热备模块。

1）数据库模块

数据库模块根据存储的业务数据及实现技术的不同，主要分为三类数据库模块：实时数据库模块、历史数据库模块和配置管理数据库模块。

（1）实时数据库模块：监控管理系统根据对数据实时性业务要求的不同，会将业务数据分离到两类不同的数据库中，一个是实时数据库，一个是历史数据库。

实时数据库是数据库系统发展的一个分支，是数据库技术结合实时处理技术而产生的。实时数据库专用于处理带有时间戳的数据，其特点是产生频率快，并发量大，数据和时间有紧密关联关系。实时数据采集产生大并发和持续的数据流，传统数据库并不适合流式数据处理，需要精心考虑数据存储策略。实时数据库在监控系统中作为高速数据访问的缓存设施，提供实时测点访问、实时事件访问等服务。

实时数据库最大的特点就是及时性。实时数据库要保证采样的数据能及时地更新到实时数据库中，因此实时数据库的访问延迟时间不应大于采样频率。同时，实时数据库也通过一些特定机制保证实时数据库中新鲜的数据能及时被数据使用者及时获取。

实时数据库的另外一个特点是存储信息多样性。由于实时数据库数据处理的高速性，越来越多的对性能有较高要求的应用都开始将实时数据库作为自己的应用缓存，以加快处理速度。

数据中心建设规模越来越庞大，要求管理的实时数据规模也越来越庞大。因此对实时数据库模块的处理性能、承载容量的需求也越来越高。

（2）历史数据库模块：实时数据库模块为实时数据计算提供数据来源，而历史数据库模块则为后期的数据分析、统计和挖掘提供数据来源。

历史数据库是一种支持在线事务处理和数据挖掘的中间数据库，它负责将实时数据库中的实时数据流转存储到中间数据库中，供日后分析处理。历史数据库应具备较好的数据容错性，便于数据备份和恢复；还应具备良好的数据访问接口，便于在此之上进行数据分析。由于业务的发展和多变，历史数据库模块首先需要解决业务的变化的适应性。因此，历史数据库一般支持业务规则描述，通过预先定义的业务规则，抽取、转换原始数据，得到期望的业务数据。业务的变化，只需要调整对应的业务规则描述即可迅速地适应新业务。

历史数据库遇到的另一个挑战是大数据量的存储和检索。一个超大型数据中心的监控测点数以几十万计，如果不进行任何处理，要对这些测点数据进行存储，数据量每天以 GB 级别增长。

（3）配置管理数据库模块：配置管理数据库（CMDB）不是关系型数据库，也不是企业的资产库。配置管理数据库存放所有的软件和硬件（不仅仅是计算机软硬件），这些组件称为配置项（CI）。配置管理数据库存放配置项和配置项之间的关系。配置管理数据库是监控管理系统业务服务管理策略的核心，是配置信息的唯一来源。它保证信息的唯一性、准确性。

配置管理数据库模块是监控管理系统的灵魂，这个模型建设的好坏，决定着监控管理系统的管理效率和有效性。

2）双机热备模块

根据《数据中心设计规范》（GB 50174—2017）对机房可用性等级的要求，对于高等级的数据中心监控管理系统应匹配冗余设计。双机热备模块就是监控管理系统在基础服务中实现监控管理系统冗余设计的重要的公共模块。

（1）双机热备的分类及定义：双机热备使用两台服务器，互相备份，共同执行同一服务。当一台服务器出现故障时，可以由另一台服务器承担服务任务，从而在不需要人工干预的情况下，自动保证系统能持续提供服务。双机热备由备用的服务器解决了在主服务器故障时服务不中断的问题。

从工作方式上来划分，双机热备有两种：active/standby 和 active/active。active/standby 也叫主备方式，当主机产生故障后，备机及时接管主机的服务。active/standby 方式永远只有一台服务器处于激活工作状态，另一台服务器处于等待非工作状态。active/active 工作模式下，主、备机都同时工作，提供相同的对外服务。客户端访问其中任意一台机器都可完成需要的业务，既可以实现简单的负载均衡，也可以将故障的切换时间降到最低。

（2）双机热备的选择：选择双机热备模块的工作方式，主要取决于运行在双机热备模块之上的应用服务的工作特性。如果应用服务允许同时运行工作，则 active/active 是不错的选择；如果应用服务在同一时刻只允许一个实例运行工作，则只能选择 active/standby 模式。

7.2.2 监控硬件系统的基础构件

数据中心监控系统硬件的基础构件有：智能接口和传感器、采集设备、监控服务器、管理服务器以及网络传输设备和展示设备。下面分别介绍这几类硬件系统的基础构件。

1. 智能接口和传感器

数据中心监控系统需要大量的智能接口和传感器采集数据，传感器包含温湿度巡检仪、红外测温仪等。

1）智能接口

智能接口是采集器模块与智能设备通信的物理连接方式，常见的接口类型有 RS-232、RS-485、USB 和以太网等。

RS-232 是 PC 与下位机的一种直连串行物理接口标准，支持接收和发送数据同时操作，但抗干扰性较差，传输速率较低，最大通信距离在 15m 左右，且只支持点对点的数据传输。RS-485 的出现弥补了 RS-232 的一些缺陷，最大传输速率为 10Mbit/s，最大通信距离约为 1219m（在 100Kbit/s 传输速率下，才可以达到最大的通信距离），如果需传输更长的距离，还可以增加 RS-485 中继器；RS-485 总线一般最大支持 32 个节点，如果使用特制的 RS-485 芯片，可以达到 128 个或者 256 个节点，最大可以支持 400 个节点，大大减少了施工布线的工作难度。但 RS-485 是半双工的工作接口，任何时候只能有一个节点处于写数据状态，因此使用时需要上位机（PC）程序加以控制。

USB 的中文含义是"通用串行总线"，目前已成为 PC 中的标准扩展接口。USB 具有传输速度快（USB 1.1 是 12Mbit/s，USB 2.0 是 480Mbit/s，USB 3.0 是 4.8Gbit/s），使用方便，支持热插拔，连接灵活，独立供电等优点，可用于连接多达 127 种外设，如鼠标、键盘、移动硬盘、打印机、扫描仪和摄像头等。

2）温湿度巡检仪

温湿度巡检仪适用于多点测量、显示，集多个温湿度仪表功能于一体，一般可以巡检1～64路测量信号，可以巡回检测和显示多路信号。数据中心在需要大规模部署温湿度探头时，可以选择使用温湿度巡检仪，以获得更好的成本优势。总控中心系统在部署了温度场系统时，一般都会选择温湿度巡检仪作为前端温度的采集设备。

3）红外测温仪

红外能量聚焦在光电探测器上并转变为相应的电信号。该信号经过放大器和信号处理电路，按照仪器内置的算法和目标发射率校正后转变为被测目标的温度值。

红外测温仪首先要测量出目标在其波段范围内的红外辐射量，然后计算出被测目标的温度。单色测温仪与波段内的辐射量成比例，双色测温仪与两个波段的辐射量之比成比例。红外测温仪由光学系统、光探测器、信号放大器、信号处理、显示输出等部分组成。

2. 采集设备

采集设备是连接智能接口和各种传感器，进行监控信息收集的设备。数据中心监控管理系统常见的采集设备有多串口卡、串口服务器、动力环境监测仪、智能数据采集单元以及智能PDU。

1）多串口卡

多串口卡是一种可分配多个串/并行端口，供终端连接的设备。它可使计算机方便扩展串口或并口，所以也称为串并口扩展卡。

（1）多串口卡的分类：多串口卡根据和计算机的接口总线方式的不同，可以分为PCI多串口卡、ISA多串口卡、PC/104多串口卡。ISA属于较老的数据总线接口，已逐步被PCI替代。PC/104是一种工业计算机总线标准，因此该类串口卡主要用于工控机和嵌入式机器。PCI多串口卡安装在计算机主板的PCI插槽上，支持即插即用，目前应用最多。PCI Express是最新的总线和接口标准，用来取代现有的PCI总线。使用PCI串口卡可以获得更高的传输速率和性能。

（2）多串口卡的应用场景：多串口卡不能独立运行，必须安装在计算机上。一般作为前端工控机串口或并口不足时的解决方案。

2）串口服务器

串口服务器也称串行服务器或者端口转向器，它是在串行端口跟以太网局域网之间传输数据的一种设备。串口服务器让传统的RS-232/422/485设备IP化，将串口数据流转换成TCP/IP数据流，充当设备串口和以太网连接的桥梁。实现RS-232/422/485串口与TCP/IP网络接口的数据双向透明传输，使设备的组网更便捷，传输距离不受原来的串行电缆控制。

（1）串口服务器的功能及特点：串口服务器对外支持 TCP、UDP 两种传输协议，并支持多个链接。一般还具备 DNS 功能，支持网关和 Socket5 代理。因此，串口服务器可以方便地应用在 Internet 网络中。应用程序使用串口服务器时有两种方式：虚拟串口方式和直连方式。虚拟串口方式是通过软件将串口服务器的连接通道虚拟成真实串口，让上层的应用软件像操作真实串口一样。此时，需要通过虚拟软件进行配置管理。使用虚拟串口方式可以获得较好的兼容性，以前针对串口开发的应用可以不做任何修改，迁移到串口服务器上。直连方式则无须安装串口服务器管理软件，传输效率更高。

（2）串口服务器的应用场景：串口服务器只完成串口到网络接口的转换，只做数据透传，不做数据处理。因此，它仅能作为一种远程设备数据线的延伸方案。串口服务器不会主动采集，也不会进行数据缓存，因此在可靠性较高的应用场景中，不宜采用串口服务器。串口服务器可独立运行，使远程设备管理 IP 化，在跨域的联网型集中监控项目中应用比较广泛。

3）动力环境监测仪

动力环境监测仪是针对中小型机房（尤其是户外无人值守基站和联网机房）的电源、空调和环境等进行集中监控采集的设备。

4）智能数据采集单元

智能数据采集单元本身存在处理能力，而不仅是简单地进行数据透传。

智能数据采集单元是一种将各种现场设备协议转换成标准设备协议的协议适配器硬件，它具备一定的数据缓存能力，解决上位机轮询时间难控制、故障时断点续传问题。

智能数据采集单元最重要的功能是将各种监控对象的通信协议统一成标准协议，避免上层系统应用的复杂性。这个过程叫作协议适配，因此智能数据采集单元也称作协议适配器。智能数据单元对外提供的访问接口采用的标准协议一般使用 SNMP 协议，也有自定义的协议。

智能数据采集单元还具备存储和简单的数据处理能力。能短期内存储采集的数据，一旦上位机系统出现故障，在恢复时能进行数据的断点续传。

智能数据采集单元是可管理的，除了能通过智能数据采集单元的管理接口由上位机系统进行配置管理外，一般也提供本地的 Web 访问配置管理。

智能数据采集单元由于其独特的智能特性，一般应用在对可靠性要求较高，需要断点续传的联网方案的前端站点进行数据采集，如基站、银行网点等。

5）智能 PDU

智能 PDU 除了对机柜进行供电管理外，还可以对机柜的微环境进行监控。

智能 PDU 能进行逐位顺序上下电，即按照位顺序、实现输出单元顺序、分时和延迟上下电。能对 PDU 上每一个电源插座进行开关控制和状态监测，对插座上的电流、电压及功率进行监测，并在超出告警门限时进行报警甚至断电保护。智能 PDU 还能对机柜内的温度、湿度进行监测，机柜内服务器性能参数进行检测，从而达到机柜微环境检测的目的。通过智能 PDU 的 SNMP 标准接口协议，能被上位机集成监控。

3. 处理设备

智能数据处理单元（IDPU）是监控服务器中最重要的设备，向下连接智能数据采集单元（IDAU），通过对智能数据采集单元上传的数据进行分析处理，完成数据中心监控管理系统的监控功能。

智能数据处理单元通过连接智能数据采集单元模块，完成监控数据的收集，然后通过运行在其上的信息处理子系统来完成数据的分析、存储等。特别是智能数据处理单元也可以内置 IDAU 模块，从而使采集、处理一体化完成。这在小型机房、虚拟机房等对处理性能要求不高的场合，能大大降低成本。

智能数据处理单元区别于智能数据采集单元的最大的特性是具备数据处理能力，数据采集单元主要做采集的协议适配，不做数据处理。

智能数据处理单元完成监控管理系统中的监控功能，因此一般可作为数据中心分中心的监控设备及 IDC 物理机房的监控设备。

4. 存储设备

在管理服务器之上有运行管理系统，因此关键数据的存储可靠性保障尤为重要。磁盘阵列（RAID）作为保证监控管理系统存储可靠性的重要设备，其工作原理是利用数组方式来做磁盘组，配合数据分散排列的设计，提升数据的安全性。同时利用这项技术，将数据切割成许多区段，分别存放在各个硬盘上。当磁盘数组中任一个硬盘故障时，仍可读出数据。

磁盘阵列的样式有三种：一是外接式磁盘阵列柜，二是内接式磁盘阵列卡，三是利用软件来仿真。外接式磁盘阵列柜常用在大型服务器上，具有可热插拔的特性，这类产品的价格都很高。内接式磁盘阵列卡价格便宜，但需要较高的安装技术。利用软件仿真的方式，由于会拖累机器的速度，不适合大数据流量的服务器。

RAID 是通过磁盘阵列与数据条块化方法相结合，以提高数据可用率的一种结构。

根据磁盘阵列的连接方式的不同，由磁盘阵列技术衍生的存储系统包括 DAS、NAS、SAN 和 iSCSI。

- DAS 是指将存储设备通过 SCSI 接口或光纤通道直接连接到一台计算机上的传统存储技术。DAS 特别适合对存储容量要求不高、服务器的数量很少的中小型局域网。
- NAS 将存储设备连接到现有的网络上，提供数据和文件服务。
- SAN（即存储区域网络）是一种在服务器和外部存储资源或独立的存储资

源之间实现高速可靠访问的专用网络。SAN采用可扩展的网络拓扑结构连接服务器和存储设备，每个存储设备不隶属于任何一台服务器，所有的存储设备都可以在全部的网络服务器之间作为对等资源共享。SAN更适合网络关键任务的数据存储，例如银行、证券、中大型企业或组织的数据中心。

■ iSCSI存储系统通过IP网络完成存储数据块的传输，适合于中大型企业。

7.3 动力环境监控系统概述

机房动力环境监控系统是一个综合利用计算机网络技术、数据库技术、通信技术、自动控制技术、新型传感技术等构成的计算机网络，提供一种以计算机技术为基础，基于集中管理监控模式的自动化、智能化和高效率的技术手段。系统监控对象主要是机房动力和环境设备等，如配电、UPS、空调、温湿度、漏水、烟雾、视频、门禁、消防系统等。

7.3.1 动力环境监控系统的组成

动力环境监控系统由远程用户计算机、监控主机、计算机网络、智能模块、远程模块、协议转换模块、信号处理模块、多设备驱动卡及智能设备等组成，如图7-9所示。

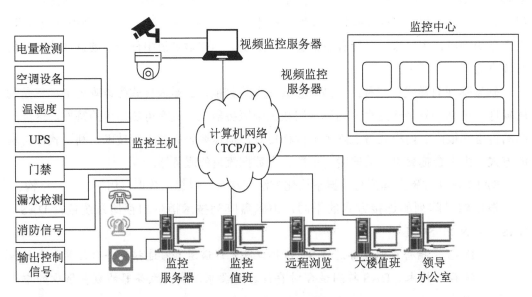

图7-9 动力环境监控系统的组成

动力环境监控系统采用开放式结构，支持各种传输网络，包括以太网、帧中继、FDDI、ATM、PPP拨号、令牌网等。

动力环境监控系统软件包括子系统协议转换网关服务器和监控管理站。

（1）子系统协议转换网关服务器：为了实现基于 Intranet 网络的集成管理系统，对每个子系统或智能设备的 RS-485、RS-232 串行接口、TCP/IP 网络或其他工业现场总线网络传送的实时信息，如空调机组、门禁系统、保安系统、消防系统、UPS、精密空调等系统设备信息，通过实时网关计算机上的协议转换程序，转化为符合 TCP/IP 协议的网络数据。

（2）监控管理站：网络中心的监控管理站安装操作系统，运行关系数据库，可以根据工业系统监控和管理的需要，建立集成系统数据库表单和视图，数据记录根据网关传来的值进行更新。网络中心数据的查询、共享、报表、备份、安全、维护等功能均由数据库系统提供很好的支持。

7.3.2 监控对象及内容

根据目前数据中心相关设备的配置，以及数据中心安全稳定运行环境的要求，动力环境监控系统主要需要对机房的动力设备、环境设备、整体环境、安防监控、IT 设备、能耗等关键信息进行捕捉、存储、传输、分析与预警，从而让机房运维管理人员随时可以获得机房整体运行状态。

1. 电力监控

电力监控对象包含 UPS 监控、蓄电池、配电系统、发电机组。

1）UPS 监控

UPS 电源和直流电源均带有电池，对计算机起到提高电源质量、停电后持续供电的保障。通过由 UPS 厂家提供的通信协议及智能通信接口，对 UPS 进行监控，以及对 UPS 内部整流器、逆变器、电池、旁路、负载等各部件的运行状态进行实时监视，一旦有部件发生故障，机房环境监控系统将自动报警。

机房环境监控系统中对于 UPS 的监控一律采用只监视、不控制的模式，避免由于机房环境监控系统的失误带来的断电风险。

UPS 监控的主要内容包括：

（1）实时监视 UPS 整流器、逆变器、电池（电池健康检测，含电压、电流等数值）、旁路、负载等各部分的运行状态与参数。

（2）通过图表直观地展示 UPS 整体的运行数据。

（3）一旦 UPS 有告警，该项状态会变为红色，同时产生报警事件进行记录存储，并在第一时间发出电话拨号、手机短信、邮件、声光等对外报警。

（4）历史曲线记录，可查询一年内相应参数的历史曲线及具体时间的参数值（包括最大值、最小值），并可将历史曲线导出为 Excel 格式，方便管理员全面了解 UPS 的运行状况。

2）蓄电池

在一个 UPS 不间断电源系统中，可以说蓄电池是这个系统的支柱，及时可靠地对蓄电池组进行巡回检测，对于维护负载设备的正常运转具有十分重要的意义。为此，需要通过在线式电池监测仪、直流电流传感器等设备对 UPS 蓄电池进行监控。

3）配电系统

配电系统监测主要是对配电柜的运行状况进行监测，主要对配电系统的三相相电压、相电流、线电压、线电流、有功、无功、频率、功率因数等参数和配电开关的状态进行监视。当一些重要参数超过危险界限后进行报警。

4）发电机组

通过串口通信的方式进行监控，需要发电机的串口通信协议。

2. 环境系统

环境系统监控对象包含空调设备、漏水检测、机房温湿度、新风系统、烟雾报警。

1）空调设备

空调设备机房的特点之一就是设备密集，发热量大。因此，空调对控制机房的温湿度起着决定性作用。通过实时监控，能够全面诊断空调运行状况，监控空调各部件（如压缩机、风机、加热器、加湿器、去湿器、滤网等）的运行状态与参数，并通过机房环境监控系统管理远程修改空调设置参数（温度、湿度、温度上下限、湿度上下限等），以及对精密空调的重启。空调机组即便有微小的故障，也可以通过机房环境监控系统检测出来，及时采取措施防止空调机组进一步损坏。

2）漏水检测

漏水检测系统由传感器和控制器组成，分定位和不定位两种。所谓定位式，就是指可以准确报告具体漏水地点的测漏系统。不定位系统则相反，只能报告发现漏水，但不能指明位置。控制器监视传感器的状态，发现水情立即将信息上传给监控 PC。测漏传感器有线检测和面检测两类，机房内主要采用线检测。线检测使用测漏绳，将水患部位围绕起来，漏水发生后，水接触到检测线发出报警。

3）机房温湿度

在机房的各个重要位置，需要装设温湿度检测模块，记录温湿度曲线供管理人员查询。一旦温湿度超出范围，即刻启动报警，提醒管理人员及时调整空调的工作设置值或调整机房内的设备分布情况，尽可能让机房整体的温湿度趋向合理，确保机房设备安全稳定运行。

4）新风系统

对风机的运行状况进行监视，当风机发生故障时及时报警。

5）烟雾报警

烟雾探测器内置微电脑控制、故障自检模块，能防止漏报误报，输出脉冲电平信号、继电器开关或者开和关信号。当有烟尘进入电离室会破坏烟雾探测器的电场平衡关系，报警电路检测到浓度超过设定的阈值即发出报警。

3. 安防系统监控对象

安防系统的监控对象包含视频监控、门禁系统、出入口系统、入侵报警、周界防范系统和防雷系统。前面章节已做了详细讲解，此处不再赘述。

4. 消防系统

对消防系统的监控主要是消防报警信号、气体喷洒信号的采集，不对消防系统进行控制。前面章节已做了详细讲解，此处不再赘述。

5. 防雷系统

防雷系统通过开关量采集模块来实现对防雷模块工作情况的实时监测，通常只有开和关两种监测状态。

7.3.3　机房环境监控系统的功能

监视/监控功能具有通过遥信、遥测、遥控和遥调，所谓"四遥"功能，对整个系统进行集中监控管理，实现少人值守和无人值守的目标。

系统可实时收集各设备的运行参数、工作状态及告警信息。本系统能对智能型和非智能型的设备进行监控，准确地实现遥信、遥调、遥控及遥调等功能。既能真实地监测被监控现场对象设备的各种工作状态、运行参数，又能根据需要远程对监控现场对象进行方便的控制操作，还能远程对具有可配置运行参数的现场对象的参数进行修改。

系统设置各级控制操作权限：如果需要并得到相应授权，系统管理人员可以对系统监控对象、人员权限等进行配置；系统值班操作人员可以对有关设备进行遥控或遥调，以便处理相关事件或调整设备工作状态，确保机房设备等在最佳状态下运行。

1. 告警功能

告警功能具体包括以下方面：

（1）无论监控系统控制台处于何种界面，均应及时自动提示告警，显示并打印告警信息。所有告警一律采用可视、可闻及声光告警信号。

（2）不同等级的告警信号应采用不同的显示颜色和告警声响。紧急告警为红色标识闪烁，重要告警为粉红色标识闪烁，一般告警为黄色标识闪烁。

（3）发生告警时，应由维护人员进行告警确认。如果在规定时间内（根据通信线路情况确定）未确认，可根据设定条件自动通过电话或手机等通知相关人员。告警在确认后，声光告警应停止，在发生新告警时，应能再次触发声光告警功能。

（4）系统能根据需要对各种历史告警的信息进行查询、统计和打印。

2. 配置管理功能

配置管理功能具体包括以下方面：

（1）当系统初建、设备变更或增减时，系统管理维护人员能使用配置功能进行系统配置，确保配置参数与设备实情的一致性。

（2）当系统值班人员或系统管理维护人员有人事变动时，可使用配置功能对相关人员进行相应的授权。

（3）配置管理操作简单、方便，扩容性好，可进行在线配置，不会中断系统正常运行。

3. 安全管理功能

安全管理功能具体包括以下方面：

（1）系统提供多级口令和多级授权，以保证系统的安全性；系统对所有的操作进行记录，以备查询；系统对值班人员的交接班进行管理。

（2）监控系统有设备操作记录，设备操作记录包括操作人员工号、被操作设备名称、操作内容、操作时间等。

（3）监控系统具有对本身硬件故障、各监控级间的通信故障、软件运行故障的自诊断功能，并给出告警提示。

（4）具有系统数据备份和恢复功能。

4. 报表管理功能

报表管理功能具体包括以下方面：

（1）系统能提供所有设备运行的历史数据、统计资料、交接班日志、派修工单及曲线图的查询、报表、统计、分类、打印等功能，供运行维护人员分析研究使用。

（2）系统具备用户自定义报表功能。

（3）系统可对被监控设备相关的信息进行管理，包括设备的各种技术指标、价格、出厂日期、运行情况、维护维修情况、设备的安装接线图表等。可以收集、显示并记录管辖区内各机房监视点的状态及运作数据资料，为管理人员提供全方位的信息查询服务。

参考文献

[1] 许锦标，张振超 . 楼宇智能化技术［M］. 北京：机械工业出版社，2016.

[2] 褚建立，董会国，刘霞，等 . 网络综合布线实用技术［M］.4. 北京：清华大学出版社，2019.

[3] 马福军，胡力勤 . 安全防范系统工程施工［M］. 北京：机械工业出版社，2018.

[4] 钟景华，朱利伟，曹播 . 新一代绿色数据中心的规划与设计［M］. 北京：电子工业出版社，2011.

[5] 钟景华，曹播，王前方，等 . 中国数据中心技术指针［M］. 北京：机械工业出版社，2014.

[6] 杨大鹏 . 火灾自动报警系统设计与 CAD 制图［M］. 北京：中国建筑工业出版社，2019.

[7] 董娜，李庚，百宝成 . 安防系统工程［M］. 北京：北京理工大学出版社，2018.

[8] 姚福来，张艳芳，等 . 电气自动化［M］. 北京：机械工业出版社，2016.

[9] 李玉云，张子慧，黄翔 . 建筑设备自动化［M］. 北京：机械工业出版社，2006.